职业教育本科土建类专业融媒体系列教材

"十三五"江苏省高等学校重点教材（编号：2016-2-130）

混凝土结构平法三维识图

赵华玮　主编

赵　研　宋岩丽　主审

中国建筑工业出版社

图书在版编目（CIP）数据

混凝土结构平法三维识图/赵华玮主编. —北京：
中国建筑工业出版社，2022.1
职业教育本科土建类专业融媒体系列教材 "十三五"
江苏省高等学校重点教材
ISBN 978-7-112-26695-1

Ⅰ.①混… Ⅱ.①赵… Ⅲ.①混凝土结构-建筑制图
-识别-高等学校-教材 Ⅳ.①TU37

中国版本图书馆 CIP 数据核字（2021）第 209022 号

责任编辑：司　汉
责任校对：党　蕾

职业教育本科土建类专业融媒体系列教材
"十三五"江苏省高等学校重点教材（编号：2016-2-130）

混凝土结构平法三维识图

赵华玮　主编

赵　研　宋岩丽　主审

*

中国建筑工业出版社出版、发行（北京海淀三里河路 9 号）
各地新华书店、建筑书店经销
霸州市顺浩图文科技发展有限公司制版
北京京华铭诚工贸有限公司印刷

*

开本：787 毫米×1092 毫米　1/16　印张：17¾　字数：438 千字
2022 年 1 月第一版　　2022 年 1 月第一次印刷
定价：**68.00** 元（含技能训练手册、赠教师课件）
ISBN 978-7-112-26695-1
（38565）

内容简介

本书对《混凝土结构施工图平面整体表示方法制图规则和构造详图》（16G101 系列图集）涉及的构件进行了全面介绍，便于学习者根据当地实际情况进行取舍。内容包括：课程导学，结构设计总说明识读，柱、梁、板、剪力墙、板式楼梯、独立基础、条形基础、梁板式筏形基础和桩基础平法施工图识读。对平法图集内容解构后按由易到难进行重构，并通过虚拟仿真模型、动画、彩图、思维导图等方式降低学习难度，配套丰富的立体化教学资源，有助于快速提升读者的平法识图技能。

本书可用作职业教育土木建筑大类专业结构识图类课程教材和企业岗位技能培训教材，也可用作技能大赛、"1＋X"证书参考资料。

为了便于本课程教学，作者自制免费课件资源，索取方式为：1. 邮箱：jckj@cabp. com. cn；2. 电话：（010）58337285；3. 建工书院：http://edu. cabplink. com；4. QQ 交流群：768255992。

QQ 交流群

主编简介

赵华玮，盐城工业职业技术学院教授，硕士研究生导师，一级建造师，全国建材职业教育教学指导委员会委员，全国绿色建材产业联盟专家委员会副主任委员，江苏省行指委工程管理委员会委员，江苏省土木建筑教育工作委员会委员，江苏省力学学会高职高专分委员会委员，入选全国建筑工程识图职业技能等级（1＋X）证书专家库成员、全国建筑工程施工工艺实施与管理职业技能等级（1＋X）证书专家委员会成员，盐城市土木建筑学会监事会主席，盐城市力学学会副理事长。省级学术技术带头人，省级文明教师，市级优秀教师。从事土建类专业教育教学 30 余年，主讲《混凝土结构平法识图》《建筑结构》《建筑材料与检测》等课程，多次担任建筑工程识图技能大赛国赛及省赛裁判。编著、主编《建筑结构》《建筑材料应用与检测》等教材 7 部。主持省级科研课题 12 项，获省级科技进步奖 1 项，地厅级科技进步奖 9 项，省级职业教育教学成果奖 3 项，获江苏省信息化教学设计大赛二等奖 1 项。主持完成教育部《高等职业教育创新发展行动计划》、中央财政支持高等职业学校专业建设项目、建设全国建设行指委精品课程、省级精品课程等省部级教研项目近 10 项；省级以上刊物发表论文 30 余篇，其中 EI 收录、中文核心 22 篇。获发明专利授权 1 项，实用新型专利授权 2 项。

前　言

　　《混凝土结构施工图平面整体表示方法制图规则和构造详图》（16G101）系列图集，属于国家建筑标准设计图集，因此，正确识读"平法"结构施工图是建设行业工程技术人员、工程管理人员必备的技能。本书为"十三五"江苏省高等学校重点教材，根据"平法"16G101系列图集内容编写，是按照高等职业教育"土建类相关专业"适应新形势下建筑业信息化建设等行业发展的需求而编写的新形态教材。

　　本教材凝练了作者长期的专业建设和课程教学改革与探索成果，具有以下显著特点：

　　1. 以识图能力培养为主线的项目化教材

　　按照识读结构施工图的顺序及学生认知规律设置项目，注重基本知识和识图技能的结合，学练做一体，由易到难，由浅入深，便于理解掌握。主动适应教学改革需求，融入了"1+X"技能证书对相关技能的培训考评内容，在"书证融通、课证融通"方面进行了有益的探索。在内容上与全国职业院校建筑工程识图技能大赛进行对接，试图在"以赛促学、以赛促教、以赛促建"方面有所作为。为加强实操训练，检验和巩固学习效果，精心设计了技能训练手册。

　　2. 利用虚拟仿真技术降低学习难度的新形态教材

　　混凝土结构平法施工图是用平面图形表达空间构件及其内部钢筋构造，对于初学者来说难以理解、不易掌握，教师授课时也很难用语言准确地描述复杂的钢筋构造。为了"让平法教学更有趣、让平法学习更容易"，盐城工业职业技术学院与北京睿格致科技有限公司合作开发了与教材平法图配套的虚拟仿真TIM模型，使抽象知识形象化，平面图形立体化。在降低学习难度的同时，极大地提升学习效率，也有利于增强读者学习兴趣。此外，本书配套有立体彩图、微课、三维动画、典型建筑工程案例图纸等丰富的教学资源，有利于教师实行个性化教学设计，同时也减轻了教师的负担。

　　3. 将哲学思维运用于专业教学的创新教材

　　对重点构造内容采用列表的形式进行呈现，便于读者自主探究其中的变与不变；采用思维导图对各项目重点内容进行总结，可以激发读者联想思考、发散性思考、辩证思考，有助于提高读者的哲学思考水平和学习能力。

　　4. 将课程思政"盐溶于水"的育人教材

　　融思政教育于教材中，深入挖掘、提炼平法识图中蕴含的思政教育、文化基因和价值元素。提炼出专业知识所蕴含的人生哲理，构建课程知识点与社会主义核心价值观的映射关系，实现从专业知识点的讲解升华到教育引导学生形成正确的世界观、人生观、价值观，充分发挥课程的育人功能，将"传承鲁班文化 培育工匠精神"贯穿始终。

全书由盐城工业职业技术学院赵华玮任主编，黑龙江职业技术学院赵研、山西工程科技职业大学宋岩丽主审，广西理工职业技术学院韩祖丽、金华职业技术学院张弦波、盐城幼儿师范高等专科学校单春明任副主编，盐城工业职业技术学院蒋思成、袁开军、沈俊宇参编。原创 TIM 模型、三维动画由赵华玮设计、审核，北京睿格致科技有限公司制作完成。在本书编写过程中，中国建筑标准设计研究院张振一、济南轨道交通集团有限公司刘鑫锦博士参与编写大纲制定、内容选取等工作。

本书可用作职业教育土建类专业结构识图类课程教材，也可用作建筑工程识图技能大赛、"1＋X"建筑工程识图职业技能等级证书（中级）土建施工（结构）类专业参考资料或各建筑施工企业、造价咨询企业的岗位技能培训教材。

本书在编写过程中参阅了大量标准规范、文献及相关资料，北京睿格致科技有限公司为本书提供信息化技术支持，山东轨道交通勘察设计院有限公司提供本书典型建筑工程施工图，在此一并表示感谢。

由于编者水平有限，本书难免存在不足和疏漏之处，恳请读者批评指正。反馈邮箱：zlsh5968@163.com。

目　　录

附：技能训练手册

课 程 导 学

 **知识目标**

1. 了解建筑工程施工图、结构施工图的概念;
2. 了解平法的定义、平法图集组成及适用范围;
3. 熟悉本课程学习方法。

 能力目标

1. 熟悉结构施工图表达的内容;
2. 能正确选用平法图集;
3. 逐步掌握正确的学习方法。

 素质目标

1. 培养学生的规范意识和法律观念;
2. 培养学生科学严谨的态度;
3. 培养学生对本课程的学习兴趣。

总说明

柱

梁

板

剪力墙

楼梯

独立基础

条形基础

筏形基础

桩基础

课程思政要点

思政元素	思政切入点	思政目标
1. 实现梦想 2. 创新意识 3. 规则意识	1. 介绍我国古今建筑成就,将个人梦想融入中国梦。 2. 平法的发明过程及意义。 3. 16G101图集是混凝土结构施工图绘制的规则,也是本课程教学的依据。	1. 增强作为鲁班传人的自豪感,坚定"四个自信"。 2. 培养学生突破陈规、大胆探索、勇于创新的思想观念。 3. 培养学生严格按规则和程序办事的意识。

任务1 了解建筑工程施工图概念

一、建筑工程施工图

建筑工程施工图是表示工程项目总体布局,建筑物的外部形状、内部布置、结构构造、内外装修、材料做法以及设备、施工等要求的图样。一套房屋建筑的施工图按其建筑的复杂程度不同,可以由几张到几百张图纸组成。建筑工程施工图按专业分工不同一般分为:建筑施工图(土建一次装修图包含在建筑施工图内),简称建施;结构施工图,简称结施;给水排水施工图,简称水施;采暖通风施工图,简称暖施;电气施工图,简称电施。有时也把水施、暖施、电施统称为设备施工图,简称设施。

建筑工程施工图是工程技术人员进行信息传递的载体,是具有法律效力的正式文件。设计人员通过施工图表达设计意图和要求,造价人员按图计算工程造价,施工人员通过施工图纸理解设计意图并按图进行施工,监理人员按图进行监理。当出现工程事故或建设单位与施工单位因工程质量产生争议时,施工图纸是调查事故原因或争议双方仲裁的重要依据。因此,作为工程技术和管理人员,要有强烈的责任意识,在识图过程中,要保持认真仔细、科学严谨的态度;在绘制施工图过程中,要诚实守信、实事求是;在工程建设全过程中,严格遵守有关标准、规范、规程、标准图集规定。

二、结构施工图

结构施工图是对房屋建筑中的承重构件进行结构设计后画出的图样,主要表达承重结构的构件类型、布置情况、截面形式、截面尺寸、内部配筋及构造做法等,用以指导现场施工。

结构施工图一般按施工顺序编排,依次为:图纸目录、结构设计总说明、基础施工图、柱(剪力墙)施工图、梁施工图、板施工图、结构详图等。

任务2 了解平法概念

一、平法的定义

"平法"是混凝土结构施工图平面整体表示方法的简称,概括来讲,是将结构构件的尺寸和配筋等，按照平面整体表示方法制图规则，整体直接表达在各类构件的结构平面布置图上，再与标准构造详图相配合，即构成一套完整的结构设计施工图纸。如图1所示，对于ⓒ轴线的 KL2，在结构施工图中，只需按梁平法制图规则表达其相关配筋信息，而该梁纵筋、箍筋的布置必须参照平法图集中的标准构造详图才能确定，如图2所示。

0-1　微课
平法概念

0-2　模型
框架梁

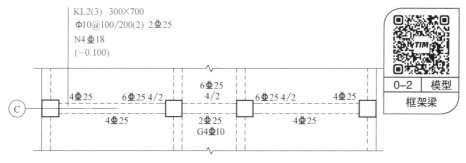

图1　框架梁平法标注示意图

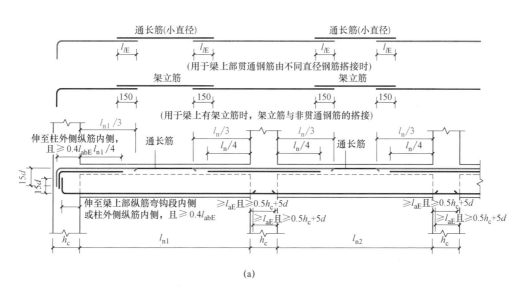

(a)

图2　框架梁标准构造详图（一）
(a) 楼层框架梁纵向钢筋构造

总说明

柱

梁

板

剪力墙

楼梯

独立基础

条形基础

筏形基础

桩基础

3

总说明

柱

梁

板

剪力墙

楼梯

独立基础

条形基础

筏形基础

桩基础

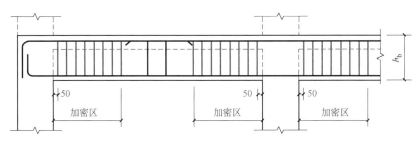

加密区：抗震等级为一级：$\geq 2.0h_b$ 且 ≥ 500

抗震等级为二～四级：$\geq 1.5h_b$ 且 ≥ 500

(b)

图 2　框架梁标准构造详图（二）

（b）框架梁箍筋加密区范围

拓展学习

"平法"于 1995 年由山东大学陈青来教授首先提出，被原国家科委列为"九五"国家级科技成果重点推广计划项目。平法改变了传统设计将构件从结构平面布置图中索引出来，再逐个绘制配筋详图的繁琐方法，其实质是把结构设计工程师的创造性劳动与重复性劳动区分开。平法把结构设计中的创造性部分使用标准化的设计表示法（即平法制图规则）来进行设计，同时，大大减少了传统表示方法中大量重复表达的内容，并将这部分内容用可以重复使用的标准构造详图的方式固定下来，从而使结构设计更方便、表达更准确。据有关资料显示，平法与传统方法相比可使图纸量减少 65%～80%，设计质量通病也大幅度减少，设计周期可减少 1/3。"平法"是我国结构施工图设计方法的重大创新，是突破陈规、大胆探索，勇于创新的"工匠精神"在建筑业的具体体现。

二、平法图集的组成及适用范围

平法是一种"施工图设计方法"，"平法图集"是平法这种设计方法的成果体现。平法系列图集包括三册，分别为：《混凝土结构施工图平面整体表示方法制图规则和构造详图（现浇混凝土框架、剪力墙、梁、板）》16G101-1、《混凝土结构施工图平面整体表示方法制图规则和构造详图（现浇混凝土板式楼梯）》16G101-2、《混凝土结构施工图平面整体表示方法制图规则和构造详图（独立基础、条形基础、筏形基础、桩基础）》16G101-3，每一册包括构件的平法制图规则和标准构造详图两大部分内容。平法图集是国家建筑标准设计图集，既是设计者完成平法施工图的依据，也是造价、施工、监理人员准确理解和实施平法施工图的依据。

平法系列图集适用于抗震设防烈度为 6～9 度地区的现浇混凝土框架、剪力墙、框架-剪力墙和部分框支剪力墙等主体结构施工图的设计，以及各类结构中的现浇混凝土板（包括有梁楼盖和无梁楼盖）、地下室结构部分现浇混凝土墙体、柱、梁、板结构施工图的设计；适用于抗震设防烈度为 6～9 度地区的现浇混凝土板式楼梯，各种结构类型的现浇混凝土独立基础、条形基础、筏形基础（分为梁板式和平板式）、桩基础施工图设计。

为了配合 16G101 系列图集在工程中的应用，中国建筑标准设计研究院组织编制了《混凝土结构施工钢筋排布规则与构造详图》18G901 系列图集，用于指导施工人员进行钢筋施工排布设计、钢筋翻样计算和现场安装绑扎。

任务3　了解本课程的作用、特点和学习方法

一、本课程的作用

结构施工图是表达房屋承重构件（如梁、板、柱、剪力墙、基础等）的布置、形状、大小、材料、构造及其相互关系的图样，16G101 系列图集属于国家建筑标准设计图集，是我国目前混凝土结构的通用表示方法，因此，正确识读"平法"结构施工图是建设行业工程技术人员、工程管理人员必备的技能。

"平法识图"课程是职业教育土建类专业的专业核心课程，通过本课程的学习，使学生熟悉 16G101 平法图集的编制方法和表示方法，掌握平法图集的制图规则和构造详图表示方法，准确识读平法施工图，为"建筑工程计量与计价""建筑工程施工"等专业课程的学习奠定基础，并为走上工作岗位后正确理解设计人员意图、准确计算钢筋用量、合理施工提供技术保障。

二、本课程特点及学习方法

平法施工图内容庞杂、信息量大，对于初学者来说比较抽象、难懂，平法识图课程与建筑结构等课程之间也有着密切的联系。建议在学习本课程时，注意以下几个方面：

（1）知识归纳。本课程主要通过学习制图规则来识图，通过学习构造详图来了解钢筋的构造。制图规则学习方面，尝试对构件的平法表达方式、数据项、数据注写方式等进行归纳；构造详图学习方面，尝试对同一种构件的不同种类钢筋进行归纳整理，如图 3 所示。

（2）对比学习。在学习过程中，将不同构件的钢筋、同一构件不同钢筋的表示方法及构造要求进行比较，找出其中的联系与区别。虽然节点构造繁多，但这些节点之间也是有规律可循的，如：梁、板、柱构件主筋在支座处采用弯锚时的弯钩长度，除顶层中柱为 $12d$ 外，其余均为 $15d$，如图 4 所示。

（3）理解学习。注意理解钢筋构造知识的力学、结构原理。如：板以梁（墙）为支座，梁以柱（墙）为支座，柱（墙）以基础为支座。两构件相连时，支座构件在节点处贯通节点布置箍筋，非支座构件在节点处不布置箍筋。构件纵筋在支座处锚固或贯通，当锚固时，锚固性质不同，纵筋的要求也不同。框架梁在框架柱中的锚固、框架柱在基础中的锚固均为刚性锚固，次梁在主梁中的锚固则为半刚性锚固。

（4）直观认知。混凝土结构平法施工图是用平面图形表达空间构件及其内部钢筋构造，由于平面图形比较抽象、钢筋布置比较复杂，对于初学者来说难以理解、不易掌握，结合本书给出的大量三维模型，可以化抽象为形象，逐步培养空间想象力。条件允许时，应通过参观实际工程结构构件的钢筋配置，动手绑扎梁、柱等典型构件的钢筋骨架，加深

0-3　微课
课程特点及学习方法

总说明

柱

梁

板

剪力墙

楼梯

独立基础

条形基础

筏形基础

桩基础

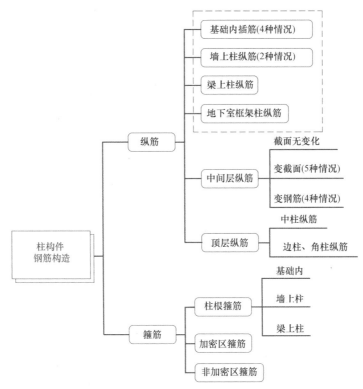

图 3　柱构件钢筋构造体系

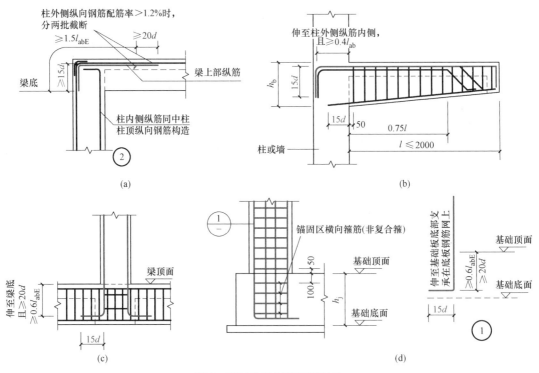

图 4　不同构件钢筋锚固对比

（a）框架柱边柱节点构造；（b）悬挑梁配筋构造；（c）梁上柱 LZ 纵筋构造；（d）柱在基础中的锚固构造

对制图规则及标准构造要求的理解。

（5）查阅图集。平法识图与现行国家标准图集和规范、规程密切相关，在学习过程中要掌握查阅标准图集及规范、规程的方法，并用以解决实际工程问题。

（6）综合训练。结合一套完整的平法结构施工图进行学习，实现从单向识图能力培养向综合识图能力培养的转变。

总说明

柱

梁

板

剪力墙

楼梯

独立基础

条形基础

筏形基础

桩基础

01

项目1

结构设计总说明识读

【学习目标】

知识目标

1. 了解结构设计总说明的主要内容；
2. 了解混凝土结构的分类；
3. 熟悉建筑抗震设防；
4. 掌握混凝土保护层厚度的定义，熟悉混凝土保护层最小厚度的构造规定；
5. 熟悉钢筋的连接构造和一般构造；
6. 了解上部结构嵌固部位的概念。

能力目标

1. 通过阅读结构设计总说明，获取结构类型、抗震设防情况、结构选材、构造要求、施工要求、选用标准图集等信息；
2. 能根据环境类别、混凝土强度等条件，正确确定梁、板、柱、墙、基础等构件的混凝土保护层最小厚度；
3. 能根据钢筋种类及直径、混凝土强度、抗震等级等条件，正确计算受拉钢筋的最小锚固长度、最小搭接长度；
4. 能根据结构楼层标高表，确定上部结构嵌固部位。

素质目标

1. 培养学生的规范意识和法律观念；
2. 培养学生科学严谨的态度。

总说明

柱

梁

板

剪力墙

楼梯

独立基础

条形基础

筏形基础

桩基础

课程思政要点

思政元素	思政切入点	思政目标
1. 职业素养 2. 安全意识 3. 责任意识 4. 爱国情怀	1. 结构设计说明中有大量的规范、标准，强调规范的重要性、复杂性，学生具备科学、严谨的职业素养，才能胜任未来工作。 2. 结合抗震知识引出汶川地震中因房屋破坏造成四千多亿经济损失，占直接经济损失近50%。作为建筑人应具有高度社会责任感。 3. 汶川抗震救灾充分体现出中国特色社会主义制度的优越性。	1. 培养学生科学、严谨的职业素养。 2. 引导学生牢固树立安全意识和责任意识。 3. 厚植爱国情怀，坚定"四个自信"。

任务1　了解结构设计总说明主要内容

结构设计总说明放在所有结构施工图的首页，主要用来说明该图样的设计依据和施工要求。凡是直接与工程质量有关的图样上无法表示的内容，往往在图纸上用文字说明表达出来。按工程的复杂程度，结构设计总说明的内容或多或少，主要内容包括：

1. 结构概况

结构类型、层数、结构总高度、±0.000 所对应的绝对标高等。

2. 结构设计的主要依据

结构设计所采用的现行国家标准、规范、规程及标准图集（包括标准的名称、编号、年号和版本号）。

1-1　微课
结构设计总说明主要内容

3. 建筑的分类等级

（1）建筑结构的安全等级和设计使用年限，混凝土结构构件的环境类别和耐久性要求，砌体结构的施工质量控制等级；

（2）建筑的抗震设防类别、抗震设防烈度和钢筋混凝土结构的抗震等级；

（3）地下室及水池等防水混凝土的抗渗等级；

（4）人防地下室的类别（甲类或乙类）及抗力级别；

（5）建筑的耐火等级和构件的耐火极限。

4. 设计采用的荷载

（1）楼（屋）面均布荷载标准值及墙体荷载、特殊荷载（如设备荷载）等；

（2）风荷载、雪荷载；

（3）地震作用、温度作用等。

5. 主要结构材料

混凝土的强度等级，钢筋的强度等级，砌体的材料及强度等级等。所选用的结构材料的品种、规格、型号、性能、强度，对地下室、屋面等有抗渗要求的混凝土的抗渗等级。

6. 一般构造要求

钢筋的连接、锚固长度，箍筋要求，变形缝与后浇带的构造做法，主体结构与围护的

总说明

柱

梁

板

剪力墙

楼梯

独立基础

条形基础

筏形基础

桩基础

连接要求等。

7. 上部结构的有关构造及施工要求

如预制构件的制作、起吊、运输、安装要求，梁板中开洞的洞口加强措施，梁、板、柱及剪力墙各构件的抗震等级和构造要求，构造圈梁的设置及施工要求等。

8. 围护墙、填充墙和隔墙

（1）墙体材料的种类、厚度和材料容重限制；

（2）与梁、柱、墙等主体结构构件的连接做法和要求。

9. 其他需要说明的内容

通过阅读结构设计总说明，了解工程结构类型、建筑抗震等级、设计使用年限，结构设计所采用的规范、规程及标准图集，结构各部分所用材料情况，以及结构说明中强调的施工注意事项。

任务2　了解混凝土结构类型及建筑结构的设计使用年限

一、混凝土结构分类

混凝土结构是目前建筑工程中应用最为普遍的结构形式。根据承重体系的不同，混凝土结构可分为框架结构、剪力墙结构、框架-剪力墙结构、筒体结构等。本教材主要学习框架结构和剪力墙结构。

1-2　动画
框架结构主体施工顺序

1. 框架结构

框架是由梁和柱刚性连接而成的骨架结构，其建筑平面布置灵活，可以获得较大的使用空间，使用比较方便，同时它尚具有强度高、自重轻、整体性和抗震性能好等优点。但框架结构体系由于梁、柱截面尺寸较小，刚度不大，抵抗侧移能力较差，若用于层数较多的房屋，很难抵抗较大的侧向变形；特别是框架结构中的砌体填充墙在较大地震作用下损坏严重，修复费用很高，而增大梁、柱截面尺寸时，其经济效果不如其他结构体系。故框架结构主要用于10层以下的工业与民用建筑中。

2. 剪力墙结构

剪力墙结构是由纵、横方向的钢筋混凝土墙体组成的抗侧力体系。这种体系由于墙体抗剪刚度很大、空间整体性强，能较好地抵抗水平地震作用和风荷载，大大减小了房屋的侧向变形，比框架结构有更好的抗侧移能力，可建造较高的建筑物。但由于墙体也要承受竖向荷载，其平面布置受到限制，往往不能满足大空间房屋的要求。因此，剪力墙结构适用于较小开间的建筑，广泛应用于高层住宅、公寓及旅馆等建筑。

3. 框架-剪力墙结构

在框架结构中设置部分钢筋混凝土剪力墙，让剪力墙负担绝大部分水平作用，而让框架以负担竖向荷载为主，这样构成的结构体系称框架-剪力墙结构，也称"框剪结构"。框架-剪力墙结构继承了框架平面布置灵活、有较大空间的优点，同时也因剪力墙抵抗水平作用而具有了较大的抗侧移能力，框架与剪力墙的相互作用使整个框架-剪力墙结构更加的稳固。它广泛用于16～25层的办公、旅馆、住宅等建筑中。

二、建筑结构的设计使用年限

设计使用年限，指设计规定的结构或结构构件不需进行大修即可按其预定目的使用的年限。

《建筑结构可靠性设计统一标准》GB 50068—2018规定，建筑结构的设计使用年限，应按表1-1采用。

建筑结构的设计使用年限　　　　　　　　　　　　　　表1-1

类别	设计使用年限（年）	类别	设计使用年限（年）
临时性建筑结构	5	普通房屋和构筑物	50
易于替换的结构构件	25	标志性建筑和特别重要的建筑结构	100

任务3　了解建筑抗震基本知识

一、地震的基本概念

地震按其成因可划分为四种类型：构造地震、火山地震、陷落地震和诱发地震。建筑抗震设计中所指的地震，是由于地壳构造运动使岩层发生断裂、错动而引起的地面振动。这种地震称为构造地震，简称地震。

地壳深处发生岩层断裂、错动的地方称为震源。如图1-1所示，震源正上方的地面叫震中。震中至震源的垂直距离称为震源深度。震中附近的地面振动最厉害，也是破坏最为严重的地区，称为震中区。地面至震中的水平距离称为震中距。将地面上破坏程度相似的点连成的线叫作等震线。

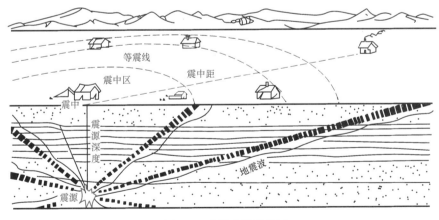

图1-1　地震术语示意图

二、地震强度

地球上的地震有强有弱。用来衡量地震强度大小的"尺子"有两把，一把叫地震震级，另一把叫地震烈度。地震震级好像不同瓦数的荧光灯，瓦数越高能量越大，震级越高

总说明

柱

梁

板

剪力墙

楼梯

独立基础

条形基础

筏形基础

桩基础

总说明

柱

梁

板

剪力墙

楼梯

独立基础

条形基础

筏形基础

桩基础

释放的能量也越大。烈度好像屋子里受到光亮的程度，对同一盏荧光灯来说，距离荧光灯的远近不同，各处受光的照射也不同，所以各地的烈度也不一样。

1. 震级

地震震级是衡量地震大小的一种度量。每一次地震只有一个震级。它是根据地震时释放能量的多少来划分的，震级可以通过地震仪器的记录计算得出，震级越高，释放的能量也越多。我国使用的震级标准是国际通用震级标准，叫"里氏震级"。小于2级的地震，人们感觉不到，称为微震；2～4级地震，人们有所感觉，物体也有所晃动，称为有感地震；5级以上的地震能引起不同程度的破坏，统称为破坏性地震；7级以上的地震称为强烈地震或大地震；超过8级的地震称为特大地震。1976年7月28日在河北省唐山市发生的地震震级是7.8级，2008年5月12日在四川省汶川县发生的地震震级为8.0级。到目前为止，所记录到的世界最大震级的地震是1960年5月22日发生在智利的9.5级地震。

2. 地震烈度

地震烈度是指某一地区受到地震以后，地面及建筑物受到地震影响的强弱程度。目前我国使用的是12度烈度表。地震烈度不仅与震级大小有关，而且与震源深度、震中距、地质条件等因素有关。一般来说，离震中近，破坏就大，烈度就高；离震中远，破坏就小，烈度就低。对应于一次地震，表示地震大小的震级只有一个。然而，由于各地区距震中远近不同以及地质情况各异，所受到的影响也不同，所以同一次地震却有好多个烈度区。

三、抗震设防

1. 抗震设防烈度

抗震设防烈度是按国家规定的权限批准作为一个地区抗震设防依据的地震烈度。一般情况，取50年内超越概率10%的地震烈度。

《建筑抗震设计规范（2016年版）》GB 50011—2010规定，抗震设防烈度为6度及以上的地区，必须进行抗震设计。我国现行抗震设防的基本思想是："小震不坏、中震可修、大震不倒"。现行抗震设计规范适用于抗震设防烈度为6～9度地区建筑工程的抗震、隔震、消能减震设计。

2. 建筑抗震设防分类

根据建筑遭遇地震破坏后，可能造成人员伤亡、直接和间接经济损失、社会影响的程度及其在抗震救灾中的作用等因素，对各类建筑进行了抗震设防类别划分，分为以下四个抗震设防类别：

（1）特殊设防类（甲类）：指使用上有特殊设施，涉及国家公共安全的重大建筑工程和地震时可能发生严重次生灾害等特别重大灾害后果，需要进行特殊设防的建筑，简称甲类。

（2）重点设防类（乙类）：指地震时使用功能不能中断或需要尽快恢复的生命线相关建筑，以及地震时可能导致大量人员伤亡等重大灾害后果，需要提高设防标准的建筑，简称乙类。如国家重点抗震城市的生命线工程的建筑（包括医疗、广播、通信、交通、供水、供电、供气、消防、粮食等）。

（3）标准设防类（丙类）：指除甲、乙、丁类以外按标准要求进行设防的建筑，简称丙类。如工厂、机关、学校、商店等。按标准要求进行设防。

（4）适度设防类（丁类）：指使用上人员稀少且震害不致产生次生灾害，允许在一定条件下适度降低要求的建筑，简称丁类。如一般性仓库、人员较少的辅助性建筑等。

3. 抗震等级

《建筑抗震设计规范（2016年版）》GB 50011—2010规定，钢筋混凝土房屋应根据设防类别、烈度、结构类型和房屋高度采用不同的抗震等级，并应符合相应的计算和构造措施要求。丙类建筑的抗震等级应按表1-2确定。

现浇钢筋混凝土房屋的抗震等级　　　　　　　表1-2

结构类型		设防烈度							
		6		7			8			9
		≤24	>24	≤24		>24	≤24		>24	≤24
框架结构	高度（m）	≤24	>24	≤24		>24	≤24		>24	≤24
	框架	四	三	三		二	二		一	一
	大跨度框架	三		二			一			一
框架-抗震墙结构	高度（m）	≤60	>60	≤24	25～60	>60	≤24	25～60	>60	≤24	25～50
	框架	四	三	四	三	二	三	二	一	二	一
	抗震墙	三		三		二	二		一		一
抗震墙结构	高度（m）	≤80	>80	≤24	25～80	>80	≤24	25～80	>80	≤24	25～60
	剪力墙	四	三	四	三	二	三	二	一	二	一

总说明　柱　梁　板　剪力墙　楼梯　独立基础　条形基础　筏形基础　桩基础

任务4　熟悉混凝土结构用材料

1. 混凝土

钢筋混凝土结构的混凝土强度等级不应低于C20；采用强度等级400MPa及以上的钢筋时，混凝土强度等级不应低于C25；承受重复荷载的钢筋混凝土构件，混凝土强度等级不应低于C30。

2. 钢筋

根据《钢筋混凝土用钢 第2部分：热轧带肋钢筋》GB/T 1499.2—2018，钢筋按屈服强度特征值分为400级、500级、600级，钢筋牌号的构成及其含义见表1-3。

钢筋牌号的构成　　　　　　　　表1-3

类别	牌号	牌号构成	英文字母含义
普通热轧钢筋	HRB400	由HRB＋屈服强度特征值构成	HRB——热轧带肋钢筋的英文（Hot rolled Ribbed Bars）缩写。 E——"地震"的英文（Earthquake）首位字母
	HRB500		
	HRB600		
	HRB400E	由HRB＋屈服强度特征值＋E构成	
	HRB500E		

总
说
明

柱

梁

板

剪
力
墙

楼
梯

独
立
基
础

条
形
基
础

筏
形
基
础

桩
基
础

续表

类别	牌号	牌号构成	英文字母含义
细晶粒 热轧钢筋	HRBF400	由 HRBF＋屈服强度特征值 构成	HRBF——在热轧带肋钢筋的英文缩写 后加"细"的英文（Fine）首位字母。 E——"地震"的英文（Earthquake）首位 字母
	HRBF500		
	HRBF400E	由 HRBF＋屈服强度特征值＋E 构成	
	HRBF500E		

任务5 确定构件的混凝土保护层厚度

混凝土保护层厚度是指最外层钢筋（包括箍筋、构造钢筋、分布筋等）外边缘至混凝土表面的距离。为防止钢筋锈蚀、保证耐久性、防火性以及钢筋与混凝土的粘结，钢筋混凝土构件应具有足够的混凝土保护层厚度。

影响混凝土保护层厚度的主要因素有环境类别、构件类型、混凝土强度等级和结构设计使用年限，不同环境的混凝土保护层最小厚度应符合表 1-4 的规定。

混凝土保护层的最小厚度（mm） 表 1-4

环境类别	板、墙	梁、柱	环境类别	板、墙	梁、柱
一	15	20	三 a	30	40
二 a	20	25	三 b	40	50
二 b	25	35			

注：1. 适用于设计使用年限为 50 年的混凝土结构。
2. 一类环境中，设计使用年限为 100 年的结构最外层钢筋的保护层厚度不应小于表中数值的 1.4 倍；二、三类环境中，设计使用年限为 100 年的结构应采取专门的有效措施。
3. 构件中受力钢筋的保护层厚度不应小于钢筋的公称直径。
4. 混凝土强度等级不大于 C25 时，表中保护层厚度应增加 5mm。
5. 钢筋混凝土基础宜设置混凝土垫层，基础中钢筋的混凝土保护层厚度应从垫层顶面算起，且不应小于 40mm。

混凝土结构的环境类别划分见表 1-5。

混凝土结构的环境类别 表 1-5

环境类别	条　件
一	室内干燥环境； 无侵蚀性静水浸没环境
二 a	室内潮湿环境； 非严寒和非寒冷地区的露天环境； 非严寒和非寒冷地区与无侵蚀性的水或土壤直接接触的环境； 严寒和寒冷地区的冰冻线以下与无侵蚀性的水或土壤直接接触的环境
二 b	干湿交替环境； 水位频繁变动环境； 严寒和寒冷地区的露天环境； 严寒和寒冷地区冰冻线以上与无侵蚀性的水或土壤直接接触的环境

总说明

柱

梁

板

剪力墙

楼梯

独立基础

条形基础

筏形基础

桩基础

续表

环境类别	条　件
三 a	严寒和寒冷地区冬季水位变动区环境； 受除冰盐影响环境； 海风环境
三 b	盐渍土环境； 受除冰盐作用环境； 海岸环境
四	海水环境
五	受人为或自然的侵蚀性物质影响的环境

任务6　确定钢筋的锚固长度

为保证钢筋混凝土构件可靠地工作，防止纵向受拉钢筋从混凝土中拔出导致构件破坏，钢筋在混凝土中必须有可靠的锚固。

1. 钢筋的锚固长度

钢筋锚固长度是指受力钢筋通过混凝土与钢筋的粘结作用，将所受力传递给混凝土所需的长度。钢筋在混凝土中要有足够的锚固长度。

钢筋锚固长度包括受拉钢筋基本锚固长度 l_{ab}、抗震设计时受拉钢筋基本锚固长度 l_{abE}、受拉钢筋锚固长度 l_a 和抗震设计时受拉钢筋锚固长度 l_{aE}。

受拉钢筋基本锚固长度 l_{ab} 和抗震设计时受拉钢筋基本锚固长度 l_{abE} 应分别符合表 1-6 和表 1-7 的规定。

受拉钢筋基本锚固长度 l_{ab}　　　　　　　表 1-6

钢筋种类	混凝土强度等级								
	C20	C25	C30	C35	C40	C45	C50	C55	≥C60
HPB300	$39d$	$34d$	$30d$	$28d$	$25d$	$24d$	$23d$	$22d$	$21d$
HRB335	$38d$	$33d$	$29d$	$27d$	$25d$	$23d$	$22d$	$21d$	$21d$
HRB400、HRBF400、RRB400	—	$40d$	$35d$	$32d$	$29d$	$28d$	$27d$	$26d$	$25d$
HRB500、HRBF500	—	$48d$	$43d$	$39d$	$36d$	$34d$	$32d$	$31d$	$30d$

抗震设计时受拉钢筋基本锚固长度 l_{abE}　　　　　　　表 1-7

钢筋种类及抗震等级		混凝土强度等级								
		C20	C25	C30	C35	C40	C45	C50	C55	≥C60
HPB300	一、二级	$45d$	$39d$	$35d$	$32d$	$29d$	$28d$	$26d$	$25d$	$24d$
	三级	$41d$	$36d$	$32d$	$29d$	$26d$	$25d$	$24d$	$23d$	$22d$
HRB335	一、二级	$44d$	$38d$	$33d$	$31d$	$29d$	$26d$	$25d$	$24d$	$24d$
	三级	$40d$	$35d$	$31d$	$28d$	$26d$	$24d$	$23d$	$22d$	$22d$
HRB400 HRBF400	一、二级	—	$46d$	$40d$	$37d$	$33d$	$32d$	$31d$	$30d$	$29d$
	三级	—	$42d$	$37d$	$34d$	$30d$	$29d$	$28d$	$27d$	$26d$

总说明

柱

梁

板

剪力墙

楼梯

独立基础

条形基础

筏形基础

桩基础

续表

钢筋种类及抗震等级		混凝土强度等级								
		C20	C25	C30	C35	C40	C45	C50	C55	≥C60
HRB500 HRBF500	一、二级	—	55d	49d	45d	41d	39d	37d	36d	35d
	三级	—	50d	45d	41d	38d	36d	34d	33d	32d

注：1. 四级抗震时，$l_{abE}=l_{ab}$。

2. 当锚固钢筋的保护层厚度不大于 $5d$ 时，锚固钢筋长度范围内应设置横向构造钢筋，其直径不应小于 $d/4$（d 为锚固钢筋的最大直径）；对梁、柱等构件间距不应大于 $5d$，对板、墙等构件间距不应大于 $10d$，且均不应大于 100（d 为锚固钢筋的最小直径）。

受拉钢筋锚固长度 l_a 和抗震设计时受拉钢筋锚固长度 l_{aE} 应分别符合表 1-8 和表 1-9 的规定。

受拉钢筋锚固长度 l_a　　　　表 1-8

钢筋种类	C20	C25		C30		C35		C40		C45		C50		C55		≥C60	
	d≤25	d≤25	d>25	d≤25	d>25	d≤25	d>25	d≤25	d>25	d≤25	d>25	d≤25	d>25	d≤25	d>25	d≤25	d>25
HPB300	39d	34d	—	30d		28d		25d		24d		23d		22d		21d	
HRB335	38d	33d	—	29d		27d		25d		23d		22d		21d		21d	
HRB400、HRBF400、RRB400	—	40d	44d	35d	39d	32d	35d	29d	32d	28d	31d	27d	30d	26d	29d	25d	28d
HRB500、HRBF500	—	48d	53d	43d	47d	39d	43d	36d	40d	34d	37d	32d	35d	31d	34d	30d	33d

注：钢筋直径 $d\leqslant25\text{mm}$ 时，受拉钢筋锚固长度 l_a＝受拉钢筋基本锚固长度 l_{ab}。

受拉钢筋抗震锚固长度 l_{aE}　　　　表 1-9

钢筋种类及抗震等级		C20	C25		C30		C35		C40		C45		C50		C55		≥C60	
		d≤25	d≤25	d>25	d≤25	d>25	d≤25	d>25	d≤25	d>25	d≤25	d>25	d≤25	d>25	d≤25	d>25	d≤25	d>25
HPB300	一、二级	45d	39d	—	35d		32d		29d		28d		26d		25d		24d	
	三级	41d	36d	—	32d		29d		26d		25d		24d		23d		22d	
HRB335	一、二级	44d	38d	—	33d		31d		28d		26d		25d		24d		24d	
	三级	40d	35d	—	30d		28d		26d		24d		23d		22d		22d	
HRB400 HRBF400	一、二级	—	46d	51d	40d	45d	37d	40d	33d	37d	32d	36d	31d	35d	30d	33d	29d	32d
	三级	—	42d	46d	37d	41d	34d	37d	30d	34d	29d	33d	28d	32d	27d	30d	26d	29d
HRB500 HRBF500	一、二级	—	55d	61d	49d	54d	45d	49d	41d	46d	39d	43d	37d	40d	36d	39d	35d	38d
	三级	—	50d	56d	45d	49d	41d	45d	38d	42d	36d	39d	34d	37d	33d	36d	32d	35d

注：1. 当为环氧树脂涂层带肋钢筋时，表中数据尚应乘以 1.25。

2. 当纵向受拉钢筋在施工过程中易受扰动时，表中数据尚应乘以 1.1。

3. 当锚固长度范围内纵向受力钢筋周边保护层厚度为 $3d$、$5d$（d 为锚固钢筋的直径）时，表中数据可分别乘以 0.8、0.7；中间时按内插值。

4. 当纵向受拉普通钢筋锚固长度修正系数（注 1～注 3）多于一项时，可按连乘计算。

5. 受拉钢筋的锚固长度 l_a、l_{aE} 计算值不应小于 200mm。

6. 四级抗震时，$l_{aE}=l_a$。

7. 当锚固钢筋的保护层厚度不大于 $5d$ 时，锚固钢筋长度范围内应设置横向构造钢筋，其直径不应小于 $d/4$（d 为锚固钢筋的最大直径）；对梁、柱等构件间距不应大于 $5d$，对板、墙等构件间距不应大于 $10d$，且均不应大于 100（d 为锚固钢筋的最小直径）。

8. HPB300 级钢筋末端应做 180°弯钩，做法如图 1-2 所示。

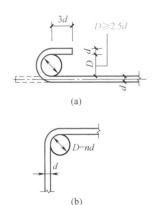

图 1-2 光圆钢筋末端弯钩做法
（a）光圆钢筋末端 180°弯钩；
（b）末端 90°弯折

注：钢筋弯折的弯弧内直径 D 应符合下列规定：

1. 光圆钢筋，不应小于钢筋直径的 2.5 倍。

2. 335MPa 级、400MPa 级带肋钢筋，不应小于钢筋直径的 4 倍。

3. 500MPa 级带肋钢筋，当直径 $d \leqslant 25$ 时，不应小于钢筋直径的 6 倍；当直径 $d > 25$ 时，不应小于钢筋直径的 7 倍。

4. 位于框架结构顶层端节点处（本图集第 67 页）的梁上部纵向钢筋和柱外侧纵向钢筋，在节点角部弯折处，当钢筋直径 $d \leqslant 25$ 时，不应小于钢筋直径的 12 倍；当直径 $d > 25$ 时，不应小于钢筋直径的 16 倍。

5. 箍筋弯折处尚不应小于纵向受力钢筋直径；箍筋弯折处纵向受力钢筋为搭接或并筋时，应按钢筋实际排布情况确定箍筋弯弧内直径。

受压锚固长度：混凝土结构中的纵向受压钢筋，当计算中充分利用其抗压强度时，锚固长度不应小于相应受拉锚固长度的 70%。

【实例 1-1】 某框架结构抗震等级为三级，环境类别为一类，采用 C35 混凝土，其中一根屋面梁梁底在柱两侧的高度不同，如图 1-3 所示。已知：柱截面高度 $h_c = 600mm$，两侧梁高差 $\Delta_h = 150mm$，梁纵筋采用直径 20mm 的 HRB400 钢筋。

计算右侧梁梁底纵筋伸入支座的长度。

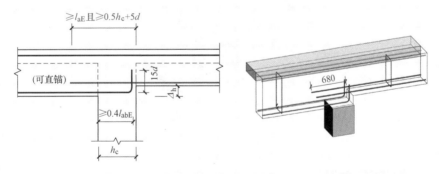

图 1-3 实例 1-1 图

【解析】

根据已知条件查表 1-9 可得，$l_{aE} = 34d = 34 \times 20 = 680mm$

$$0.5h_c + 5d = 0.5 \times 600 + 5 \times 20 = 400mm < 680mm$$

故：右侧梁梁底纵筋伸入支座长度为 680mm。

2. 钢筋的锚固形式和技术要求

在钢筋末端配置弯钩和机械锚固是减小锚固长度的有效方式，弯钩和机械锚固的形式和技术要求应符合表 1-10 的规定。钢筋机械锚固形式如图 1-4 所示。

总说明 柱 梁 板 剪力墙 楼梯 独立基础 条形基础 筏形基础 桩基础

总说明

柱

梁

板

剪力墙

楼梯

独立基础

条形基础

筏形基础

桩基础

纵向钢筋弯钩与机械锚固形式　　　　　　　　表 1-10

锚固形式	末端带 90°弯钩	末端带 135°弯钩	一侧贴焊锚筋
图示			

锚固形式	末端两侧贴焊锚筋	末端与钢板穿孔塞焊	末端带螺栓锚头
图示			

注：1. 当纵向受拉普通钢筋末端采用弯钩或机械锚固措施时，包括弯钩或锚固端头在内的锚固长度（投影长度）可取为基本锚固长度 l_{ab} 的 60%。

　　2. 焊缝和螺纹长度应满足承载力要求；螺栓锚头的规格应符合相关标准的要求。

　　3. 螺栓锚头和焊接锚板的承压净面积不应小于锚固钢筋截面积的 4 倍。

　　4. 螺栓锚头和焊接锚板的钢筋净间距不宜小于 $4d$，否则应考虑群锚效应的不利影响。

　　5. 截面角部的弯钩和一侧贴焊锚筋的布筋方向宜向截面内侧偏置。

　　6. 受压钢筋不应采用末端弯钩和一侧贴焊锚筋的锚固措施。

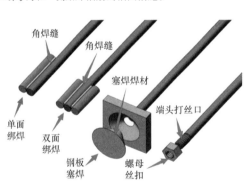

图 1-4　钢筋机械锚固的形式

任务7　熟悉纵向钢筋的连接构造

钢筋常见的供货长度为 9m 和 12m，当构件的长度大于钢筋的长度时，需要将钢筋连接起来使用。钢筋的连接方式有绑扎搭接、机械连接和焊接，宜优先采用机械连接或焊接。

1. 钢筋连接的基本原则

钢筋连接接头应设置在构件受力较小部位；限制钢筋在构件同一层高或同一跨度内的接头数量；避开梁端、柱端箍筋加密区等结构关键受力部位，必须在此连接时，应采用机械连接或焊接；同一连接区段内限制接头面积百分率。

2. 钢筋连接方式

（1）绑扎搭接

绑扎搭接施工操作简单，但连接强度较低，不适合大直径钢筋连接，目前主要用于楼板钢筋的连接。规范规定，当受拉钢筋 $d \geqslant 25$mm 及受压钢筋 $d \geqslant 28$mm 时，不宜采用绑扎搭接。轴心受拉及小偏心受拉构件内的纵向钢筋不得采用绑扎搭接接头。

绑扎搭接接头必须保证足够的搭接长度，纵向受拉钢筋采用绑扎搭接形式时，其搭接长度 l_l 应满足表 1-11 规定，纵向受拉钢筋抗震搭接长度 l_{lE} 应满足表 1-12 规定。

纵向受拉钢筋搭接长度 l_l　　　　表 1-11

钢筋种类及同一区段内搭接钢筋面积百分率		混凝土强度等级																
		C20	C25		C30		C35		C40		C45		C50		C55		C60	
		$d \leqslant 25$	$d \leqslant 25$	$d > 25$	$d \leqslant 25$	$d > 25$	$d \leqslant 25$	$d > 25$	$d \leqslant 25$	$d > 25$	$d \leqslant 25$	$d > 25$	$d \leqslant 25$	$d > 25$	$d \leqslant 25$	$d > 25$	$d \leqslant 25$	$d > 25$
HPB300	$\leqslant 25\%$	$47d$	$41d$	—	$36d$	—	$34d$	—	$30d$	—	$29d$	—	$28d$	—	$26d$	—	$25d$	—
	50%	$55d$	$48d$	—	$42d$	—	$39d$	—	$35d$	—	$34d$	—	$32d$	—	$31d$	—	$29d$	—
	100%	$62d$	$54d$	—	$48d$	—	$45d$	—	$40d$	—	$38d$	—	$37d$	—	$35d$	—	$34d$	—
HRB335	$\leqslant 25\%$	$46d$	$40d$	—	$35d$	—	$32d$	—	$30d$	—	$28d$	—	$26d$	—	$25d$	—	$25d$	—
	50%	$53d$	$46d$	—	$41d$	—	$38d$	—	$35d$	—	$32d$	—	$31d$	—	$29d$	—	$29d$	—
	100%	$61d$	$53d$	—	$46d$	—	$43d$	—	$40d$	—	$37d$	—	$35d$	—	$34d$	—	$34d$	—
HRB400 HRBF400 RRB400	$\leqslant 25\%$	—	$48d$	$53d$	$42d$	$47d$	$38d$	$42d$	$35d$	$38d$	$34d$	$37d$	$32d$	$36d$	$31d$	$35d$	$30d$	$34d$
	50%	—	$56d$	$62d$	$49d$	$55d$	$45d$	$49d$	$41d$	$45d$	$39d$	$43d$	$38d$	$42d$	$36d$	$41d$	$35d$	$39d$
	100%	—	$64d$	$70d$	$56d$	$62d$	$51d$	$56d$	$46d$	$51d$	$45d$	$50d$	$43d$	$48d$	$42d$	$46d$	$40d$	$45d$
HRB500 HRBF500	$\leqslant 25\%$	—	$58d$	$64d$	$52d$	$56d$	$47d$	$52d$	$43d$	$48d$	$41d$	$44d$	$38d$	$42d$	$37d$	$41d$	$36d$	$40d$
	50%	—	$67d$	$74d$	$60d$	$66d$	$55d$	$60d$	$50d$	$56d$	$46d$	$52d$	$45d$	$49d$	$43d$	$48d$	$42d$	$46d$
	100%	—	$77d$	$85d$	$69d$	$75d$	$62d$	$69d$	$58d$	$64d$	$54d$	$59d$	$51d$	$56d$	$50d$	$54d$	$48d$	$53d$

注：1. 表中数值为纵向受拉钢筋绑扎搭接接头的搭接长度。

2. 两根不同直径钢筋搭接时，表中 d 取较细钢筋直径。

3. 当为环氧树脂涂层带肋钢筋时，表中数据尚应乘以 1.25。

4. 当纵向受拉钢筋在施工过程中易受扰动时，表中数据尚应乘以 1.1。

5. 当搭接长度范围内纵向受力钢筋周边保护层厚度为 $3d$、$5d$（d 为搭接钢筋的直径）时，表中数据尚可分别乘以 0.8、0.7；中间时按内插值。

6. 当上述修正系数（注 3～注 5）多于一项时，可按连乘计算。

7. 当位于同一连接区段内的钢筋搭接接头面积百分率为表中数据中间值时，搭接长度可按内插取值。

8. 任何情况下，搭接长度不应小于 300。

9. HPB300 级钢筋末端应做 180°弯钩。

（2）机械连接

纵向受力钢筋机械连接的接头形式有套筒挤压连接接头、直螺纹套筒连接接头和锥螺纹套筒连接接头。机械连接受力可靠，但机械连接接头连接件的混凝土保护层及连接件间的横向净距将减小。机械连接套筒的横向净距不宜小于 25mm。

（3）焊接连接

焊接连接是利用热熔融金属实现钢筋连接，纵向受力钢筋焊接连接的方法有闪光对

总
说
明

柱

梁

板

剪
力
墙

楼
梯

独
立
基
础

条
形
基
础

筏
形
基
础

桩
基
础

焊、电渣压力焊等。焊接连接成本低，但连接质量的稳定性差。

　　电渣压力焊只能用于柱、墙等竖向构件纵向钢筋的连接，不得用于梁、板等水平构件的纵向钢筋连接。

纵向受拉钢筋抗震搭接长度 l_{lE}　　　　　表 1-12

钢筋种类及同一区段内搭接钢筋面积百分率			混凝土强度等级																	
			C20		C25		C30		C35		C40		C45		C50		C55		C60	
			d≤25	d>25	d≤25	d>25	d≤25	d>25	d≤25	d>25	d≤25	d>25	d≤25	d>25	d≤25	d>25	d≤25	d>25	d≤25	d>25
一、二级抗震等级	HPB300	≤25%	54d		47d	—	42d	—	38d	—	35d	—	34d	—	31d	—	30d	—	29d	—
		50%	63d		55d	—	49d	—	45d	—	41d	—	39d	—	36d	—	35d	—	34d	—
	HRB335	≤25%	53d		46d	—	40d	—	37d	—	35d	—	31d	—	30d	—	29d	—	29d	—
		50%	62d		53d	—	46d	—	43d	—	41d	—	36d	—	35d	—	34d	—	34d	—
	HRB400 HRBF400	≤25%	—		55d	61d	48d	54d	44d	48d	40d	44d	38d	43d	37d	42d	36d	40d	35d	38d
		50%	—		64d	71d	56d	63d	52d	56d	46d	52d	45d	50d	43d	49d	42d	46d	41d	45d
	HRB500 HRBF500	≤25%	—		66d	73d	59d	65d	54d	59d	49d	55d	47d	52d	44d	48d	43d	47d	42d	46d
		50%	—		77d	85d	69d	76d	63d	69d	57d	64d	55d	60d	52d	56d	50d	55d	49d	53d
三级抗震等级	HPB300	≤25%	49d		43d	—	38d	—	35d	—	31d	—	30d	—	29d	—	28d	—	26d	—
		50%	57d		50d	—	45d	—	41d	—	36d	—	35d	—	34d	—	32d	—	31d	—
	HRB335	≤25%	48d		42d	—	36d	—	34d	—	31d	—	29d	—	28d	—	26d	—	26d	—
		50%	56d		49d	—	42d	—	39d	—	36d	—	34d	—	32d	—	31d	—	31d	—
	HRB400 HRBF400	≤25%	—		50d	55d	44d	49d	41d	44d	36d	41d	35d	40d	34d	38d	32d	36d	31d	35d
		50%	—		59d	64d	52d	57d	48d	52d	42d	48d	41d	46d	39d	44d	38d	42d	36d	41d
	HRB500 HRBF500	≤25%	—		60d	67d	54d	59d	49d	54d	46d	50d	43d	47d	41d	44d	40d	43d	38d	42d
		50%	—		70d	78d	63d	69d	57d	63d	53d	59d	50d	55d	48d	52d	46d	50d	45d	49d

　　注：1. 表中数值为纵向受拉钢筋绑扎搭接接头的搭接长度。

　　　　2. 两根不同直径钢筋搭接时，表中 d 取较细钢筋直径。

　　　　3. 当为环氧树脂涂层带肋钢筋时，表中数据尚应乘以 1.25。

　　　　4. 当纵向受拉钢筋在施工过程中易受扰动时，表中数据尚应乘以 1.1。

　　　　5. 当搭接长度范围内纵向受力钢筋周边保护层厚度为 $3d$、$5d$（d 为搭接钢筋的直径）时，表中数据尚可分别乘以 0.8、0.7；中间时按内插值。

　　　　6. 当上述修正系数（注3～注5）多于一项时，可按连乘计算。

　　　　7. 当位于同一连接区段内的钢筋搭接接头面积百分率为 100% 时，$l_{lE}=1.6l_{aE}$。

　　　　8. 当位于同一连接区段内的钢筋搭接接头面积百分率为表中数据中间值时，搭接长度可按内插取值。

　　　　9. 任何情况下，搭接长度不应小于 300。

　　　　10. 四级抗震等级时，$l_{lE}=l_l$。

　　　　11. HPB300 级钢筋末端应做 180° 弯钩。

3. 钢筋连接区段的规定

　　无论采用何种连接方式，连接处都是钢筋最薄弱的环节。因此，钢筋的连接接头宜相互错开，尽量避免在同一位置连接。规范规定：钢筋绑扎搭接接头连接区段的长度为 1.3 倍搭接长度，钢筋机械连接区段的长度为 $35d$（d 为连接钢筋的较小钢筋直径），钢筋焊接接头连接区段的长度为 $35d$（d 为连接钢筋的较小钢筋直径）且不小于 500mm。凡接头中点位于该连接区段长度内的接头均属于同一连接区段，如图1-5所示。

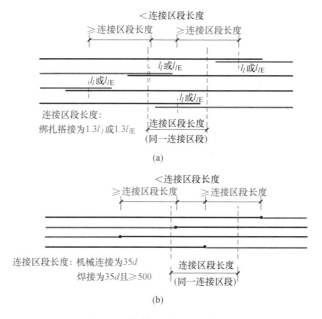

图1-5　钢筋连接区段示意图
（a）同一连接区段内纵向受拉钢筋绑扎搭接接头；
（b）同一连接区段内纵向受拉钢筋机械连接、焊接接头

位于同一连接区段内的纵向受拉钢筋接头面积百分率不宜大于50%；但对板、墙、柱及预制构件的拼接处，可根据实际情况放宽。纵向受压钢筋的接头百分率不受限制。

【实例1-2】　某框架结构抗震等级为四级，环境类别为一类，采用C35混凝土，其中一根柱8根直径20mm的HRB400纵向钢筋拟在两个截面进行绑扎搭接。计算该柱钢筋的绑扎搭接长度。

【解析】

根据表1-12，四级抗震等级时，$l_{lE}=l_l$

根据给定条件，查表1-11，$l_l=45d=45\times20=900mm>300mm$

故：该柱钢筋的绑扎搭接长度为900mm。

任务8　熟悉钢筋的一般构造

1. 纵向受力钢筋搭接区箍筋构造

梁、柱类构件的纵向受力钢筋搭接区段内箍筋构造要求见表1-13。

2. 封闭箍筋及拉筋弯钩构造、螺旋箍筋构造

封闭箍筋及拉筋弯钩构造如图1-6所示。非框架梁以及不考虑地震作用的悬挑梁，箍筋及拉筋弯钩平直段长度可为5d；当其受扭时，应为10d。

总说明
柱
梁
板
剪力墙
楼梯
独立基础
条形基础
筏形基础
桩基础

梁、柱纵向受力钢筋搭接区箍筋构造		表 1-13
图　　示	构　造　说　明	

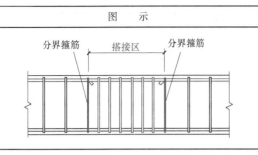

构造说明：
1. 图示用于梁、柱类构件搭接区段箍筋设置。
2. 搭接区段内箍筋直径不小于 $d/4$（d 为搭接钢筋最大直径），间距不应大于 100mm 及 $5d$（d 为搭接钢筋最小直径）。
3. 当受压钢筋直径大于 25mm 时，还应在绑扎搭接接头两个端面外 100mm 的范围内各设置两道箍筋

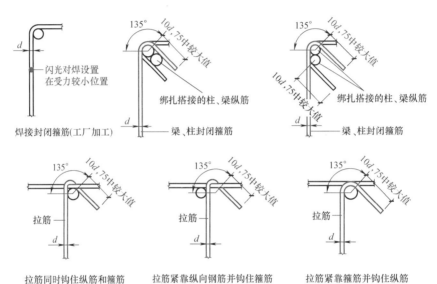

图 1-6　封闭箍筋及拉筋弯钩构造

螺旋箍筋的套箍作用可以约束其包围的核心混凝土的横向变形，提高混凝土的抗压强度和变形能力，从而提高构件的承载力。螺旋箍筋常用于柱、桩等受压构件中。螺旋箍筋构造如图 1-7 所示。圆柱环状箍筋搭接构造同螺旋箍筋。

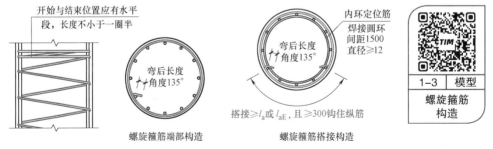

图 1-7　螺旋箍筋构造

3. 梁柱纵筋间距要求

为保证钢筋周围的混凝土浇筑密实，使钢筋与混凝土之间具有足够的粘结力，梁柱的纵向受力钢筋之间必须留有足够的净间距。如图 1-8 所示，梁上部纵筋水平方向的净间距

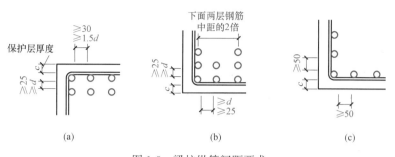

图 1-8　梁柱纵筋间距要求

（a）梁上部纵筋间距要求；（b）梁下部纵筋间距要求；（c）柱纵筋间距要求

不应小于 30mm 和 1.5d（d 为最大钢筋直径），梁下部纵筋水平方向的净间距不应小于 25mm 和 d（d 为最大钢筋直径），柱纵筋之间的净间距不应小于 50mm。

4. 拉结筋构造

拉结筋用于剪力墙分布钢筋的拉结，宜同时钩住外侧水平及竖向分布钢筋。拉结筋构造如图 1-9 所示。

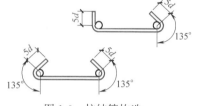

图 1-9　拉结筋构造

任务9　确定上部结构的嵌固部位

在计算剪力墙、柱等竖向构件的钢筋工程量时，需要明确竖向构件的起始位置，即上部结构的嵌固部位。上部结构的嵌固部位为上部结构与下部结构的分界，通常分为有地下室和无地下室两种情况：

（1）采用独立基础、条形基础、筏形基础等没有地下室的建筑结构，上部结构嵌固部位一般在基础顶面。

（2）有地下室的建筑结构，上部结构嵌固部位多数情况在地下室顶板，也可能在基础顶面。

一套标准的结构施工图，设计者会在柱和剪力墙施工图的结构层高表中注明上部结构的嵌固部位。当框架柱嵌固部位不在基础顶面时，在层高表嵌固部位标高下使用双细线注明，并在层高表下注明上部结构嵌固部位标高，如图 1-10 所示。当框架柱嵌固部位不在地下室顶板，但仍需考虑地下室顶板对上部结构实际存在嵌固作用时，可在层高表地下室顶板标高下使用双虚线注明。

屋面2	65.670	
塔层2	62.370	3.30
屋面1（塔层1）	59.070	3.30
16	55.470	3.60
15	51.870	3.60
14	48.270	3.60
13	44.670	3.60
12	41.070	3.60
11	37.470	3.60
10	33.870	3.60
9	30.270	3.60
8	26.670	3.60
7	23.070	3.60
6	19.470	3.60
5	15.870	3.60
4	12.270	3.60
3	8.670	3.60
2	4.470	4.20
1	−0.030	4.50
−1	−4.530	4.50
−2	−9.030	4.50
层号	标高(m)	层高(m)

结构层楼面标高
结构层高

上部结构嵌固部位：
−4.530

图 1-10　结构

楼层标高表

总说明

柱

梁

板

剪力墙

楼梯

独立基础

条形基础

筏形基础

桩基础

23

02

项目2

柱平法施工图识读

【学习目标】

 知识目标

1. 掌握柱平法施工图的制图规则；

2. 熟悉柱构件标准构造详图中纵向钢筋在基础内的锚固、柱顶的锚固、中间层柱纵筋构造、非连接区长度、搭接长度等构造要求。

能力目标

1. 能够正确运用16G101-1图集中柱平法施工图制图规则，准确读取柱平法施工图中柱的位置、截面尺寸及配筋等信息；

2. 能够根据柱平法施工图，绘制指定柱的截面配筋图；

3. 能够根据柱构造详图描述柱中钢筋的配置，准确计算柱纵向钢筋在基础内的锚固长度、柱顶锚固长度、搭接长度，准确计算箍筋加密区长度及箍筋根数，在此基础上正确绘制柱节点详图及柱立面钢筋布置详图。

 素质目标

1. 培养学生的规范意识和法律观念；

2. 培养学生严格按照制图规则绘制施工图的意识；

3. 培养学生科学严谨的态度；

4. 培养学生空间思维能力。

总说明

柱

梁

板

剪力墙

楼梯

独立基础

条形基础

筏形基础

桩基础

课程思政要点

思政元素	思政切入点	思政目标
1. 责任担当 2. 法规意识 3. 积极进取	1. 柱被称为"栋梁之材"，映射每个学生也应该努力成为国家的栋梁之材。 2. 混凝土只有经受了模板的约束才能成为栋梁之材，学生在成长过程中要自觉遵纪守法才能成为国家的栋梁之材。 3. 混凝土强度等级不同，在结构中发挥的作用不同，引导学生未来要取得更大成绩，必须自身有更高的能力。	1. 引导学生牢固树立责任担当意识。 2. 培养法规意识，养成自觉遵纪守法的法治思维和良好习惯。 3. 培养学生的进取意识。

任务1　柱平法制图规则认知

柱平法施工图可采用列表注写方式或截面注写方式表达。

子任务1　列表注写方式

柱列表注写方式，是在柱平面布置图上先对柱进行编号，然后分别在同一编号的柱中选择一个（当柱截面与轴线关系不同时，需选几个）截面标注几何参数代号；在柱表中注写柱号、柱段起止标高、几何尺寸（含柱截面对轴线的偏心情况）与配筋的具体数值，并配以各种柱截面形状及其箍筋类型图的方式，来表达柱平法施工图，如图 2-1 和图 2-2 所示。

2-1　微课
柱列表注写方式（一）

1. 柱编号

柱编号由柱类型代号和序号组成，并应符合表 2-1 规定。

柱编号　　　　　　　　　　　　　　　　表 2-1

柱类型	代号	序号	柱类型	代号	序号
框架柱	KZ	××	梁上柱	LZ	××
转换柱	ZHZ	××	剪力墙上柱	QZ	××
芯　柱	XZ	××			

注：编号时，当柱的总高、分段截面尺寸和配筋均对应相同，仅截面与轴线的关系不同时，仍可将其编为同一柱号，但应在图中注明截面与轴线的关系。

框架柱（KZ）：在框架结构中承受梁和板传来的荷载，并将荷载传给基础，是主要的竖向受力构件。

转换柱（ZHZ）：因建筑功能要求，下部为大空间，上部的部分竖向构件不能与下层竖向构件直接连续贯通，而是通过水平转换结构把荷载传递给下部竖向构件。当布置的转换梁支承上部剪力墙时，转换梁叫框支梁，支撑框支梁的柱子就叫作转换柱。

芯柱（XZ）：钢筋混凝土结构中，由于底层柱受力较大，因此底层柱设计截面尺寸也较大。为了提高其配筋率，在大截面柱中部设置较小的钢筋笼叫芯柱。

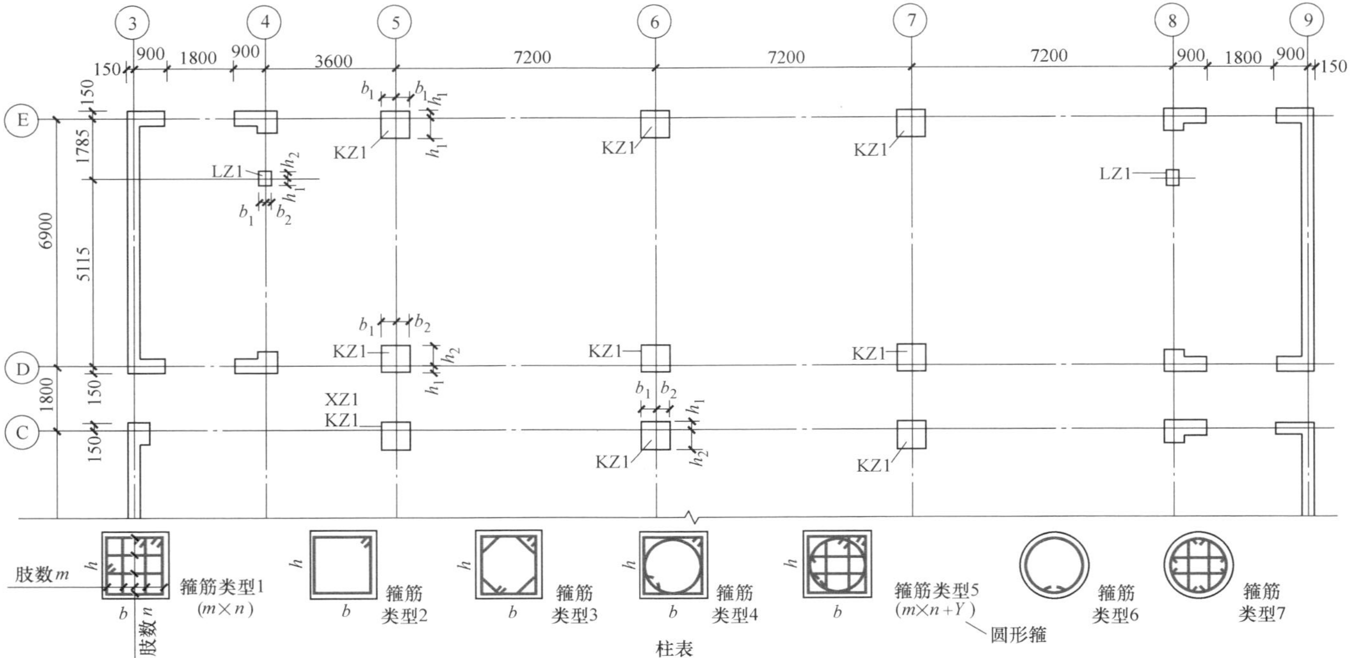

柱表

柱号	标高	b×h(圆柱直径D)	b₁	b₂	h₁	h₂	全部纵筋	角筋	b边一侧中部筋	h边一侧中部筋	箍筋类型号	箍筋	备注
KZ1	-4.530~-0.030	750×700	375	375	150	550	28Φ25				1(6×6)	Φ10@100/200	
	-0.030~19.470	750×700	375	375	150	550	24Φ25				1(5×4)	Φ10@100/200	
	19.470~37.470	650×600	325	325	150	450		4Φ22	5Φ22	4Φ20	1(4×4)	Φ10@100/200	—
	37.470~59.070	550×500	275	275	150	350		4Φ22	5Φ22	4Φ20	1(4×4)	Φ8@100/200	
XZ1	-4.530~8.670						8Φ25				按标准构造详图	Φ10@100	5×©轴KZ1中设置

-4.530~59.070柱平法施工图列表注写方式示例

图2-1　柱平法施工图列表注写方式示例

箍筋类型1 (m×n)　箍筋类型2　箍筋类型3　箍筋类型4　箍筋类型5 (m×n+Y)　箍筋类型6 圆形箍　箍筋类型7

肢数m

层号	标高(m)	层高(m)
屋面2	65.670	
塔层2	62.370	3.30
屋面1(塔层1)	59.070	3.30
16	55.470	3.60
15	51.870	3.60
14	48.270	3.60
13	44.670	3.60
12	41.070	3.60
11	37.470	3.60
10	33.870	3.60
9	30.270	3.60
8	26.670	3.60
7	23.070	3.60
6	19.470	3.60
5	15.870	3.60
4	12.270	3.60
3	8.670	3.60
2	4.470	4.20
1	-0.030	4.50
-1	-4.530	4.50
-2	-9.030	4.50

结构层楼面标高
结构层高
上部结构嵌固部位：-4.530

梁上柱（LZ）：是指支承在楼层梁上的柱。梁上柱是因局部建筑功能的变化调整而设置的柱，与下层柱是不贯通的。梁上柱构造按框架柱。

剪力墙上柱（QZ）：由于某些原因，建筑物的底部没有柱子，到了某一层又需要设置柱子，从剪力墙上生根的柱就是剪力墙上柱。

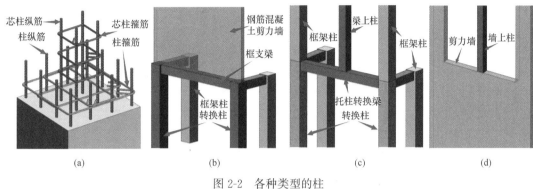

图 2-2　各种类型的柱

（a）芯柱；（b）转换柱；（c）梁上柱；（d）剪力墙上柱

2. 各段柱起止标高

自柱根部往上以变截面位置或截面未变但配筋改变处为界分段注写。框架柱和转换柱的根部标高是指基础顶面标高；芯柱的根部标高是指根据结构实际需要而定的起始位置标高；梁上柱的根部标高是指梁顶面标高；剪力墙上柱的根部标高分两种：当柱纵筋锚固在墙顶部时，其根部标高为墙顶面标高；当柱与剪力墙重叠一层时，其根部标高为墙顶面往下一层的结构层楼面标高。

3. 柱截面尺寸及与轴线的关系

（1）矩形柱：注写 $b \times h$ 及与轴线关系的几何参数 b_1、b_2 和 h_1、h_2 的具体数值，需对应于各段柱分别注写。其中 $b = b_1 + b_2$，$h = h_1 + h_2$。

（2）圆柱：表中 $b \times h$ 一栏改用在圆柱直径数字前加 D 表示。为了使表达简单，圆柱截面与轴线的关系也用 b_1、b_2 和 h_1、h_2 表示，并使 $D = b_1 + b_2 = h_1 + h_2$。

（3）芯柱：截面尺寸不需注写（按构造确定，截面尺寸不小于柱相应边截面尺寸的 1/3，且不小于 250mm），芯柱与轴线的位置随框架柱，不需标注。

4. 纵筋

当柱纵筋直径相同、各边根数也相同时，将纵筋注写在"全部纵筋"一栏中；除此以外，柱纵筋分为角筋、截面 b 边一侧中部筋和 h 边一侧中部筋三项分别注写。

5. 箍筋

（1）在表中箍筋类型栏内注写箍筋的类型号及肢数。框架柱的箍筋分为两种情况，一种是只由截面周边的封闭箍（外箍）构成，称为非复合箍筋；另一种是由外箍和若干个小箍组成的复合箍筋。用 $m \times n$ 表示两向箍筋肢数的多种不同组合，如图 2-3 所示，m 为 b 边宽度上的肢数，n 为 h 边宽度上的肢数。

箍筋复合的基本规则是：大箍套小箍，单肢加拉筋。

（2）在表中箍筋栏内注写箍筋，包括钢筋种类、直径和间距。当圆柱采用螺旋箍筋

2-2　微课
柱列表注写方式（二）

总说明

柱

梁

板

剪力墙

楼梯

独立基础

条形基础

筏形基础

桩基础

总说明

柱

梁

板

剪力墙

楼梯

独立基础

条形基础

筏形基础

桩基础

时，需在箍筋前加"L"。

（3）用斜线"/"区分柱端箍筋加密区与柱身非加密区长度范围内箍筋的不同间距。当箍筋沿柱全高为一种间距时，则不用"/"。

（4）当框架节点核心区内箍筋与柱端箍筋设置不同时，应在括号中注明核心区箍筋直径与间距。

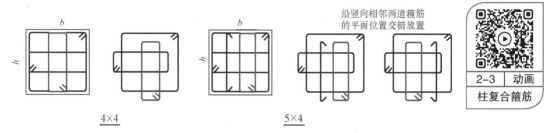

图 2-3　柱箍筋肢数标注示例

【实例 2-1】　Φ10@100

【解析】

表示沿柱全高范围内箍筋均为 HPB300 级钢筋，直径为 10mm，间距为 100mm。

【实例 2-2】　LΦ10@100/200

【解析】

表示柱采用螺旋箍筋，HPB300 级钢筋，直径为 10mm，加密区间距为 100mm，非加密区间距为 200mm。

【实例 2-3】　Φ10@100/200（Φ12@100）

【解析】

表示柱中，箍筋为 HPB300 级钢筋，直径为 10mm，加密区间距为 100mm，非加密区间距为 200mm；框架节点核心区箍筋为 HPB300 级钢筋，直径为 12mm，间距为 100mm。

> **特别提示**
>
> 1. 加密区长度需根据标准构造详图，在规定的几种长度值中取最大者。
>
> 2. 确定箍筋肢数时，要满足纵筋"隔一拉一"以及箍筋肢距的要求。
>
> 3. 当为框架-剪力墙结构时，柱平面布置图也可与剪力墙平面布置图合并绘制（见项目3）。

 子任务 2　截面注写方式

柱的截面注写方式，是在柱平面布置图的柱截面上，分别在同一编号的柱中选择一个截面，以直接注写截面尺寸和配筋具体数值的方式来表达柱平法施工图。如图 2-4 所示。

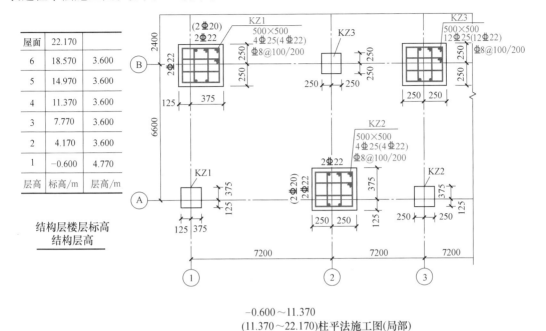

屋面	22.170	
6	18.570	3.600
5	14.970	3.600
4	11.370	3.600
3	7.770	3.600
2	4.170	3.600
1	−0.600	4.770
层高	标高/m	层高/m

结构层楼层标高
结构层高

−0.600～11.370
(11.370～22.170)柱平法施工图(局部)

图 2-4　柱平法施工图截面注写方式示例

1. 直接引注的内容

当采用截面注写时，在柱截面配筋图上直接引注的内容有：柱编号、截面尺寸、纵筋、箍筋。

2. 柱编号

截面注写方式中，如柱的分段截面尺寸和配筋均相同，仅截面与轴线的关系不同时，可将其编为同一柱号，但此时应在未画配筋的柱截面上注写该柱截面与轴线关系的具体尺寸。

从相同编号的柱中选择一个截面，按另一种比例原位放大绘制柱截面配筋图，并在其上直接引注几何尺寸和配筋。

3. 截面尺寸

矩形截面注写为 $b×h$。"平法"规定：截面与 X 向平行的边为 b 边，与 Y 向平行的边为 h 边。

4. 纵筋注写

（1）当柱纵筋采用一种直径且能够图示清楚时，直接引注中注写全部纵筋，如图 2-4 中 KZ3。

（2）当纵筋采用两种直径（角筋与中部筋直径不同）时，在直接引注中仅注写角筋，然后在柱截面配筋图上原位注写截面各边中部筋的具体数值。对于采用对称配筋的矩形截面柱，可仅在一侧注写中部筋，对称边省略不注，如图 2-4 中 KZ1。

（3）当采用截面注写方式时，原位绘制的柱截面配筋图不能同时代表不同标准层的柱配筋截面（柱纵筋直径改变但根数不变的情况除外），此时应自下而上将不同标准层的配

总说明

柱

梁

板

剪力墙

楼梯

独立基础

条形基础

筏形基础

桩基础

筋截面就近绘制，并分别引注设计内容。

5. 芯柱

当在某些框架柱的一定高度范围内的中心位置设置芯柱时，首先按规定进行编号，然后注写芯柱的起止标高、全部纵筋及箍筋的具体数值。

6. 柱列表注写方式与截面注写方式的区别

柱列表注写方式和截面注写方式是柱平法施工图的两种表达方式，两者对比见表2-2。

柱列表注写方式与截面注写方式的对比　　　　　　　　　　　　　表 2-2

列表注写方式	截面注写方式
柱平面图	柱平面图
层高与标高表	层高与标高表＋截面注写
箍筋类型图	无
柱表	无
纵筋表达抽象	纵筋表达直观
可以同一张图表示不同标准层	不可以
图纸量较小，适用于高层建筑	图纸量较大，适用于多层建筑

任务2　柱标准构造详图识读

柱钢筋构造包括纵筋构造和箍筋构造。根据柱竖向所处位置和具体构造要求，将其构造分为：柱根部钢筋构造、柱中间层钢筋构造、柱顶钢筋构造、柱箍筋构造。

子任务1　柱根部钢筋构造

柱根部钢筋构造根据柱嵌固部位分为框架柱筋在基础内构造、梁上柱筋在梁内构造和墙上柱筋在墙内构造。

1. 框架柱筋在基础内构造

柱下端纵向钢筋应插入下部基础内锚固（因此这段钢筋又称为"插筋"），锚入构造视柱在基础中的位置及基础高度与锚固长度的比值不同而有所不同，如图2-5、图2-6所示。

（1）基础高度满足直锚（柱位于较厚基础中）

柱纵向钢筋伸至基础底部，支撑在底板钢筋网片上，端部弯折长度 $6d$ 且≥150mm，如图2-5所示。其中，图2-5（a）为柱位于基础中部时的构造，图2-5（b）为柱位于基础边缘时的构造。

（2）基础高度不满足直锚（柱位于较薄基础中）

柱纵向钢筋伸至基础底部，支撑在底板钢筋网片上，端部弯折长度 $15d$，如图2-6所示。其中，图2-6（a）为柱位于基础中部时的构造，图2-6（b）为柱位于基础边缘时的构造。

2-5	微课

柱根部钢筋构造

2-6	模型

柱纵筋在基础中的锚固

总说明

柱

梁

板

剪力墙

楼梯

独立基础

条形基础

筏形基础

桩基础

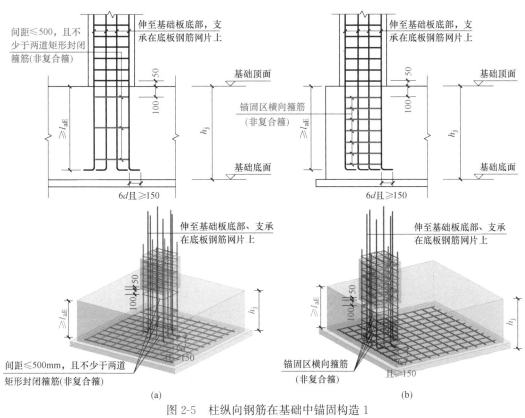

图 2-5　柱纵向钢筋在基础中锚固构造 1
（a）保护层厚度＞5d；基础高度满足直锚；（b）保护层厚度≤5d；基础高度满足直锚

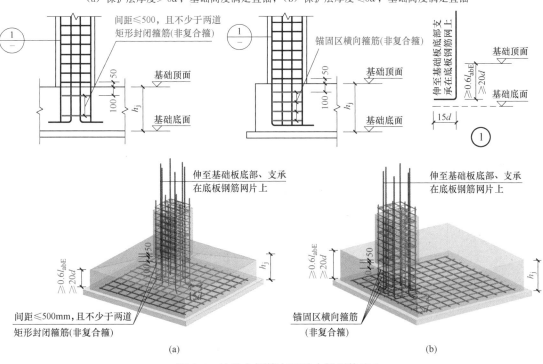

图 2-6　柱纵向钢筋在基础中锚固构造 2
（a）保护层厚度＞5d；基础高度不满足直锚；（b）保护层厚度≤5d；基础高度不满足直锚

总
说
明

柱

梁

板

剪
力
墙

楼
梯

独
立
基
础

条
形
基
础

筏
形
基
础

桩
基
础

特别提示

1. 柱纵向钢筋在基础中保护层厚度不大于 $5d$ 的部分应设置锚固区横向钢筋。

2. 锚固区横向钢筋应满足直径≥$d/4$（d 为纵向钢筋最大直径），间距≤$5d$（d 为纵向钢筋最大直径）且≤100mm 的要求。

3. 图中 h_j 为基础底面至基础顶面的高度。柱下为基础梁时，h_j 为梁底面至顶面的高度。当柱两侧基础梁标高不同时，取较低标高。

4. 当符合下列条件之一时，可仅将柱四角纵筋伸至底板钢筋网片上或者筏形基础中间层钢筋网片上（伸至钢筋网片上的柱纵筋间距不应大于 1000mm），其余纵筋锚固在基础顶面下 l_{aE} 即可。

1）柱为轴心受压或小偏心受压，基础高度或基础顶面至中间层钢筋网片顶面距离不小于 1200mm；

2）柱为大偏心受压，基础高度或基础顶面至中间层钢筋网片顶面距离不小于 1400mm。

5. 当柱纵筋在基础中保护层厚度不一致（如纵筋部分位于梁中，部分位于板内），保护层厚度不大于 $5d$ 的部分应设置锚固区横向钢筋。

2. 剪力墙上柱筋在墙内构造

（1）柱与剪力墙重叠一层，如图 2-7（a）所示。柱纵筋直通下一层剪力墙底部至下层楼面。在剪力墙顶面标高以下锚固范围内的柱箍筋，按上柱非加密区箍筋要求配置。

（2）柱筋锚固在墙顶部，如图 2-7（b）所示。抗震设计时，柱所有纵筋可自本层楼板

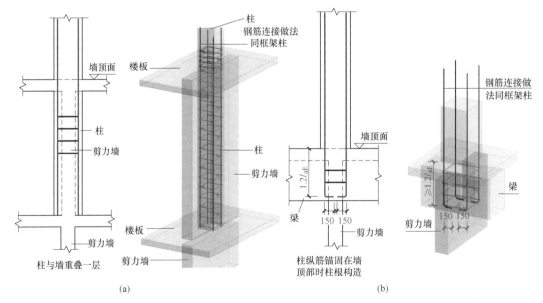

(a)　　　　　　　　　　　　　　(b)

图 2-7　剪力墙上柱 QZ 纵筋构造

顶面向下锚固 $1.2l_{aE}$，箍筋按上柱非加密区箍筋要求配置。

3. 梁上柱筋在梁内构造

梁上柱筋在梁内构造，如图 2-8 所示。柱纵筋伸至梁底部钢筋上侧，水平弯折 $15d$，竖直段长度 $\geqslant 0.6 l_{aE}$ 且 $\geqslant 20d$。在柱筋锚固范围内设置至少两道柱箍筋，且间距不大于 500mm。

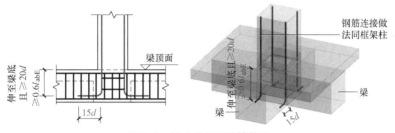

图 2-8　梁上柱 LZ 纵筋构造

 子任务 2　柱中间层钢筋构造

1. 非连接区

根据我国目前施工习惯，柱子是逐层施工的。因此，柱纵筋在每一层必有一个连接接头。柱纵筋连接应设在内力较小处。

框架柱是以偏心受压为主的竖向构件，地震时，框架柱在往复水平地震作用下柱身产生弯矩和剪力，并在柱子上下两端内力达到最大值，中间相对较小。因此，框架柱不应在内力较大的每层柱上下两端连接，即抗震框架节点附近为柱纵向受力钢筋的非连接区，如图 2-9 所示。除非连接区外，框架柱的其他部位为允许连接区。

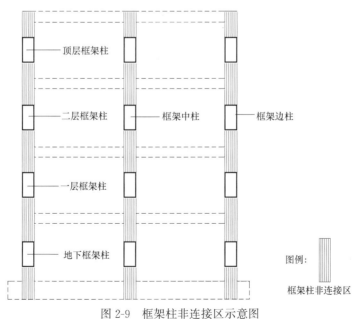

图 2-9　框架柱非连接区示意图

总说明

柱

梁

板

剪力墙

楼梯

独立基础

条形基础

筏形基础

桩基础

2-8 微课

柱纵筋连接构造

2. 框架柱纵筋连接构造（图 2-10）

（1）非连接区高度

地上一层（或嵌固部位之上一层）柱下端非连接区高度$\geq H_n/3$，是单控值；除此之外，所有柱的上端和下端非连接区高度需同时满足$\geq H_n/6$、$\geq h_c$、$\geq 500\mathrm{mm}$，为"三控值"，即应在三个控制值中取最大值。

（2）接头相互错开

2-9 动画

框架柱纵筋绑扎搭接

为避免框架柱所有纵筋在同一个位置连接而造成明显的薄弱区，相邻纵筋应交错连接。当采用绑扎搭接时，相邻纵筋连接点错开值$\geq 1.3l_{lE}$；当采用机械连接时，相邻纵筋连接点错开值$\geq 35d$（d 取较细钢筋直径）；当采用焊接连接时，相邻纵筋连接点错开值$\geq 35d$（d 取较细钢筋直径）且$\geq 500\mathrm{mm}$。

> **特别提示**
>
> 当某层连接区的高度小于纵筋分两批搭接所需的高度时，应采用机械连接或焊接连接。

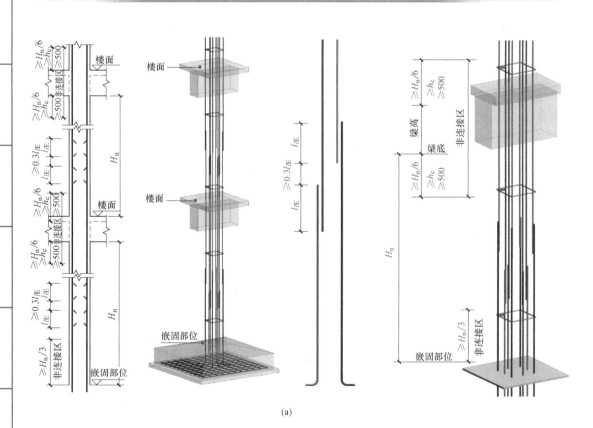

(a)

图 2-10 框架柱纵向钢筋连接构造（一）

（a）绑扎搭接

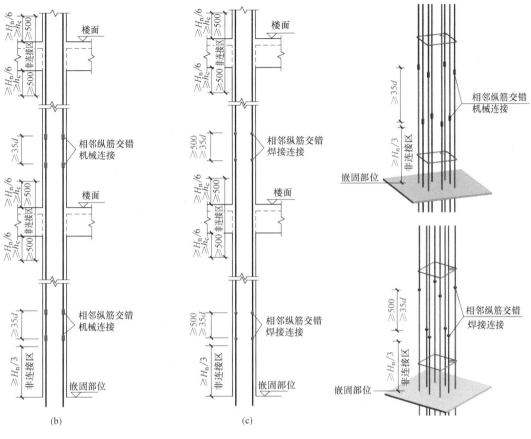

图 2-10 框架柱纵向钢筋连接构造（二）

（b）机械连接；（c）焊接连接

3. 框架柱纵筋变化（上、下层配筋量不同）时的连接构造

框架柱上、下层纵筋变化时，柱纵筋应贯穿中间层节点，接头应设在节点区以外，抗震框架柱的接头还宜避开箍筋加密范围。具体 4 种不同情况见表 2-3，应采用不同的连接构造。

框架柱上、下层配筋量不同时的连接构造　　　　　　　　　　　表 2-3

适用情况		构造详图	构造要点
框架柱上下层纵向钢筋直径不同	下柱钢筋直径大		下柱纵筋应上穿非连接区与上层较小直径纵筋连接。此构造与上下层纵筋无变化时的构造一致

左侧边栏导航：
总说明　柱　梁　板　剪力墙　楼梯　独立基础　条形基础　筏形基础　桩基础

续表

适用情况		构造详图	构造要点
框架柱上下层纵向钢筋直径不同	上柱钢筋直径大	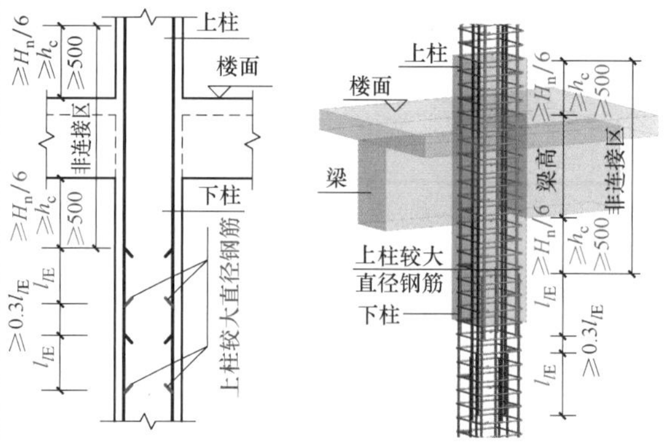	上柱纵筋应下穿非连接区与下层较小直径纵筋连接 2-10　模型 上下柱纵筋直径不同
框架柱上下层纵向钢筋根数不同	上柱钢筋根数减少	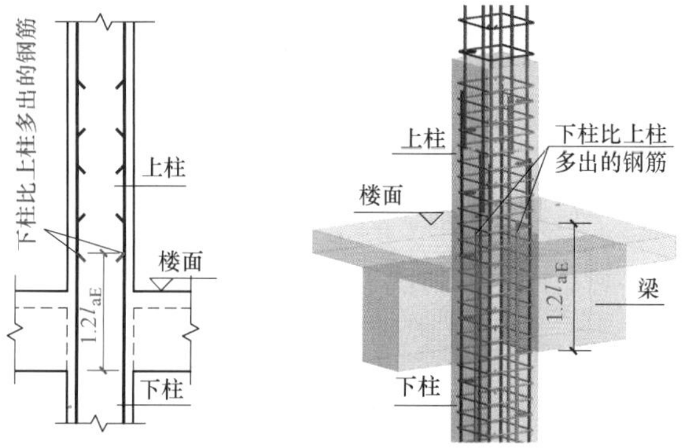	1. 下柱比上柱多出的纵筋应锚入下柱顶部的梁柱节点，从梁底算起 $1.2l_{aE}$。 2. 其余纵筋构造与上下层纵筋无变化时的构造一致
	上柱钢筋根数增加	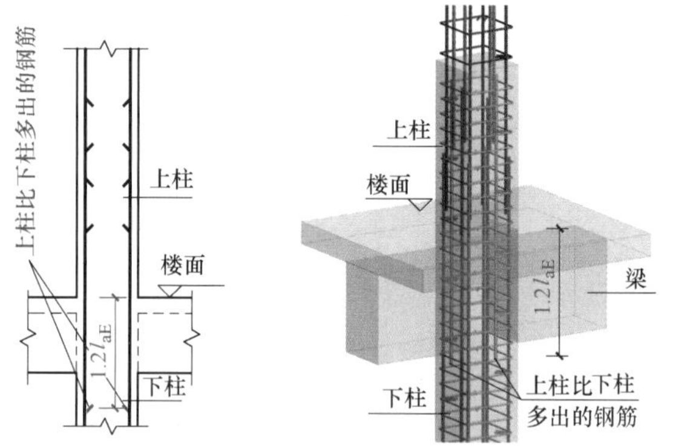	1. 上柱增加的纵筋应锚入上柱根部的梁柱节点，从楼面算起 $1.2l_{aE}$。 2. 同上第 2 条 2-11　动画 上下柱纵筋根数不同
结论		1. 多出的钢筋应锚入到钢筋根数变化的相应节点 $1.2l_{aE}$； 2. 大直径钢筋应穿过钢筋根数变化的相应节点非连接区后与较小直径钢筋连接	

特别提示

16G101-1 中给出了搭接连接的情况，对于机械连接和焊接连接情况同样适用。

4. 柱变截面位置纵向钢筋构造

柱根据其在平面中所处位置的不同，分为中柱、边柱和角柱，如图2-11所示。

根据上、下柱单侧变化值 Δ 与所在楼层框架梁截面高度 h_b 的比值以及柱所处位置，有5种不同的连接构造情况，见表2-4。

2-12 微课
柱变截面位置钢筋构造

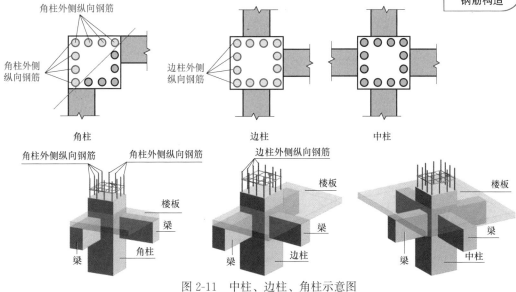

图2-11　中柱、边柱、角柱示意图

框架柱楼层变截面位置节点钢筋构造　　　　　　　　　　表2-4

适用情况	构造详图	构造要点
$\Delta/h_b \leqslant 1/6$　上柱一侧缩进	($\Delta/h_b \leqslant 1/6$)	1. 缩进一侧的下柱纵筋略向内侧倾斜通过节点，斜段应低于楼面50mm。 2. 没有缩进一侧的下柱纵筋直通入上柱。 3. 右侧梁用虚线表示，其含义是"无论柱右侧是否有梁相连，柱纵筋都按此构造做法"
上柱两侧缩进	($\Delta/h_b \leqslant 1/6$)	下柱纵筋略向内侧倾斜通过节点，斜段应低于楼面50mm

右侧栏：总说明　柱　梁　板　剪力墙　楼梯　独立基础　条形基础　筏形基础　桩基础

总说明

柱

梁

板

剪力墙

楼梯

独立基础

条形基础

筏形基础

桩基础

适用情况		构造详图	构造要点
$\Delta/h_b>1/6$	上柱一侧缩进	 $(\Delta/h_b>1/6)$ 右侧梁用虚线表示，其含义是"无论柱右侧是否有梁相连，柱纵筋都按此构造做法"	1. 缩进一侧上、下层柱纵筋应截断后分别锚固。 2. 下层柱纵筋伸到梁顶纵筋内侧水平向柱内侧弯锚12d，要求伸入节点内竖直段长度$\geqslant 0.5l_{abE}$。 3. 上层柱纵筋伸入下层，从楼面开始向下延伸$1.2l_{aE}$后截断。 4. 没有缩进一侧的下柱纵筋直通入上柱
	上柱两侧缩进	 $(\Delta/h_b>1/6)$	两侧上、下层柱纵筋应截断后分别锚固。纵筋锚固方法同上第2、第3条 2-13　模型 上柱两侧缩进构造
边角柱外侧有缩进			1. 无论Δ/h_b是否大于1/6，偏移一侧柱纵筋都应分别截断锚固。 2. 下层柱纵筋伸到梁顶后向柱内侧弯锚，水平弯锚的长度从上层柱外侧算起l_{aE}。 3. 上层柱纵筋向下柱延伸长度为从楼面开始向下延伸$1.2l_{aE}$

 子任务3　柱顶钢筋构造

1. 中柱柱顶节点钢筋构造

根据柱纵筋在顶层节点内是否满足直锚长度，中柱柱顶节点钢筋构造分为4种情况，见表2-5。

框架柱中柱柱顶节点钢筋构造

表 2-5

适用情况		构造详图	构造要点
柱纵筋从梁底算起向上允许直通高度(直锚长度)$\geq l_{aE}$		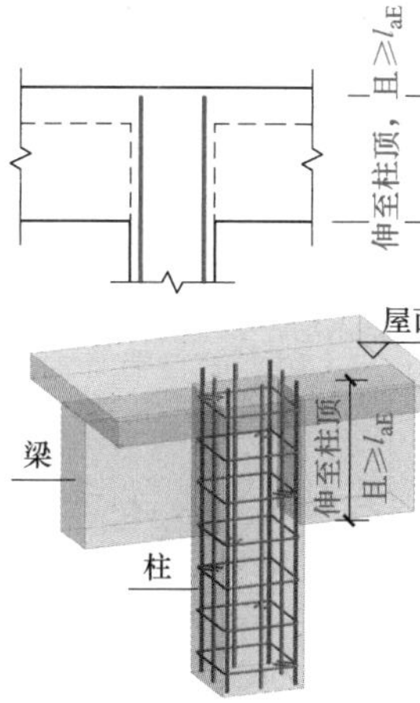	全部纵筋伸至柱顶直锚,直锚长度$\geq l_{aE}$
允许直通高度$< l_{aE}$	一般情形	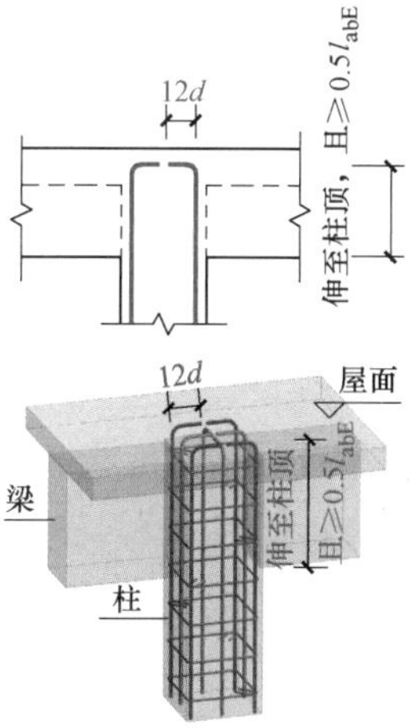	全部纵筋伸至柱顶后向柱截面内弯锚 12d
	柱顶有不小于 100mm 厚的现浇板	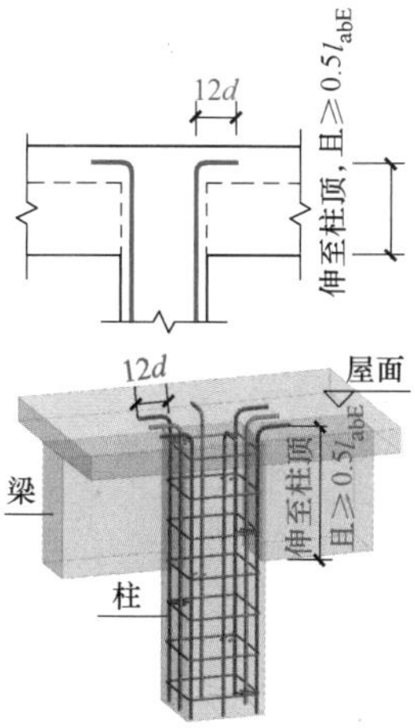	全部纵筋伸至柱顶后可向柱外(即板内)弯锚 12d

总说明

柱

梁

板

剪力墙

楼梯

独立基础

条形基础

筏形基础

桩基础

39

续表

适用情况		构造详图	构造要点
允许直通 高度<l_{aE}	端头加 锚头	伸至柱顶，且≥0.5l_{abE} 锚头(锚板) 屋面 梁 柱 伸至柱顶 且≥0.5l_{abE}	全部纵筋伸至柱顶，端部 加锚头或锚板

2. 边角柱柱顶纵向钢筋构造

边角柱柱顶内侧纵筋构造同中柱柱顶纵筋构造，此处不再赘述。

边角柱柱顶外侧纵筋构造分为表 2-6 中的 5 种情况。

2-14 微课
柱箍筋构造

子任务 4 柱箍筋构造

1. 柱箍筋加密区范围

（1）框架柱箍筋加密区范围与柱纵筋非连接区相同，即：地上一层（或嵌固部位之上一层）柱下端≥$H_n/3$，是单控值；一层柱上端以及其他柱的上端和下端箍筋加密区范围需同时满足≥$H_n/6$、≥h_c、≥500mm，为"三控值"，应在三个控制值中取最大值，如图 2-12 所示。QZ 嵌固部位是墙顶面，LZ 嵌固部位为梁顶面。

框架柱边柱和角柱柱顶节点钢筋构造 表 2-6

适用情况	构造详图	构造要点
柱外侧钢筋作为 梁上部钢筋使用	300 在柱宽范围的柱箍筋内侧设置间距≤150mm，且不少于3根直径不小于10mm的角部附加钢筋 钢筋直径不小于10mm 柱外侧纵向钢筋直径不小于梁上部钢筋时，可弯入梁内作梁上部纵向钢筋 柱内侧纵筋同中柱 柱顶纵向钢筋构造 ① 300 300 屋面 12d 梁 柱 柱外侧纵向钢筋弯入梁内作梁上部纵向钢筋	1. 当柱外侧纵筋直径不小于梁上部纵筋时，可将柱外侧筋弯入梁内作为梁上部纵筋使用。 2. 在柱宽范围内的柱箍筋内侧设置角部附加钢筋，间距≤150mm，且不少于3根直径不小于10mm。附加钢筋竖向和水平向长度均为300mm

适用情况		构造详图	构造要点
柱外侧纵筋伸入梁内与梁上部纵筋搭接	从梁底算起 $1.5l_{abE}$ 超过柱内侧边缘	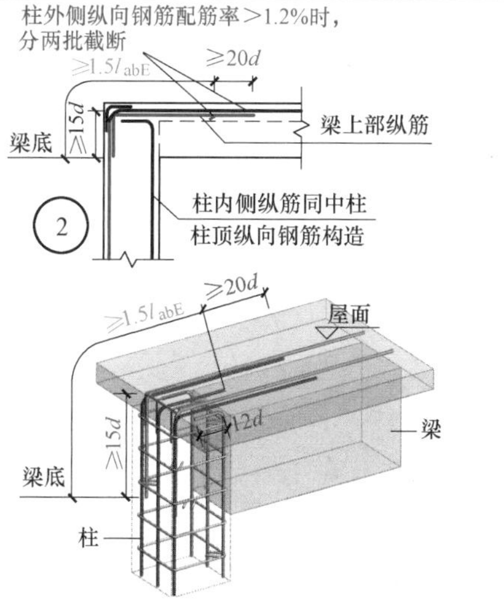	1. 梁上部纵筋伸至柱外侧纵筋内侧，弯锚至梁底位置，且弯钩竖向直段长度≥15d。 2. 柱外侧纵筋伸至梁上部纵筋之下与梁上部纵筋搭接，自梁底算起锚入梁≥$1.5l_{abE}$。 3. 柱外侧纵筋配筋率>1.2%时，应分两批截断，两批截断点之间的距离≥20d
	从梁底算起 $1.5l_{abE}$ 未超过柱内侧边缘	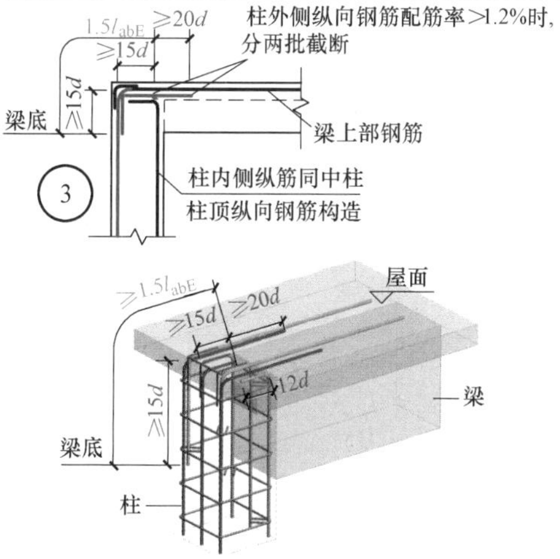	1. 第一批柱外侧纵筋截断点位于节点内，且柱纵筋在节点内的水平段长度≥15d。 2. 其余同节点②
无法伸入梁内的柱顶外侧纵筋			1. 节点④不应单独使用。 2. 柱顶第一层钢筋伸至柱内边向下弯折 8d。 3. 柱顶第二层钢筋伸至柱内边。 4. 当现浇板厚度不小于100mm时，也可按②节点方式伸入板内锚固，且伸入板内长度不宜小于15d

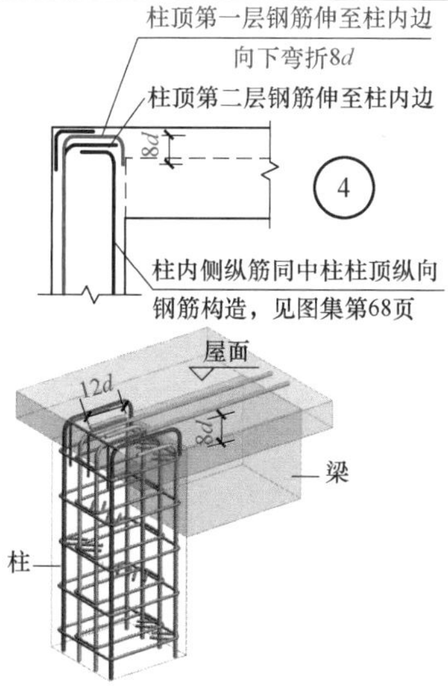

2-15　模型
柱外侧纵筋伸入梁内搭接

总说明

柱

梁

板

剪力墙

楼梯

独立基础

条形基础

筏形基础

桩基础

41

左侧导航栏：
总说明　柱　梁　板　剪力墙　楼梯　独立基础　条形基础　筏形基础　桩基础

续表

适用情况	构造详图	构造要点
梁上部纵筋伸入柱内与柱外侧纵筋搭接	柱内侧纵筋同中柱柱顶纵向钢筋构造，见本图集第68页　梁上部纵向钢筋配筋率＞1.2%时，应分两批截断。当梁上部纵向钢筋为两排时，先断第二排钢筋	1. 梁上部纵筋伸入柱外侧钢筋内侧与柱外侧纵筋搭接，搭接长度从柱顶(扣除一个保护层厚度)算起$\geqslant 1.7 l_{abE}$。 2. 柱外侧钢筋伸至柱顶即可。 3. 梁上部纵筋配筋率＞1.2%时，应分两批截断，两批截断点之间的距离$\geqslant 20d$ 2-16　模型 梁上部纵筋伸入柱内搭接
说明	1. 当梁上部或柱外侧纵筋配筋率＞1.2%时，为避免由于在同一位置截断所有钢筋而引起混凝土内部应力集中，规范规定，此时应分两批截断，两批截断点之间的距离$\geqslant 20d$，如表中节点②、③、⑤所示。 2. 节点①、②、③、④应配合使用。节点④不应单独使用，仅用于未伸入梁内的柱外侧纵筋锚固，无论哪种节点，伸入梁内的柱外侧纵筋不宜少于柱外侧全部纵筋面积的65%。 3. 节点⑤用于梁、柱纵向钢筋接头沿节点柱顶外侧直线布置的情况，可与节点①组合使用	

（2）嵌固部位不在基础顶面情况下地下室部分的柱箍筋加密区范围与柱纵筋非连接区相同，即：所有柱的上端和下端加密区范围均需满足同时满足$\geqslant H_n/6$、$\geqslant h_c$、$\geqslant 500$mm，应在三个控制值中取最大值。如图2-13所示。

（3）底层刚性地面上下箍筋各加密500mm，如图2-14所示。

2. 框架柱复合箍筋布置原则

（1）大箍套小箍

矩形柱的箍筋要求采用大箍里面套若干个小箍的方式。如果是偶数肢数，则用几个双肢小箍来组合；如果是奇数肢数，则用几个双肢小箍再加上一个拉筋来组合。

（2）隔一拉一

设置的内箍肢或拉筋，要满足对柱纵筋至少"隔一拉一"的要求，也就是说保证不存在两根相邻的柱纵筋同时没有钩住箍筋的肢或拉筋的现象。

（3）对称布置

柱b边上箍筋的肢数或拉筋都应该在b边上对称分布，柱h边上箍筋的肢数或拉筋也都应该在h边上对称分布。

（4）纵横方向的内箍（小箍）要贴近外箍（大箍）放置

柱复合箍筋在绑扎时，以大箍为基准，将纵向的小箍放在大箍上面，横向的小箍放在大箍下面；或将纵向的小箍放在大箍下面，横向的小箍放在大箍上面。

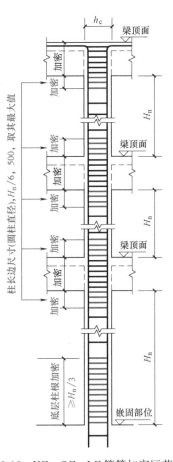

图 2-12　KZ、QZ、LZ 箍筋加密区范围

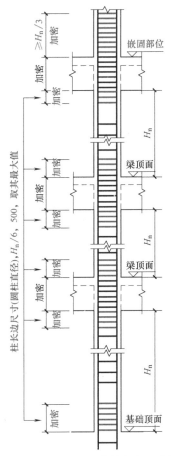

图 2-13　地下室 KZ 箍筋加密区范围

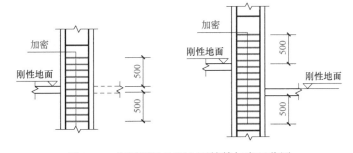

图 2-14　底层刚性地面上下箍筋加密区范围

任务3　柱平法施工图识读技能训练

1. 柱平法识图知识体系

柱的平法识图知识体系，如图 2-15 所示。

总说明

柱

梁

板

剪力墙

楼梯

独立基础

条形基础

筏形基础

桩基础

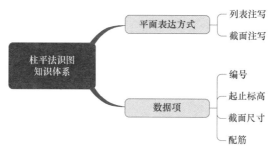

图 2-15　柱平法识图知识体系

2. 柱钢筋构造体系

柱的钢筋构造体系，如图 2-16 所示。

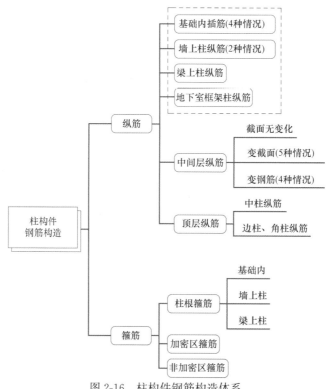

图 2-16　柱构件钢筋构造体系

3. 柱平法施工图的识读步骤

柱平法施工图识读步骤如下：

（1）查看图名、比例；

（2）校核轴线编号及间距尺寸，是否与建筑施工图、基础平面图一致；

（3）明确各柱的类型、编号、数量和位置；

（4）阅读结构设计总说明或有关说明，明确柱的混凝土强度等级、钢筋强度等级、混凝土保护层厚度；

（5）根据各柱的编号，查看图中柱表或截面标注及楼层表，明确柱的起止标高、截面尺寸和配筋情况，上下层柱截面尺寸或配筋变化情况；

（6）根据抗震等级、设计要求和标准构造详图，确定纵向钢筋和箍筋的构造要求（纵向钢筋连接的方式、位置，搭接长度，弯折要求，柱顶锚固要求，箍筋加密区的范围，柱在基础中的锚固构造，梁上柱纵筋在梁中的构造要求等）；

（7）图纸说明中的其他有关要求。

4．识图案例

【实例 2-4】　识读图 2-1 中各柱的设置信息，并读取 XZ1 及位于－4.530～－0.030m 的 KZ1 的截面尺寸、空间位置及配筋信息。

【案例解析】

该案例为"柱平法施工图列表注写方式"，分为楼层表、图纸和柱表三部分。

（1）楼层表表示的是该图适用的楼层范围和每个楼层的标高、层高，即图纸中柱子在各个楼层竖向的空间位置关系。

（2）图纸所描述的内容全部是跟柱相关，而与其他构件无直接关系。图纸上看到的部分墙体，是为了表现柱的空间位置信息而绘制的辅助图形。

（3）该柱平法施工图中的柱包含框架柱、梁上柱和芯柱，图纸上绘制了 KZ1（框架柱 1）、LZ1（梁上柱）、XZ1（芯柱 1）的截面尺寸、与轴线平面位置关系、轴号及轴线尺寸，主要表达这些柱子在各个楼层平面空间上的大小和位置关系。9 根 KZ1 分别位于 ⑥、⑩和⑥轴线上，2 根 LZ1 分别位于 ④和⑧轴线上，1 根 XZ1 设置在 ⑤×⑥轴 KZ1 中。

（4）柱表表示了该图上 KZ1、XZ1 的钢筋信息。

XZ1：编号为 1 的芯柱，在起止标高为－4.530～8.670m 的 ⑤×⑥轴 KZ1 中设置。纵向受力筋为 8 根直径为 25mm 的 HRB400 钢筋；箍筋类型号按标准构造详图，沿柱全高范围内箍筋均为 HPB300 级钢筋，直径为 10mm，间距为 100mm。

位于－4.530～－0.030m 的 KZ1：编号为 1 的框架柱，柱的起止标高为－4.530～－0.030m，截面尺寸为 750mm×700mm，纵向受力筋为 28 根直径为 25mm 的 HRB400 钢筋；箍筋类型号为 1，箍筋肢数 6×6，采用直径 10mm 的 HPB300 钢筋，加密区间距为 100mm，非加密区间距为 200mm。

【实例 2-5】　识读图 2-17 中各柱的设置信息，并读取 KZ1、XZ1 的截面尺寸、空间位置及配筋信息。

【案例解析】

（1）该案例为"柱平法施工图截面注写方式"，由楼层表和图纸两部分组成。图纸中直接按另一种比例原位放大绘制柱截面配筋图，并在其上直接引注几何尺寸和配筋。对未画配筋的相同编号的柱，在柱截面上注写柱编号以及该柱截面与轴线关系的具体尺寸。

（2）该柱平法施工图中的柱包含框架柱、梁上柱和芯柱，图纸上绘制了 KZ1（框架柱 1）、KZ2（框架柱 2）、KZ3（框架柱 3）、LZ1（梁上柱）、XZ1（芯柱 1）的截面尺寸、与轴线平面位置关系、轴号及轴线尺寸，主要表达这些柱子在各个楼层平面空间上的大小和位置关系。9 根 KZ1 分别位于 ⑥、⑩和⑥轴线上，2 根 KZ2 位于 ⑧轴上，1 根 KZ3 位于 ⑦×⑧轴，2 根 LZ1 分别位于 ④和⑧轴线上，1 根 XZ1 在 ⑤×⑧轴 KZ2 中设置。

总说明

柱

梁

板

剪力墙

楼梯

独立基础

条形基础

筏形基础

桩基础

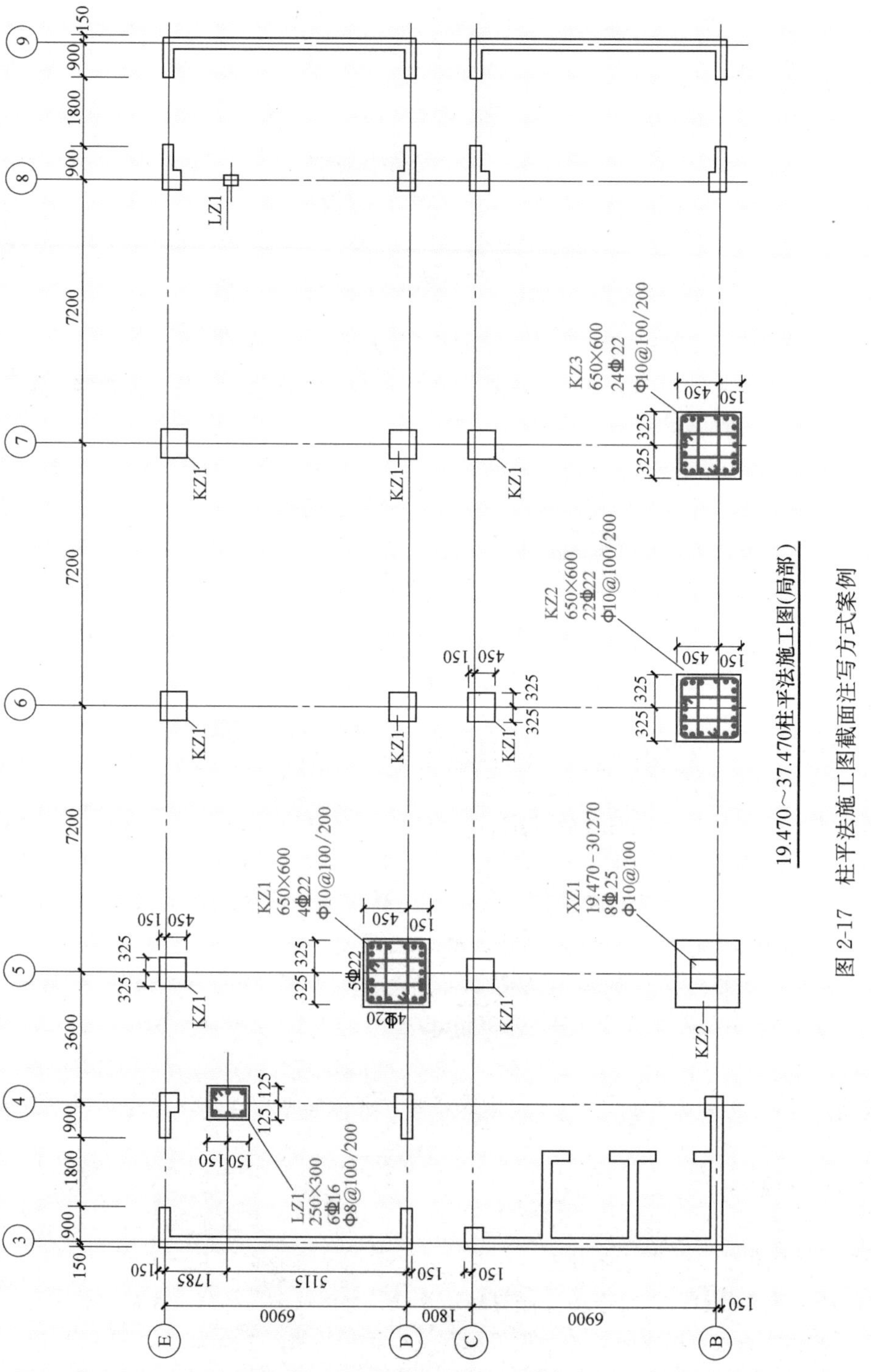

总说明

柱

梁

板

剪力墙

楼梯

独立基础

条形基础

筏形基础

桩基础

KZ3
650×600
24Φ22
Φ10@100/200

KZ2
650×600
22Φ22
Φ10@100/200

KZ1
650×600
4Φ22
Φ10@100/200
5Φ22
4Φ20

XZ1
19.470~30.270
8Φ25
Φ10@100

LZ1
250×300
6Φ16
Φ8@100/200

KZ1　KZ2

19.470~37.470柱平法施工图（局部）

图2-17　柱平法施工图截面注写方式案例

层号	标高(m)	层高(m)
屋面2	65.670	
塔层2	62.370	3.30
屋面1(塔层1)	59.070	3.30
16	55.470	3.60
15	51.870	3.60
14	48.270	3.60
13	44.670	3.60
12	41.070	3.60
11	37.470	3.60
10	33.870	3.60
9	30.270	3.60
8	26.670	3.60
7	23.070	3.60
6	19.470	3.60
5	15.870	3.60
4	12.270	3.60
3	8.670	4.20
2	4.470	4.20
1	−0.030	4.50
−1	−4.530	4.50
−2	−9.030	4.50
层号	标高(m)	层高(m)

结构层楼面标高
结构层高
上部结构嵌固部位：
−4.530

（3）由图名及结构层楼面标高表中竖向粗线可知，本张图纸适用于6～10层，即19.470～37.470m标高之间的柱。

（4）平面图中原位放大绘制了 KZ1、KZ2、KZ3 和 LZ1 的截面配筋图，标注了 XZ1 标高及配筋。

⑤×①轴 KZ1：编号为1的框架柱，起止标高为 19.470～37.470m，柱截面尺寸 650mm×600mm；b 边中心与轴线重合，h 侧中心偏离轴线，$h_1=150$mm，$h_2=450$mm。角部纵筋为4根直径22mm的 HRB400 钢筋，b 边中部配置5根22mm的 HRB400 纵筋，h 边中部配置4根20mm的 HRB400 纵筋，该柱为对称配筋。箍筋为直径10mm的 HPB300 钢筋，加密区间距为100mm，非加密区间距为200mm。

XZ1：编号为1的芯柱，在起止标高为 19.470～30.270m 的⑤×⑧轴 KZ2 中设置。纵向受力筋为8根直径为25mm的 HRB400 钢筋；沿柱全高范围内箍筋均为 HPB300 级钢筋，直径为10mm，间距为100mm。

【实例 2-6】　某三层框架结构环境类别为一类，抗震等级为三级，采用 C30 混凝土，柱平法施工图（局部）如图 2-18 所示。框架柱纵向钢筋采用焊接连接。框架柱下阶形独立基础总高 600mm，基础顶面标高为 -1.500m。现浇板厚度为 100mm，与框架柱相连的框架梁截面均为 250mm×550mm。

试绘制 KZ1 的柱立面钢筋布置详图。

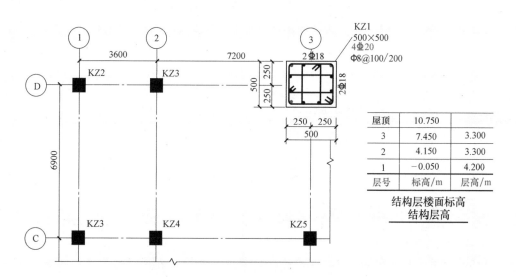

屋顶	10.750	
3	7.450	3.300
2	4.150	3.300
1	-0.050	4.200
层号	标高/m	层高/m

结构层楼面标高
结构层高

图 2-18　某框架结构柱平法施工图（局部）

【案例解析】

1. 绘图准备

框架柱的配筋图绘制主要根据柱的钢筋变化进行，需要考虑钢筋以下变化：

（1）柱插筋在嵌固部位的锚固。

总说明

柱

梁

板

剪力墙

楼梯

独立基础

条形基础

筏形基础

桩基础

总说明

柱

梁

板

剪力墙

楼梯

独立基础

条形基础

筏形基础

桩基础

（2）柱纵向钢筋主要考虑连接位置。

1）在嵌固部位处第一批钢筋连接方式及位置，第二批钢筋连接方式及与第一批钢筋错开位置。

2）在其他楼层第一批钢筋连接方式及位置，第二批钢筋连接方式及与第一批钢筋错开位置。

3）在各层的钢筋截断位置与锚固。

（3）纵筋在顶层节点的锚固。

（4）各层箍筋加密区长度与位置。

（5）应特别注意框架柱的截面尺寸变化、受力钢筋变化和箍筋变化。

（6）判断框架柱是中柱还是边柱或角柱，并满足相应的节点钢筋构造要求。

从图 2-17 中可以看出，KZ1 为边柱，根据 16G101-1 要求，b 边（X 向）按柱顶两侧有梁的中柱顶层节点钢筋构造，h 边（Y 向）应按柱顶一侧有梁的边柱顶层节点钢筋构造。

2. 绘图步骤

（1）查看基础平法图。从柱插筋开始绘制，确定 KZ1 对应的基底面标高和顶面标高。

（2）查看各层楼面结构标高，确定柱层高。

（3）查看各层楼面框架梁（KL）的结构布置图。确定③轴和Ⓓ轴两定位轴线方向与 KZ1 相连接的各层框架梁梁高，再进一步求各层柱的净高 H_n。

（4）按比例绘制 KZ1 的柱及梁侧面立面外轮廓线，计算柱高 H 和柱净高 H_n，并在图中标注出来。

（5）在柱立面外轮廓线内绘制该边一侧纵向钢筋。

（6）计算柱纵筋 l_{aE}，根据 l_{aE} 与基础高度比较结果确定柱插筋在独立基础内的锚固构造做法，绘制插筋锚固示意图。

（7）计算柱箍筋加密区长度，并把各层柱段的箍筋加密区、非加密区高度在图中标注出来。

（8）计算采用焊接连接时相邻纵筋焊接点错开距离，绘出柱纵筋连接接头位置，并在图中标注相邻纵筋焊接点错开距离。

（9）绘制柱两侧有梁时（b 边）的柱顶节点，采用柱纵筋伸至柱顶弯锚的做法，弯折水平段长度为 12d。

（10）绘制柱一侧有梁时（h 边）的柱顶节点，采用柱外侧纵筋向上弯入梁内与梁上部纵筋搭接的做法。

KZ1 沿两个边长的立面钢筋布置详图如图 2-19 所示。

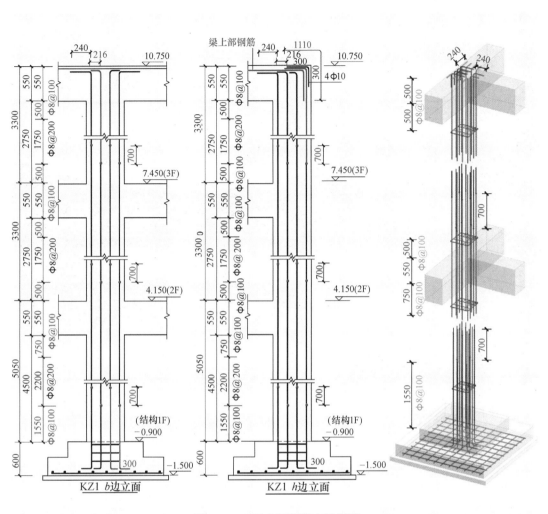

图 2-19　KZ1 立面钢筋布置详图

总说明

柱

梁

板

剪力墙

楼梯

独立基础

条形基础

筏形基础

桩基础

03

项目3

梁平法施工图识读

【学习目标】

  知识目标

1. 掌握梁平法施工图的制图规则；

2. 熟悉梁构件标准构造详图中纵向钢筋在支座内的锚固、支座负筋伸入跨内的长度、箍筋加密区、非连接区长度、搭接长度等构造要求。

能力目标

1. 能够正确运用 16G101-1 图集中梁平法施工图制图规则，准确读取梁平法施工图中梁的位置、截面尺寸及配筋等信息；

2. 能够根据梁平法施工图，绘制指定梁的截面配筋图；

3. 能够根据梁构造详图描述梁中钢筋的配置，准确计算梁纵向钢筋的搭接位置、搭接长度、在支座内的锚固长度，准确计算箍筋加密区长度，在此基础上正确绘制梁立面配筋详图。

  素质目标

1. 培养学生的规范意识和法律观念；

2. 培养学生严格按照制图规则绘制施工图的意识；

3. 培养学生科学严谨的态度；

4. 培养学生空间思维能力。

课程思政要点

思政元素	思政切入点	思政目标
1. 担当意识 2. 辩证思维 3. 方法论	1. 梁承受板传来的荷载,再传给柱,是框架结构的中坚力量。映射每个人只有自身本领过硬才能成为社会的中坚力量。 2. 集中标注与原位标注,是事物普遍性与特殊性的典型体现。 3. 对比梁柱节点在不同情况下做法的区别与联系,发现其规律性。	1. 引导学生牢固树立担当意识。 2. 培养学生正确分析共性和个性关系的辩证思维能力。 3. 培养学生的观察能力,把握事物的特殊性和规律性,找到解决问题的正确方法。

任务1　梁平法施工图制图规则认知

建筑结构中常见的梁是重要的水平承重构件,它承受楼板传来的荷载,并将荷载传递到柱或墙,是典型的受弯构件。梁在结构中所处位置不同,其配筋构造也不相同。单跨框架梁配筋示意图见图3-1。

3-1　微课
梁平法注写方式分类

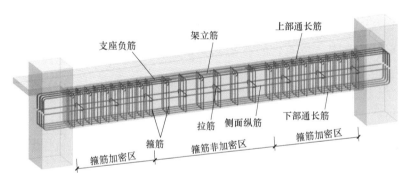

图 3-1　单跨框架梁配筋示意

梁平法施工图,是在梁平面布置图上采用平面注写方式或截面注写方式表达梁截面及配筋信息,见表3-1。

梁平法注写方式分类　　　　　　　　　　　　　　表 3-1

注写方式		备　注
平面注写	集中标注　表达梁的通用数值	1. 实际工程中平面注写方式为主;
	原位标注　表达梁的特殊数值	2. 施工时,原位标注取值优先
截面注写		截面注写方式可单独使用,也可与平面注写方式结合使用

梁平面布置图,应分别按梁的不同结构层(标准层),将全部梁和与其相关联的柱、墙、板一起采用适当比例绘制。对于轴线未居中的梁,应标注其偏心定位尺寸(贴柱边的梁除外)。

梁平法施工图中,应注明结构层楼面标高及相应的结构层号,以便明确本图所表达梁

总说明　柱　梁　板　剪力墙　楼梯　独立基础　条形基础　筏形基础　桩基础

所在的层数，并提供梁顶面相对标高高差的基准标高。

平面注写方式，是在梁平面布置图上，分别从不同编号的梁中各选一根梁，在其上注写截面尺寸和配筋具体数值的方式来表达梁平法施工图。

平面注写包括集中标注与原位标注两部分内容，集中标注表达梁的通用数值，原位标注表达梁的特殊数值。当集中标注的某项数值不适用于梁的某部位时，则该项数值原位标注。施工时，原位标注取值优先。

子任务1 集中标注

集中标注可以从梁的任意一跨引出，集中标注的形式如图 3-2 所示。梁集中标注的内容包括五项必注值（梁编号、梁截面尺寸、梁箍筋、梁上部通长筋或架立筋配置、梁侧面纵向构造钢筋或受扭钢筋配置）及一项选注值（梁顶面标高高差）。

KL2（2）   300×550 ——梁编号（跨数），截面宽×高

ϕ 8@100/200（2）2Φ25 ——箍筋级别、直径、加密区间距/非加密区间距（箍筋肢数），通长筋根数、级别、直径

G2Φ12 ——构造钢筋根数、级别、直径

（−0.050）——梁顶标高与结构层标高的差值，负号表示低于结构层标高

图 3-2 集中标注的形式

1. 梁编号

梁的编号由梁的类型代号、序号、跨数和有无悬挑代号几项组成，并应符合表 3-2 规定。

梁编号   表 3-2

梁类型	代号	序号	跨数代号
楼层框架梁	KL	××	(××)、(××A)或(××B)
楼层框架扁梁	KBL	××	(××)、(××A)或(××B)
屋面框架梁	WKL	××	(××)、(××A)或(××B)
框支梁	KZL	××	(××)、(××A)或(××B)
托柱转换梁	TZL	××	(××)、(××A)或(××B)
非框架梁	L	××	(××)、(××A)或(××B)
悬挑梁	XL	××	
井字梁	JZL	××	(××)、(××A)或(××B)

注：（××A）为一端有悬挑，（××B）为两端有悬挑，悬挑不计入跨数。

2. 梁截面尺寸

当梁为等截面时，用 $b×h$ 表示。当为竖向加腋梁时，用 $b×h$ GY$c_1×c_2$ 表示，其中 c_1 为腋长，c_2 为腋高，如图 3-3（a）所示；当为水平加腋梁时，一侧加腋时用 $b×h$ PY $c_1×c_2$ 表示，其中 c_1 为腋长，c_2 为腋宽，加腋部位应在平面图中绘制，如图 3-3（b）所示；当有悬挑梁且根部和端部不同时，用斜线分隔根部与端部的高度值，即 $b×h_1/h_2$，其中 h_1 为悬挑梁根部高度，h_2 为悬挑梁端部高度，如图 3-3（c）所示。

3. 梁箍筋

梁箍筋标注内容包括钢筋级别、直径、加密区与非加密区间距及肢数。箍筋加密区与非加密区的不同间距及肢数需用斜线"/"分隔；当箍筋加密区与非加密区箍筋肢数相同

总说明

柱

梁

板

剪力墙

楼梯

独立基础

条形基础

筏形基础

桩基础

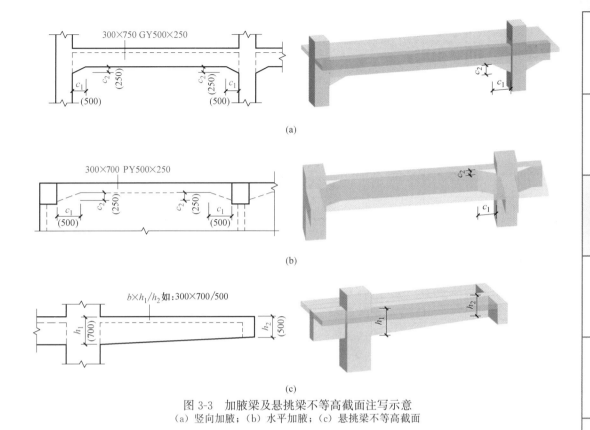

图 3-3 加腋梁及悬挑梁不等高截面注写示意
(a) 竖向加腋；(b) 水平加腋；(c) 悬挑梁不等高截面

时，则将肢数注写一次；箍筋肢数应写在括号内。例如：

【实例 3-1】 $\phi 8@100/200$（2）

【解析】

表示箍筋采用 HPB300 钢筋，直径 8mm，加密区间距 100mm，非加密区间距 200mm，全部为双肢箍。

【实例 3-2】 $\phi 8@100$（4）$/150$（2）

【解析】

表示箍筋采用 HPB300 钢筋，直径 8mm，加密区间距 100mm，四肢箍；非加密区间距 150mm，双肢箍。

当抗震结构中的非框架梁、悬挑梁、井字梁，及非抗震结构中的各类梁采用不同的箍筋间距和肢数时，也用斜线"/"将其分隔开表示。注写时，先注写梁支座端部的箍筋，注写内容包括箍筋的箍数、钢筋级别、直径、间距及肢数；在斜线后注写梁跨中部分的箍筋，注写内容包括为箍筋间距及肢数。

【实例 3-3】 $10\phi 8@150/200$（4）

【解析】

表示梁箍筋采用 HPB300 钢筋，直径 8mm；梁的两端各有 10 个 $\phi 8$ 的四肢箍，间距

总
说
明

柱

梁

板

剪
力
墙

楼
梯

独
立
基
础

条
形
基
础

筏
形
基
础

桩
基
础

150mm；梁跨中箍筋的间距为200mm，四肢箍。

【实例3-4】　11Φ8@150（4）/150（2）

【解析】

表示梁箍筋采用HRB400钢筋，直径8mm；梁的两端各有11个Φ8的四肢箍，间距150mm；梁跨中箍筋的间距为150mm，双肢箍。

梁箍筋常见的表示形式见表3-3。

梁箍筋常见表示形式　　　　　　　　　　　　　　　　　　表3-3

表示形式示例	表　达　含　义
ϕ8@100/200(2)	表示箍筋为HPB300钢筋，直径8mm，加密区间距100mm，非加密区间距200mm，全部为双肢箍
Φ10@150(2)	表示箍筋为HRB400钢筋，直径10mm，双肢箍，间距150mm，沿梁全长均匀布置
Φ8@100(4)/150(2)	表示箍筋采用HRB400钢筋，直径8mm，加密区间距100mm，四肢箍；非加密区间距150mm，双肢箍
10Φ8@150/200(4)	表示梁箍筋采用HRB400钢筋，直径8mm；梁的两端各有10个Φ8的四肢箍，间距150mm；梁跨中箍筋的间距为200mm，四肢箍
11Φ10@150(4)/150(2)	表示梁箍筋采用HRB400钢筋，直径8mm；梁的两端各有11个Φ8的四肢箍，间距150mm；梁跨中箍筋的间距为150mm，双肢箍

4. 梁上部通长筋或架立筋

当梁上部既有通长筋又有架立筋时，应用加号"＋"将通长筋和架立筋相联。并将角部纵筋写在加号的前面，架立筋写在加号后面的括号内，以示不同直径及与通长筋的区别。当全部采用架立筋时，则将其写入括号内。

【实例3-5】　梁上部 2Φ22＋（2Φ12）

【解析】

表示梁上部配置2Φ22通长筋，2Φ12架立筋。

当梁的上部纵筋和下部纵筋为全跨相同，且多数跨配筋相同时，此项可加注下部纵筋的配筋值，用分号"；"将上部与下部纵筋的配筋值分隔开来，少数跨不同者，应按规定将该项数值在原位标注。

【实例3-6】　2Φ22；3Φ25

【解析】

表示梁上部配置2Φ22的通长筋，梁下部配置3Φ25的通长筋。

5. 梁侧面钢筋

梁侧面钢筋分为梁侧纵向构造钢筋和受扭钢筋。纵向构造钢筋以大写字母G打头，接续注写设置在梁两个侧面的总配筋值，且对称配置。

【实例 3-7】　G4Φ12

【解析】

表示在梁的两侧共配置 4Φ12 的纵向构造钢筋，每侧各配 2Φ12 纵向构造钢筋。

受扭钢筋应沿梁截面周边布置，位置和梁侧纵向受力钢筋类似，按受拉钢筋锚固在支座内。受扭纵向钢筋注写以大写字母 N 打头，接续注写配置在梁两个侧面的总配筋值，且对称配置。

【实例 3-8】　N4Φ18

【解析】

表示梁的两侧共配置 4Φ18 的纵向受扭钢筋，每侧各配置 2Φ18 的纵向受扭钢筋。

6. 梁顶面标高高差（此项为选注值）

梁顶面标高高差是指梁顶相对于结构层楼面标高的高差值，对于位于结构夹层的梁，则指相对于结构夹层楼面标高的高差。若梁顶与结构层存在高差时，则将高差值标入括号内。梁顶高于结构层时高差为正（＋）值，反之为负（－）值。当梁顶与相应的结构层标高一致时，则不标此项。

【实例 3-9】　某结构层标高为 32.850m，某梁的梁顶面标高高差注写为（－0.050）

【解析】

表明该梁的梁顶面标高低于结构层标高（32.850m）0.050m，为 32.800m。

 子任务 2　原位标注

梁构件原位标注包括梁支座上部纵向钢筋、梁下部纵向钢筋、附加箍筋或吊筋，以及修正集中标注中某一项或某几项不适用于本跨的内容。

3-3　微课

梁的原位标注

1. 梁支座上部纵筋

该部位含通长筋在内的所有纵筋。标注规则如下：

（1）当上部纵筋多于一排时，用斜线"/"将各排纵筋自上而下分开。

【实例 3-10】　梁上部纵筋注写为 6Φ25　4/2

【解析】

表示梁上部共有 6Φ25 纵筋，两排布置，上排 4Φ25，下排 2Φ25。

（2）当同排纵筋有两种直径时，用加号"＋"将两种直径的纵筋相联，注写时将角部纵筋写在前面。

【实例 3-11】　梁上部纵筋注写为 2Φ25＋2Φ22

【解析】

表示梁上部共有 4 根纵筋，2Φ25 放在角部，2Φ22 放在中部。

总说明

柱

梁

板

剪力墙

楼梯

独立基础

条形基础

筏形基础

桩基础

（3）当梁中间支座两边的上部纵筋不同时，须在支座两边分别标注；当梁中间支座两边的上部纵筋相同时，可仅在支座的一边标注配筋值，另一边省去不注。

2. 梁下部纵向钢筋

（1）当梁下部纵向钢筋多于一排时，用"/"将各排纵向钢筋自上而下分开。

（2）当同排纵筋有两种直径时，用"＋"相连，角筋写在"＋"前面。

（3）当梁下部纵向钢筋不全部伸入支座时，将梁支座下部纵筋减少的数量写在括号内。

【实例 3-12】　梁下部纵筋注写为 6Φ25 2（－2）/4

【解析】

表示梁下部为双排配筋，其中上排 2Φ25 不伸入支座，下排 4Φ25 全部伸入支座。

【实例 3-13】　梁下部纵筋注写为 2Φ25＋2Φ22（－2）/4Φ25

【解析】

表示梁下部为双排配筋，上排纵筋为 2Φ25 和 2Φ22，其中中间放置的 2Φ22 不伸入支座，下排 4Φ25 全部伸入支座。

梁纵筋常见的表示方式见表 3-4。

梁纵筋常见表示方式　　　　　　　　　　　　　　　　　表 3-4

	表示方式示例	表达含义	在梁中位置
集中标注	2Φ22＋（2Φ12）	表示梁上部配置 2Φ22 通长筋，2Φ12 架立筋	上部
	2Φ22；3Φ22	表示梁上部配置 2Φ22 的通长筋，梁下部配置 3Φ25 的通长筋	上部；下部
	G4Φ12	表示在梁的两侧共配置 4Φ12 的纵向构造钢筋，每侧各配 2Φ12 纵向构造钢筋	侧面腹部
	N4Φ18	表示梁的两侧共配置 4Φ18 的纵向受扭钢筋，每侧各配置 2Φ18 的纵向受扭钢筋	侧面腹部
原位标注	6Φ25 4/2	表示梁上部共有 6Φ25 纵筋，两排布置，上排 4Φ25，下排 2Φ25	上部
	2Φ25＋2Φ22	表示梁上部共有 4 根纵筋，2Φ25 放在角部，2Φ22 放在中部	上部
	6Φ25 2（－2）/4	表示梁下部为双排配筋，其中上排 2Φ25 不伸入支座，下排 4Φ25 全部伸入支座	下部
	2Φ25＋2Φ22（－2）/4Φ25	表示梁下部为双排配筋，上排纵筋为 2Φ25 和 2Φ22，其中中间放置的 2Φ22 不伸入支座，下排 4Φ25 全部伸入支座	下部

（4）当梁设置竖向加腋时，加腋部位下部斜纵筋应在支座下部以 Y 打头注写在括号内，如图 3-4（a）所示。当梁设置水平加腋时，水平加腋内上、下斜纵筋应在加腋支座上部以 Y 打头注写在括号内，上下部斜纵筋之间用"/"号分割，如图 3-4（b）所示。

当在多跨梁的集中标注中已注明加腋，而该梁某跨的根部却不需要加腋时，则应在该跨原位注写等截面的 $b \times h$，如图 3-4（a）所示，以修正集中标注中的加腋信息。

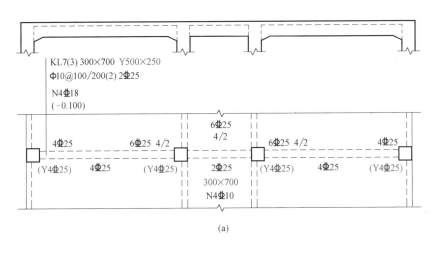

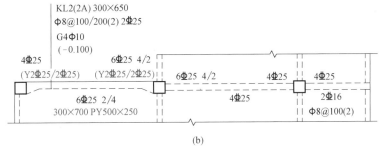

图 3-4　梁加腋平面注写方式示例

（a）竖向加腋；（b）水平加腋

3. 附加箍筋或吊筋标注规则

附加箍筋和吊筋，将其直接画在平面图中的主梁上，用引出线标注总配筋值（附加箍筋的肢数注在括号内），如图 3-5 所示。当多数附加箍筋和吊筋相同时，可在梁平法施工图上统一注明，少数与统一注明值不同时，再原位引注。

施工时，附加箍筋或吊筋的几何尺寸应按照标准构造详图，结合其所在位置的主梁和次梁的截面尺寸而定。

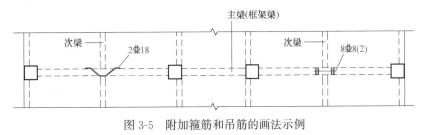

图 3-5　附加箍筋和吊筋的画法示例

【实例 3-14】　读取图 3-5 中附加箍筋的信息

【解析】

图 3-5 中附加箍筋 8Φ8（2）表示：次梁与主梁相交处，在主梁中共附加 8 道直径为 8mm 的双肢箍，次梁每侧各配置 4 道。

总说明

柱

梁

板

剪力墙

楼梯

独立基础

条形基础

筏形基础

桩基础

总说明

柱

梁

板

剪力墙

楼梯

独立基础

条形基础

筏形基础

桩基础

4. 框架扁梁注写规则

框架扁梁注写规则同框架梁，对于上部纵筋和下部纵筋，尚需注明未穿过柱截面的纵向受力钢筋根数。

【实例3-15】 图3-6中支座处原位标注10Φ25（4）

【解析】

表示框架扁梁支座上部设置10根直径为25mm的HRB400纵向受力钢筋，其中有4根纵向受力钢筋未穿过柱截面。

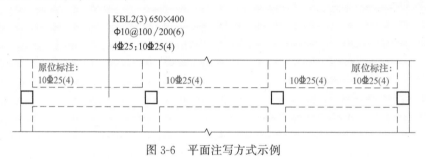

图3-6　平面注写方式示例

5. 框架扁梁节点核心区注写

框架扁梁节点核心代号为KBH，包括柱内核心区和柱外核心区两部分。框架扁梁节点核心区钢筋注写包括柱外核心区竖向拉筋及节点核心区附加纵向钢筋，端支座节点核心区尚需注写附加U形箍筋。

柱外核心区竖向拉筋，注写其钢筋级别与直径；端支座柱外核心区尚需注写附加U形箍筋的钢筋级别、直径及根数。

框架扁梁节点核心区附加纵向钢筋以大写字母"F"打头，注写其设置方向（X向或Y向）、层数、每层的钢筋根数、钢筋级别、直径及未穿过柱截面的纵向受力钢筋根数。

特别提示

1. 柱外核心区竖向拉筋在梁纵向钢筋两向交叉位置均布置。

2. 框架扁梁端支座节点，柱外核心区设置U形箍筋及竖向拉筋时，在U形箍筋与位于柱外的梁纵向钢筋交叉位置均布置竖向拉筋。

3. 施工时，附加纵向钢筋应与竖向拉筋相互绑扎。

柱内核心区箍筋见项目2框架柱箍筋。

6. 井字梁注写

井字梁是由不分主次、高度相当的梁，同位相交所组成的结构构件，呈井字形。井字梁通常由非框架梁构成，并以框架梁为支座。

井字梁用单粗虚线表示（当井字梁顶面高出板面时可用单粗实线表示），作为井字梁支座的梁用双虚线表示（当梁顶面高出板面时可用双粗实线表示），如图3-7所示。

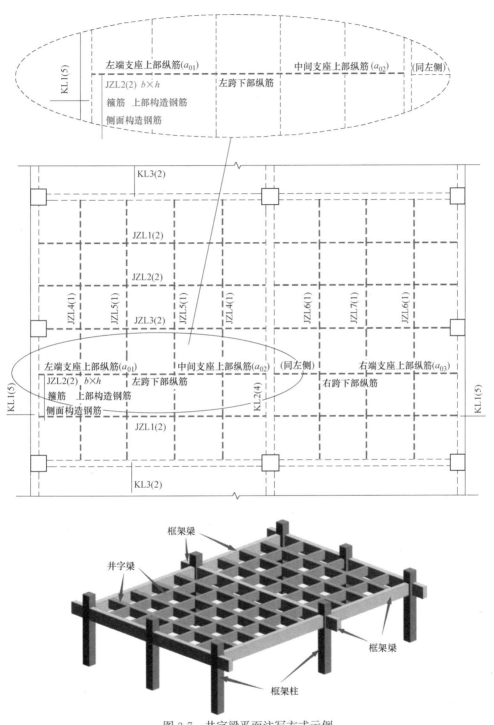

图 3-7　井字梁平面注写方式示例

井字梁的端部支座和中间支座上部纵筋的伸出长度 a_0 值，应在原位加注具体数值予以注明。

当采用平面注写方式时，在原位标注的支座上部纵筋后面括号内加注具体伸出长度，如图 3-7 所示。当采用截面注写方式时，则在梁端截面配筋图上注写的上部纵筋后面括号内加注具体伸出长度，如图 3-8 所示。

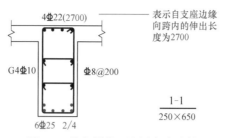

图 3-8 井字梁截面注写方式示例

子任务3 截面注写方式

梁的截面注写方式，是在分标准层绘制的梁平面布置图上，分别从不同编号的梁中各选择一根梁用剖面号引出配筋图，并在其上注写截面尺寸和配筋具体数值的方式来表达梁平法施工图，如图 3-9 所示。

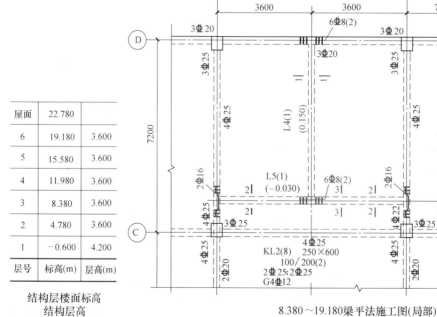

屋面	22.780	
6	19.180	3.600
5	15.580	3.600
4	11.980	3.600
3	8.380	3.600
2	4.780	3.600
1	−0.600	4.200
层号	标高(m)	层高(m)

结构层楼面标高
结构层高

8.380~19.180梁平法施工图(局部)

图 3-9 梁平法施工图截面注写方式

1. 所有梁按表3-1的规定进行编号，从相同编号的梁中选一根梁，先将"单边截面号"画在该梁上，再将截面配筋详图画在本图或其他图上。当某梁的顶面标高与结构层的楼面标高不同时，尚应在梁编号后注写梁顶面标高的高差（注写规定同平面注写方式）。

2. 在截面配筋详图上注写截面尺寸 $b×h$、上部筋、下部筋、侧面构造筋或受扭筋以及箍筋的具体数值时，其表达形式与平面注写方式相同。

3. 对于框架扁梁尚需在截面详图上注写未穿过柱截面的纵向受力钢筋根数。对于框架扁梁节点核心区附加钢筋，需采用平、剖面图表达节点核心区附加纵向钢筋、柱外核心区全部竖向拉筋以及端支座附加 U 形箍筋，注写其具体数值。

截面注写方式可以单独使用，也可与平面注写方式结合使用。当表达异型截面梁的尺寸及配筋时，采用截面注写方式相对比较方便；当局部区域梁布置过密时，除了采用截面注写方式表达外，也可将过密区用虚线框出，适当放大比例后再用平面注写方式表示。

任务2 梁标准构造详图识读

根据钢筋位置和作用不同，框架梁中的钢筋可分为上部通长筋、支座负筋、架立筋、下部纵筋、侧面构造钢筋、受扭钢筋、箍筋、拉结筋、附加箍筋和吊筋。

 ### 子任务1 楼层框架梁 KL 纵筋构造

1. 框架梁端支座的纵向钢筋构造（图3-10）

上部通长筋、端支座负筋、下部纵筋、受扭钢筋在端支座内的锚固形式有直线锚固（直锚）、弯折锚固（弯锚）和锚头或锚板锚固三种，目前一般选择直锚或弯锚。

当支座宽度 h_c — 保护层厚度 $c ≥ l_{aE}$ 且 $≥ 0.5h_c + 5d$ 时，采用直锚，直锚长度为 $\max(l_{aE}, 0.5h_c + 5d)$；当支座宽度 h_c — 保护层厚度 $c < l_{aE}$ 时，采用弯锚，如图3-11所示，弯折前平直段长度 $≥ 0.4l_{abE}$，弯折后竖直段长度为 $15d$。

2. 支座负筋伸入跨内的长度

第一排支座负筋伸入跨内长度 $l_n/3$，第二排支座负筋伸入跨内长度 $l_n/4$。l_n 取支座两侧净跨长的较大值。

3. 上部通长筋构造

根据《建筑抗震设计规范（2016年版）》GB 50011—2010 要求，框架梁至少应设置两根上部通长筋。通长筋可为相同或不同直径采用绑扎搭接、机械连接或焊接的钢筋。

当上部通长筋直径小于支座负筋直径，或虽与支座负筋直径相同但钢筋下料长度超过钢筋出厂定尺长度时，上部通长筋分别与梁两端支座负筋进行连接。连接位置位于跨中 $l_n/3$ 范围内，搭接长度 l_{lE}。

3-4 微课

框架梁纵筋构造

3-5 模型

楼层框架梁纵筋构造

右侧边栏：
总说明 | 柱 | 梁 | 板 | 剪力墙 | 楼梯 | 独立基础 | 条形基础 | 筏形基础 | 桩基础

总
说
明

柱

梁

板

剪
力
墙

楼
梯

独
立
基
础

条
形
基
础

筏
形
基
础

桩
基
础

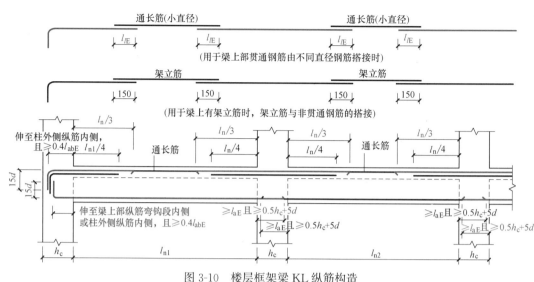

图 3-10 楼层框架梁 KL 纵筋构造

4. 架立筋

架立筋是梁的一种纵向构造钢筋，用来固定箍筋并与梁中其他钢筋一起形成钢筋骨架。当框架梁设置多于两肢的复合箍筋，且只有两根上部通长筋时，补充设置的架立筋分别与梁两端支座负筋进行搭接，搭接长度为 150mm。具体搭接构造如图 3-10 所示。

特别提示

1. 框架梁中不一定设有架立筋，如配置双肢箍的框架梁；

2. 当梁中设有架立筋时，将架立筋写在"（）"内，用"+"号连在梁上部通长筋之后。例如：梁上部 2Φ22＋(2Φ12)，表示梁上部配置 2Φ22 通长筋，2Φ12 架立筋。

5. 框架梁下部纵筋构造

框架梁下部通长筋按跨布置，相邻跨梁下部纵筋在中间支座处分别锚固，锚固长度 max (l_{aE}, $0.5h_c+5d$)。梁下部纵筋在端支座处锚固，如图 3-10 所示。

当梁下部纵筋不能在节点内锚固（节点内钢筋过密）时，可在节点外搭接，如图 3-11 所示，距柱边≥$1.5h_0$，搭接长度为 l_{lE}。相邻跨钢筋直径不同时，搭接位置位于较小直径一跨。

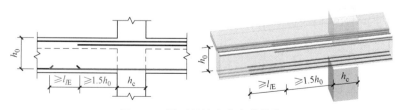

图 3-11 梁下部筋在节点外搭接

子任务2　屋面框架梁 WKL 纵筋构造

由于顶层边柱或角柱外侧纵筋与梁上部纵筋必须搭接，所以，屋面框架梁上部纵筋在端支座的锚固要与框架柱外侧纵筋在柱顶构造相协调，详见项目2中任务2相应内容。

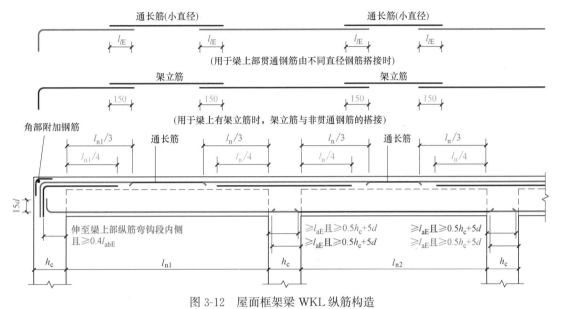

图 3-12　屋面框架梁 WKL 纵筋构造

屋面框架梁纵筋构造除上部通长筋和端支座负筋在端支座的锚固与楼层框架梁不同外，其余纵筋构造完全相同，详见图 3-12 及表 3-5。

屋面框架梁与楼层框架梁端支座构造比较　　　　　　　　　　　　　　　　表 3-5

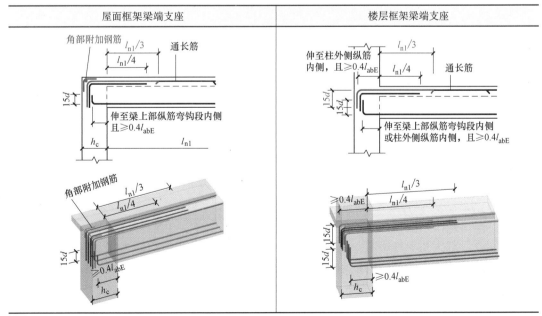

总说明

柱

梁

板

剪力墙

楼梯

独立基础

条形基础

筏形基础

桩基础

63

续表

屋面框架梁端支座	楼层框架梁端支座

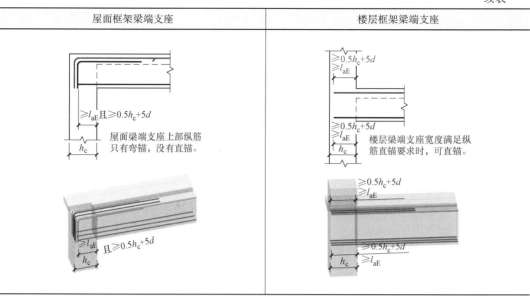

子任务3 梁侧面纵筋构造

3-6 微课

梁侧面
纵筋构造

1. 侧面纵向构造钢筋及拉筋

当梁腹板高度≥450mm时，应在梁侧面配置纵向构造钢筋（以G打头），其竖向间距 a≤200mm，如图3-13所示。

梁侧面纵向构造钢筋属于非受力筋，搭接和锚固长度可取15d。

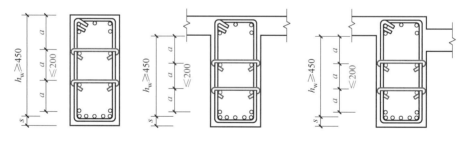

图3-13　梁侧面纵向构造筋及拉筋

当梁有侧面纵筋时，需要配置拉筋来固定梁侧面纵筋。拉筋间距为非加密区箍筋的2倍。当设有多排拉筋时，上、下两排拉筋竖向错开布置。当梁宽≤350mm时，拉筋直径为6mm；梁宽>350mm时，拉筋直径为8mm。

2. 受扭钢筋

当梁受到较大扭矩作用时，应在梁侧面配置一定数量的受扭钢筋（以N打头）。

受扭钢筋属于受力筋，搭接和锚固长度取值同框架梁下部纵筋，搭接长度为 l_l 或 l_{lE}，直锚长度为 l_a 或 l_{aE}。

子任务4 框架梁中间支座梁高或梁宽变化时的纵筋构造

框架梁中间支座梁高变化时的纵筋构造，既要看是位于屋面还是位于中间楼层，还要看高差大小。对于位于中间楼层的楼面梁，高差较小且两侧钢筋相同时，可直接斜弯通过支座；高差较大时，则钢筋应断开，分别考虑锚固。共同遵循的原则：钢筋能直锚时就直锚，不能直锚时才弯锚。

3-7 | 微课
KL中间支座梁高或梁宽变化时纵筋构造

框架梁中间支座梁高或梁宽变化时的纵筋构造，详见表3-6，其中①、③、⑤为楼层框架梁 KL 中间支座纵向钢筋构造，②、④、⑥为屋面框架梁 WKL 中间支座纵向钢筋构造。

框架梁中间支座梁高或梁宽变化时的纵筋构造   表3-6

适用条件	构造详图	构造要点
两侧楼层框架梁高差 $\Delta_h/(h_c-50)$ $\leqslant 1/6$	① $\Delta_h/(h_c-50)\leqslant 1/6$ 时，纵筋可连续布置	梁纵筋可略倾斜后通过节点连续布置
支座两侧梁高差值 $\Delta_h/(h_c-50)>1/6$	② $\geqslant l_{aE}$且$\geqslant 0.5h_c+5d$ （可直锚） $\geqslant 0.4l_{abE}$ 当$\Delta_h/(h_c-50)\leqslant 1/6$时参见节点①做法 $\geqslant l_{aE}$且$\geqslant 0.5h_c+5d$ $\geqslant 0.4l_{abE}$	1. 左侧梁下部纵筋在支座中能满足直锚要求时就直锚，不能直锚时则弯锚。 2. 弯锚时，弯折前伸入支座平直段长度$\geqslant 0.4l_{abE}$，弯折后竖直段长度为$15d$。 3. 当$\Delta_h/(h_c-50)\leqslant 1/6$时，梁底部纵筋可参照节点①连续布置

总说明

柱

梁

板

剪力墙

楼梯

独立基础

条形基础

筏形基础

桩基础

65

左侧栏目：总说明　柱　梁　板　剪力墙　楼梯　独立基础　条形基础　筏形基础　桩基础

适用条件	构造详图	构造要点
两侧楼层框架梁高差 $\Delta_h/(h_c-50)>1/6$	③ $\Delta_h/(h_c-50)>1/6$	梁上下部纵筋在中间支座分别锚固
屋面梁支座两侧梁顶有高差	④	1. 这类情形,无论高差多大,梁上部纵筋都应在中间支座处分别锚固。 2. 高侧梁上部纵筋弯折锚固,低侧梁上部纵筋直线锚固
支座两侧楼层框架梁截面宽度不一致或错开布置时,无法直通纵筋的锚固	当支座两边梁宽不同或错开布置时,将无法直通的纵筋弯锚入柱内;当支座两边纵筋根数不同时,可将多出的纵筋弯锚入柱内 ⑤	1. 当支座宽度满足纵筋直锚要求时,多出的纵筋可直锚。 2. 当不满足直锚条件时,多出的纵筋伸入柱内 $\geq 0.4l_{abE}$ 后弯锚,弯钩长度为 $15d$

适用条件	构造详图	构造要点
支座两侧屋面框架梁截面宽度不一致或错开布置时，无法直通纵筋的锚固	当支座两边梁宽不同或错开布置时，将无法直通的纵筋弯锚入柱内；或当支座两边纵筋根数不同时，可将多出的纵筋弯锚入柱内 ⑥　l_{aE}　（可直锚）　$15d$　$\geqslant 0.4l_{abE}$ 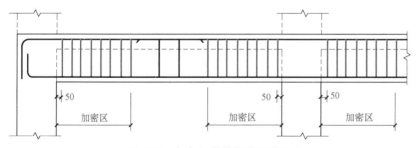	1. 梁上部多出的纵筋伸入柱对面纵筋内侧后向下弯锚 l_{aE}。 2. 梁下部多出的纵筋构造同上 3-8　模型 梁无法在支座直通纵筋的锚固

 ### 子任务5　框架梁箍筋加密区及附加横向钢筋构造

1. 箍筋加密区范围（图3-14）

抗震等级为一级时，加密区长度＝$\max(2h_b,\ 500\text{mm})$；抗震等级为二～四级时，加密区长度＝$\max(1.5h_b,\ 500\text{mm})$。

3-9　微课
KL箍筋加密区及附加横向钢筋构造

图 3-14　框架梁箍筋加密区范围

2. 附加横向钢筋构造

在主次梁相交处，为防止主梁在较大集中力作用下产生裂缝，通常在主梁中设置附加横向钢筋。附加横向钢筋包括附加箍筋和吊筋，其构造如图3-15所示。图中 b 为次梁宽，h_1 为主次梁高差值。附加箍筋距次梁 50mm，附加吊筋底部尺寸为 $b+2\times50\text{mm}$。

吊筋夹角取值：梁高≤800mm 时，取 45°；梁高＞800mm 时，取 60°。

总说明

柱

梁

板

剪力墙

楼梯

独立基础

条形基础

筏形基础

桩基础

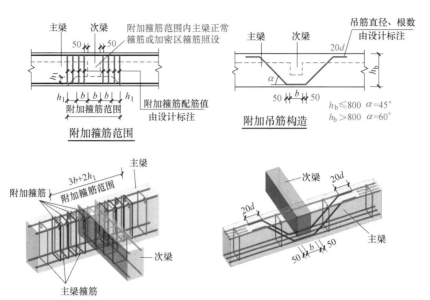

图 3-15　附加横向钢筋构造

 特别提示

1. 在一个主次梁相交的位置，只能在附加箍筋和附加吊筋中选用一种加强的构造。
2. 附加箍筋和吊筋设置在主梁内。
3. 附加箍筋布置范围内，主梁正常箍筋或加密区箍筋照设。
4. 附加箍筋标注的为总配筋值。

子任务6　框架梁部分以梁为支座时的钢筋构造

1. 纵筋构造

当框架梁以另一根梁为支座时，此端要遵循非框架梁配筋构造；当以柱（剪力墙）为支座时，此端要遵循框架梁配筋构造。

2. 箍筋构造

当框架梁以柱（剪力墙）为支座时，该端按构造要求设箍筋加密区；当以另一根梁为支座时，如图 3-16 所示，此端箍筋构造可不设加密区，梁端箍筋规格及数量由设计确定。

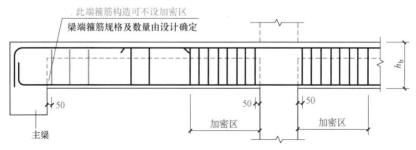

图 3-16　框架梁部分以梁为支座时的钢筋构造

子任务7 悬挑梁及各类梁的悬挑端钢筋构造

1. 悬挑梁上部纵筋在支座处的锚固

如图 3-17 所示，上部纵筋在支座弯折前平直段长度 $\geq 0.4 l_{ab}$，弯折后竖直段长度为 $15d$。当水平段伸至对边仍不足 $0.4 l_{ab}$ 时，则应进行钢筋代换，采用较小直径的钢筋。

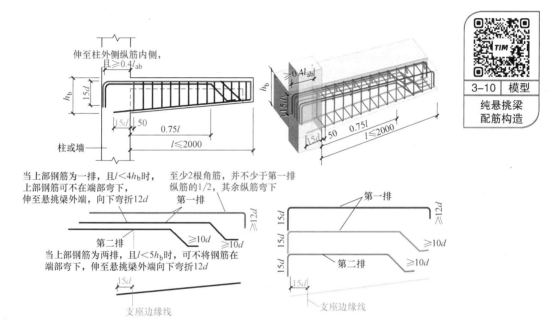

图 3-17 纯悬挑梁配筋构造

2. 悬挑梁及各类梁的悬挑端下部纵筋在支座内的锚固

悬挑梁及各类梁的悬挑端下部纵筋在支座内直锚长度为 $15d$。由于悬挑端下部纵筋为受压钢筋，配筋量较少，钢筋直径较小，一般都能实现在支座内直锚。

3. 悬挑梁及各类梁的悬挑端上部纵筋端部构造（图 3-18 的①）

1）上部第一排纵筋中至少 2 根角筋，并不少于第一排纵筋的 1/2 必须伸至悬挑梁外端后向下弯折 $12d$，其余按 45°或 60°弯下后直线段长度 $\geq 10d$。当上部钢筋为一排，且 $l < 4h_b$ 时，上部纵筋可不在端部弯下，伸至悬挑梁外端向下弯折 $12d$。

2）上部第二排纵筋（弯起筋）伸至悬挑梁长度的 0.75 处按 45°或 60°弯下后直线段长度 $\geq 10d$。当上部钢筋为两排，且 $l < 5h_b$ 时，可不将钢筋在端部弯下，伸至悬挑梁外端向下弯折 $12d$。

总
说
明

柱

梁

板

剪
力
墙

楼
梯

独
立
基
础

条
形
基
础

筏
形
基
础

桩
基
础

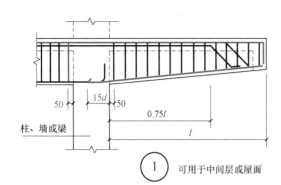 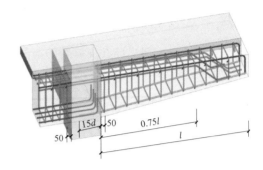

① 可用于中间层或屋面

当上部钢筋为一排，且 $l < 4h_b$ 时，上部钢筋可不在端部弯下，伸至悬挑梁外墙，向下弯折12d

至少2根角筋，并不少于第一排纵筋的1/2，其余纵筋弯下

第一排

第二排

当上部钢筋为两排，且 $l < 5h_b$ 时，可不将钢筋在端部弯下，伸至悬挑梁外端向下弯折12d

支座边缘线

当悬挑梁根部与框架梁梁底齐平时，底部相同直径的纵筋可拉通设置

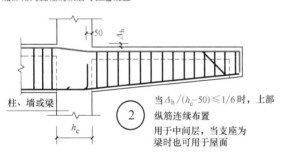

当 $\Delta_h/(h_c-50) \le 1/6$ 时，上部纵筋连续布置
用于中间层，当支座为梁时也可用于屋面

②

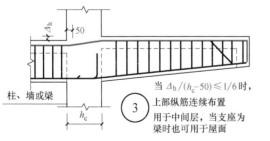

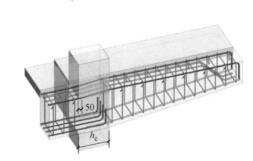

当 $\Delta_h/(h_c-50) \le 1/6$ 时，上部纵筋连续布置
用于中间层，当支座为梁时也可用于屋面

③

图 3-18 各类梁的悬挑端配筋构造（一）

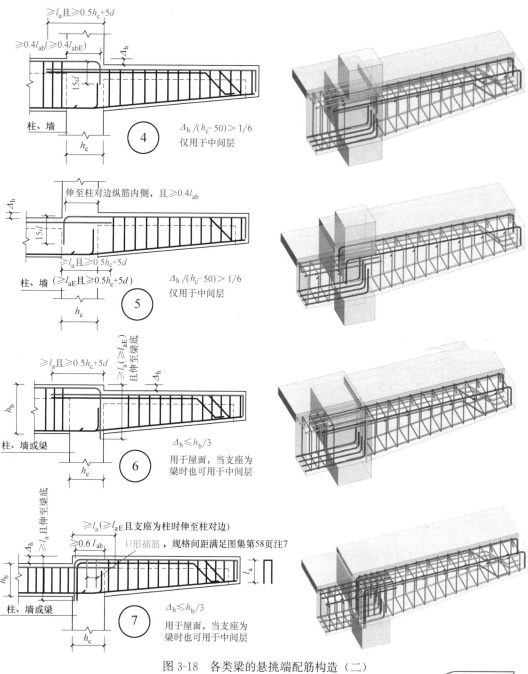

$$\Delta_h/(h_c-50)>1/6$$
仅用于中间层

（图④区域）
$\geqslant l_a$ 且 $\geqslant 0.5h_c+5d$
$\geqslant 0.4l_{ab}(\geqslant 0.4l_{abE})$
$15d$
柱、墙
h_c

（图⑤区域）
伸至柱对边纵筋内侧，且 $\geqslant 0.4l_{ab}$
$15d$
$\geqslant l_a$ 且 $\geqslant 0.5h_c+5d$
柱、墙 （$\geqslant l_{aE}$ 且 $\geqslant 0.5h_c+5d$）
h_c
$$\Delta_h/(h_c-50)>1/6$$
仅用于中间层

（图⑥区域）
$\geqslant l_a$ 且 $\geqslant 0.5h_c+5d$
$\geqslant l_a(\geqslant l_{aE})$ 且伸至梁底
h_b
柱、墙或梁
h_c
$$\Delta_h\leqslant h_b/3$$
用于屋面，当支座为梁时也可用于中间层

（图⑦区域）
$\geqslant l_a$ 且伸至梁底
$\geqslant l_a(\geqslant l_{aE}$ 且支座为柱时伸至柱对边）
$\geqslant 0.6l_{ab}$
U形插筋，规格间距满足图集第58页注7
l_a
h_b
柱、墙或梁
h_c
$$\Delta_h\leqslant h_b/3$$
用于屋面，当支座为梁时也可用于中间层

图 3-18　各类梁的悬挑端配筋构造（二）

3-11　模型
屋面梁
悬挑端构造

总说明

柱

梁

板

剪力墙

楼梯

独立基础

条形基础

筏形基础

桩基础

71

总说明

柱

梁

板

剪力墙

楼梯

独立基础

条形基础

筏形基础

桩基础

> **特别提示**
>
> 1. 悬挑梁的钢筋构造不考虑抗震。
> 2. 梁悬挑端及悬挑梁的上部纵筋全跨贯通，在上部跨中位置进行纵筋的原位标注。
> 3. 悬挑梁的箍筋间距一般只有一种间距，没有加密区和非加密区之分。
> 4. 悬挑梁端部的弯起钢筋在端部所起的作用类似于附加吊筋，用于承受边梁传来的集中力。

4. 各类梁的悬挑端上部纵筋在支座内的构造（图 3-18 的②～⑦）

实际工程中，悬挑端顶标高有的时候低于梁顶标高，有的时候高于梁顶标高。梁上部纵筋的构造既要看是位于屋面还是位于屋面，还要看高差大小。高差较小且两侧钢筋相同时，可直接斜弯通过支座；高差较大时，则钢筋应断开，分别考虑锚固。共同遵循的原则：钢筋能直锚时就直锚，不能直锚时才弯锚。

对于弯锚，钢筋所在位置不同，弯锚要求也不同。具体要求可对照图 3-17 的②～⑦学习。

3-12 微课
非框架梁钢筋构造

子任务 8　非框架梁钢筋构造

在框架结构中，框架梁以柱为支座，而非框架梁是以框架梁或非框架梁为支座，因此非框架梁是不考虑抗震构造要求的。如图 3-19 所示，纵筋的锚固和搭接都是按非抗震计算的，直锚长度为 l_a，绑扎搭接长度为 l_l，箍筋一般也不设加密区，如果梁端部采用不同间距的箍筋，设计应注明根数。

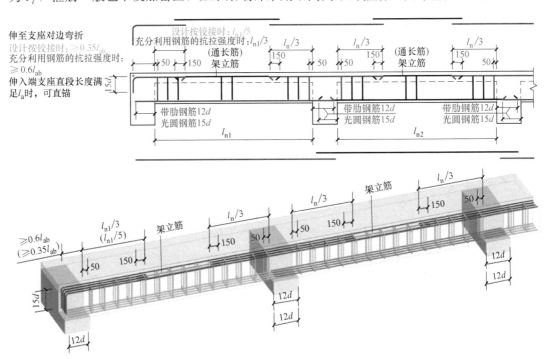

图 3-19　非框架梁 L、Lg 配筋构造

72

1. 非框架梁上部纵筋在端支座的锚固

非框架梁上部纵筋锚固分铰接和充分利用钢筋抗拉强度两种情况，设计值会在施工图中说明，一般情况是按铰接考虑的。

1）非框架梁上部纵筋在支座内平直段长度$\geqslant l_a$时，可直锚。

2）当设计按铰接，上部纵筋需要弯锚时，弯折前平直段长度$\geqslant 0.35l_{ab}$，弯折后竖直段长度为$15d$，支座负筋伸入跨内$l_n/5$。

3）当设计按充分利用钢筋抗拉强度，上部纵筋需要弯锚时，弯折前平直段长度$\geqslant 0.6l_{ab}$，弯折后竖直段长度为$15d$，支座负筋伸入跨内$l_n/3$。

> **特别提示**
>
> 1. "充分利用钢筋的抗拉强度"指支座上部非贯通筋按计算配置，承受支座负弯矩，此时该梁用Lg表示，即"充分利用钢筋的抗拉强度时"用于代号为Lg的非框架梁。
>
> 2. "设计按铰接"指理论上支座无负弯矩，实际上仍受到部分约束，因此在支座上部设置纵向构造钢筋，此时该梁用L表示，即"设计按铰接时"用于代号为L的非框架梁。

2. 非框架梁下部纵筋在端支座、中间支座的锚固

光圆钢筋直锚长度$15d$，带肋钢筋直锚长度$12d$。

3. 非框架梁纵向钢筋连接构造

1）当梁上部通长筋直径小于梁支座负筋时，其分别与梁两端支座负筋连接。当采用绑扎搭接时，搭接长度为l_l，且按100%接头面积百分率计算搭接长度。

2）当梁上部通长筋直径与梁支座负筋相同时，可在跨中1/3净跨范围内进行连接。当采用绑扎搭接时，搭接长度为l_l，且当在同一连接区段时按100%接头面积百分率计算搭接长度；当不在同一连接区段时按50%接头面积百分率计算搭接长度。

3）梁的架立筋分别与两端支座负筋构造搭接150mm，且应有一道箍筋位于该长度范围内，同时要钩住搭接的两根钢筋并绑扎在一起。

4）非框架梁下部纵筋支座外的连接。非抗震框架梁下部纵筋可贯通中间支座，在梁端$l_n/4$范围内连接，连接钢筋面积百分率不宜大于50%。

4. 非框架梁的箍筋

非框架梁的箍筋构造没有作为抗震构造要求的箍筋加密区。但当端支座为柱、剪力墙（平面内连接）时，梁端部应设置加密区，并在施工图中明确加密区长度。

> **特别提示**
>
> 非框架梁与主梁及次梁的区别与联系：
>
> 1. 非框架梁是相对于框架梁而言，次梁是相对于主梁而言，这是两个不同的概念。
>
> 2. 在框架结构中，框架梁以柱为支座，非框架梁是以框架梁或非框架梁为支座。
>
> 3. 主梁一般为框架梁，但也有特殊情况。次梁以主梁为支座，一般为非框架梁。当多跨连续梁支座有框架柱又有框架梁时，该梁虽为次梁但仍称为框架梁。

总说明

柱

梁

板

剪力墙

楼梯

独立基础

条形基础

筏形基础

桩基础

总说明

柱

梁

板

剪力墙

楼梯

独立基础

条形基础

筏形基础

桩基础

任务3 梁平法施工图识图技能训练

1. 梁平法识图知识体系

梁的平法识图知识体系，如图 3-20 所示。

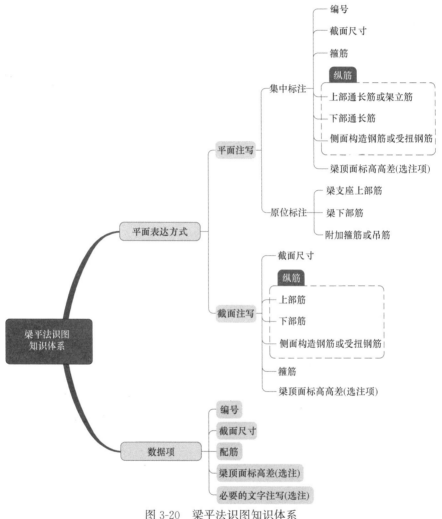

图 3-20 梁平法识图知识体系

2. 框架梁钢筋分类及构造要点

框架梁的钢筋分类及构造要点，见表 3-7。

框架梁的钢筋分类及构造要点 表 3-7

钢筋种类	钢筋位置	钢筋名称	构造要点
纵向钢筋	上部	上部通长筋	必设，支座内锚固
		架立筋	分别与梁两端支座负筋进行搭接，搭接长度为 150mm
		端支座负筋(非贯通筋)	端支座内锚固，向跨内延伸一定长度
		中间支座负筋(非贯通筋)	向左、向右跨内延伸一定长度

续表

钢筋种类	钢筋位置	钢筋名称	构造要点
纵向钢筋	下部	下部通长筋	端支座锚固，中间支座锚固；节点外搭接
		下部非通长筋	距支座边缘 $0.1l_n$ 处截断
	侧面	纵向构造钢筋	属非受力筋，搭接和锚固长度可取 $15d$
		受扭钢筋	搭接和锚固长度取值同框架梁下部纵筋
箍筋	梁左右两端	加密区箍筋	加密区长度按抗震要求
	梁中部	非加密区箍筋	非加密区长度＝梁净跨－2×加密区长度
附加钢筋	主次梁交接处设在主梁内	附加箍筋	距次梁 50mm
		吊筋	附加吊筋底部尺寸为 $b+2×50\text{mm}$
拉筋	中部侧面纵筋位置	拉筋	1. 拉筋间距为非加密区箍筋的 2 倍； 2. 当设有多排拉筋时，上、下两排拉筋竖向错开布置

3. 楼层框架梁通长筋锚固与连接构造体系

（1）楼层框架梁上部通长筋锚固与连接构造

楼层框架梁上部通长筋锚固与连接构造，如图 3-21 所示。

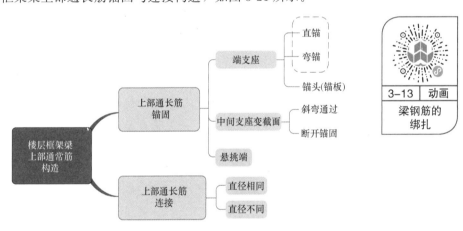

图 3-21　楼层框架梁上部通长筋构造体系

（2）楼层框架梁下部筋锚固与连接构造

楼层框架梁下部通长筋锚固与连接构造，如图 3-22 所示。

4. 梁平法施工图的识读步骤

梁平法施工图识读步骤如下：

（1）查看图名、比例；

（2）校核轴线编号及其间距尺寸，是否与建筑施工图、剪力墙施工图、柱施工图保持一致；

（3）与建筑施工图配合，明确梁的编号、数量和布置，校核与建筑墙体位置关系；

（4）阅读结构设计总说明或有关说明，明确梁的混凝土强度等级及其他要求；

（5）根据梁的编号，查阅图中平面标注或截面标注，明确梁的截面尺寸、配筋情况和

总说明

柱

梁

板

剪力墙

楼梯

独立基础

条形基础

筏形基础

桩基础

总
说
明

柱

梁

板

剪
力
墙

楼
梯

独
立
基
础

条
形
基
础

筏
形
基
础

桩
基
础

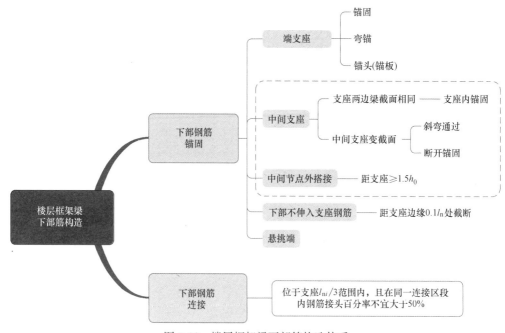

图 3-22 楼层框架梁下部筋构造体系

梁顶标高，校核梁下净高是否满足建筑要求；

（6）根据抗震等级、设计要求和标准构造详图，确定纵向钢筋、箍筋和吊筋的构造要求（纵向钢筋的锚固长度、切断位置、弯折要求和连接方式、搭接长度；箍筋加密区的范围；附加箍筋、吊筋的构造等）；

（7）注意主、次梁交汇处钢筋摆放的高低位置要求；

（8）图纸说明中的其他有关要求。

5. 识图案例

【实例 3-16】 请以施工单位土建专业技术员身份，识读图 3-23 中 KL2 的截面尺寸、配筋情况及梁顶标高等信息。

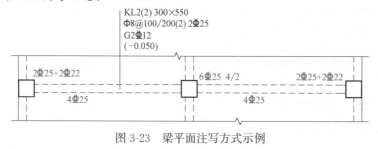

图 3-23 梁平面注写方式示例

【案例解析】

图 3-23 所示的梁集中标注（引出线上所注写的四排数字）中，第一排数字注明梁的编号和截面尺寸：KL2（2）表示这是一根框架梁（KL），编号为 2，共有 2 跨（括号中的数字 2），截面尺寸是 300mm×550mm。第二排尺寸注写箍筋和上部贯通筋（或架

立筋）情况：Φ8@100/200（2）表示箍筋为直径 8mm 的 HPB300 钢筋，加密区（靠近支座处）间距为 100mm，非加密区间距为 200mm，均为 2 肢箍筋；2Φ25 表示梁的上部配有两根直径为 25mm 的 HRB400 贯通筋。第三排尺寸标注梁侧面纵向构造钢筋或受扭钢筋情况：G2Φ12 表示梁的两侧面共配置 2Φ12 的纵向构造钢筋（每侧面各配 1Φ12）。第四排数字（-0.050）表示该梁顶面标高比楼层结构标高低 0.050m。

当梁集中标注中的某项数值不适用于该梁的某部位时，则应将该项数值在原位标注。图 3-23 中在左边支座和右边支座上部注写 2Φ25+2Φ22，表示该处除配置集中标注中注明的 2Φ25 上部贯通筋外，还在上部配置了 2Φ22 的端支座钢筋。而中间支座上部注明 6Φ25 4/2，表示除了 2Φ25 贯通筋外，还配置了 4Φ25 的中间支座钢筋（共 6 根），分两排布置，4/2 表示第一排为 4 根、第二排为 2 根。从图 3-23 中还可以看出，两跨的梁底各配有 4Φ25 纵筋。

> **特别提示**
>
> 图 3-23 中没有标注各类钢筋的长度及伸入支座长度等尺寸，这些尺寸需要通过查阅 16G101-1 图集中的构造详图，对照确定，详见实例 3-18。

【实例 3-17】 请以施工单位土建专业技术员身份，识读图 3-24 中 L3 的空间定位、截面尺寸、配筋情况等信息。

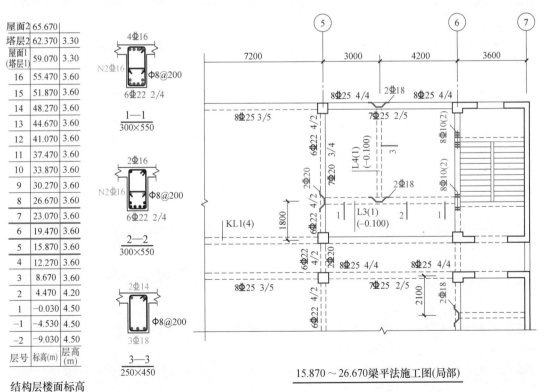

图 3-24　梁平法施工图（局部）截面注写方式示例

总说明

柱

梁

板

剪力墙

楼梯

独立基础

条形基础

筏形基础

桩基础

总说明

柱

梁

板

剪力墙

楼梯

独立基础

条形基础

筏形基础

桩基础

【案例解析】

（1）该案例为"梁平法施工图截面注写方式"，由楼层表和图纸两部分组成。

由图名及结构层楼面标高表中横向粗线可知，本张图纸适用梁顶标高15.870～26.670m之间的梁。

（2）该梁平法施工图中的梁包含框架梁KL1和非框架梁L3、L4，并对L3、L4进行了截面标注。

（3）从平面图中可以看出：L3为1跨梁，左支座为⑤轴线上的框架梁，右支座为⑥轴线上的框架梁，梁顶标高低于楼层标高0.100m，在与L4相交处配置2⫶18附加吊筋。

（4）由1-1、2-2截面图可知：L3截面尺寸为300mm×550mm；梁下部，配置6⫶22纵筋，分两排布置，上排2根，下排4根；梁上部，支座截面处配置4⫶16，其中两根角筋为通长筋，中间2⫶16为非通长筋；梁两侧共配置2⫶16受扭纵筋；梁箍筋为Φ8间距200mm，沿梁长均匀布置。

【实例3-18】　某框架结构环境类别为一类，抗震等级为三级，采用C30混凝土，梁平法施工图（局部）如图3-25所示，梁纵向钢筋采用焊接连接，楼板厚度120mm。

试绘制KL2的立面配筋详图和截面配筋图。

3-14 | 模型
KL2钢筋布置

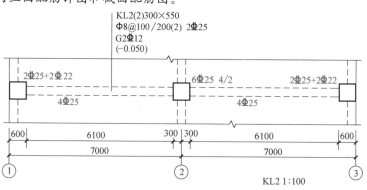

图3-25　KL2平法施工图

【案例解析】

1. 绘图准备

框架梁的配筋图主要根据梁的钢筋变化进行绘制，需要考虑如下变化：

（1）纵向钢筋在端支座的锚固，下部纵筋在中间支座的锚固。

（2）箍筋加密区长度。

（3）在框架梁的端部净跨1/4范围内，主要考虑集中标注与原位标注所包含的钢筋，其中角筋要放在梁的角部，箍筋在加密区范围内按加密间距进行标注。

（4）在框架梁的端部净跨1/4～1/3范围内，主要考虑支座上部第二排非通长筋已被截断。

（5）在跨中1/3范围内，上部只剩下通长筋，有时会根据构造要求增设架立筋。

（6）受扭钢筋、纵向构造钢筋、下部钢筋按照原位标注（或集中标注）要求进行绘制。需要特别注意原位标注的变化（包括截面尺寸的变化），拉筋根据构造要求设置。

（7）绘制时，要注意所在楼层有无楼板，有楼板的要在截面配筋图上绘上楼板。

2. 梁立面配筋图绘制步骤

（1）查看梁平法图，确定 KL2 的截面高度、支座宽度和各跨起止轴线。

（2）按比例从梁左侧开始绘制梁立面外轮廓线，并标注支座宽度、各跨净跨和轴线间尺寸。

（3）在梁立面外轮廓线内绘制上、下纵向钢筋水平段，绘制梁腹部构造钢筋。

（4）梁上部纵筋伸至柱外侧纵筋内侧弯锚，弯折竖直段长度为 $15d$；梁下部纵筋伸至梁上部纵筋弯钩段内侧弯锚，弯折竖直段长度为 $15d$。

（5）计算梁下部纵筋在中间支座的锚固长度 l_{aE}，与 $0.5h_c + 5d$ 比较后取较大值，在图中标出纵筋截断位置（注意方向）并标注断点位置距支座边缘的距离。

（6）计算梁左端支座、右端支座上部非通长筋截断位置 $l_{ni}/3$，在图中标出断点位置（注意方向）并标注其距支座边缘的距离。

（7）计算梁中间支座上部非通长筋第一批（下排支座负筋）截断位置 $l_{ni}/4$，第二批（上排支座负筋）截断位置为 $l_{ni}/3$，分别在图中标出断点位置（注意方向）并标注其距支座边缘的距离。

（8）计算梁箍筋加密区长度 $\max(1.5h_b, 500)$，并将箍筋加密区长度在图中标注出来。

（9）绘制拉筋，拉筋间距为非加密区箍筋间距的 2 倍。

（10）对所有钢筋进行编号。

KL2 立面钢筋布置详图如图 3-26 所示。

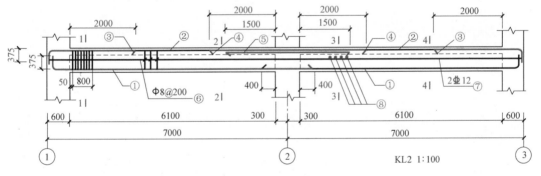

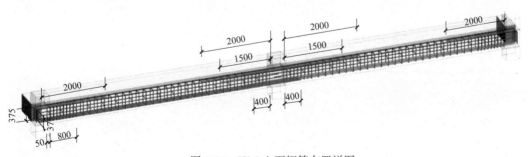

图 3-26　KL2 立面钢筋布置详图

总说明

柱

梁

板

剪力墙

楼梯

独立基础

条形基础

筏形基础

桩基础

3. 梁截面配筋图绘制步骤

（1）查看梁平法施工图，确定 KL2 的截面尺寸、现浇板厚度。

（2）按比例绘制梁截面外轮廓线，并标注截面宽度、高度和板厚。

（3）在梁立面外轮廓线内绘制箍筋轮廓线。

（4）从梁左端支座 $l_{ni}/4$ 范围内的 1-1 截面开始，从左至右依次绘制梁截面配筋图。

（5）查看梁平法施工图，确定 KL2 在 1-1 截面的梁底纵筋直径、根数，绘制在箍筋轮廓线内并标注。

（6）查看梁原位标注，确定 KL2 在 1-1 截面的梁顶纵筋直径、根数，绘制在箍筋轮廓线内并标注。

（7）查看梁集中标注，确定 KL2 在 1-1 截面的梁腹部构造钢筋直径、根数，绘制在箍筋轮廓线内并标注，同时绘制相应的拉筋并标注。

（8）重复（5）～（7），依次绘制 2-2～4-4 截面配筋图。

KL2 截面配筋图如图 3-27 所示。

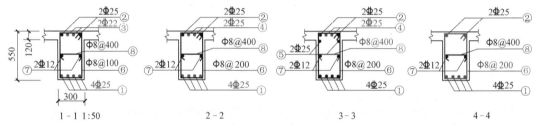

图 3-27 KL2 截面配筋图

04

项目4

板平法施工图识读

【学习目标】

 **知识目标**

1. 掌握板平法施工图的制图规则；

2. 熟悉板构件标准构造详图中板钢筋在支座内的锚固、上部贯通纵筋连接区、悬挑板配筋、折板配筋等构造要求。

 能力目标

1. 能够正确运用16G101-1图集中板平法施工图制图规则，准确读取板平法施工图中板的位置、厚度及配筋等信息；

2. 能够根据板构造详图描述板中钢筋的配置，在此基础上准确计算板中钢筋锚固长度、搭接长度和总长度。

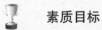 **素质目标**

1. 培养学生的规范意识和法律观念；

2. 培养学生严格按照制图规则绘制施工图的意识；

3. 培养学生科学严谨的态度；

4. 培养学生空间思维能力。

总说明

柱

梁

板

剪力墙

楼梯

独立基础

条形基础

筏形基础

桩基础

课程思政要点

思政元素	思政切入点	思政目标
1.团结协作 2.工匠精神 3.竞争意识 4.公平公正 5.实事求是	1.板底筋、板顶筋处在板内不同位置，各司其职，保障板能够安全可靠地工作。映射毕业后无论是做施工员、预算员还是总经理，虽然岗位不同，但都可以在本职岗位上为实现中国梦做出自己的贡献。 2.按学习小组进行板钢筋缩微骨架制作。制作过程需要小组成员团结协作、精益求精，小组之间开展竞争。考评时，采取小组内互评、组别间互评、教师总结评价的混合评价形式。	1.培养学生热爱本职工作，乐于奉献的精神。 2.培养学生团队合作、发挥所长的意识。 3.培养学生热爱劳动、精益求精的工匠精神。 4.培养学生的公平公正意识和实事求是精神。

任务1　板平法制图规则认知

在建筑结构中，平面尺寸较大而厚度较小的构件称为板，是典型的受弯构件。

板通常是水平设置，有时也有斜向设置的（如楼梯板、坡度较大的屋面板等）。根据板的组成形式可分为有梁楼盖和无梁楼盖。

现浇板中钢筋主要有：受力筋（单向或双向，单层或双层）、支座负筋、分布筋、附加钢筋（角部附加放射筋、洞口附加钢筋）等。

 ### 子任务1　有梁楼盖平法施工图

有梁楼盖板平法施工图，是在楼面板和屋面板布置图上，采用平面注写的表达方式，直接标注板的各项数据。包括板块集中标注和板支座原位标注。

为方便设计表达和施工识图，规定结构平面的坐标方向为：当两向轴网正交布置时，图面从左至右为X向，从下至上为Y向；当轴网转折时，局部坐标方向顺轴网转折角度做相应转折；当轴网向心布置时，切向为X向，径向为Y向。

4-1 | 微课

有梁楼盖板块集中标注

1. 板块集中标注

有梁楼盖板的集中标注，按"板块"进行划分。对于普通楼面，两向（X和Y两个方向）均以一跨为一板块；对于密肋楼盖，两向主梁（框架梁）均以一跨为一板块（非主梁密肋不计）。

板块集中标注的内容为：板块编号、板厚、上部贯通纵筋、下部纵筋以及当板面标高不同时的标高高差。

（1）板块编号

所有板块应逐一编号，相同编号的板块可择其一做集中标注，其他仅注写置于圆圈内的板编号，以及当板面标高不同时的标高高差，如图 4-1 所示。

板块编号按表 4-1 的规定。

板类型	代号	序号
楼面板	LB	××
屋面板	WB	××
悬挑板	XB	××

表 4-1　板块编号

同一编号板块的类型、板厚和贯通纵筋均应相同，但板面标高、跨度、平面形状以及板支座上部非贯通纵筋可以不同，如同一编号板块的平面形状可为矩形、多边形及其他形状等。

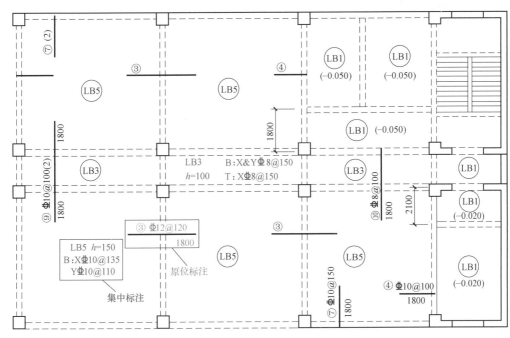

图 4-1　板平面表达方式示例

（2）板厚

板厚注写为 $h=×××$（为垂直于板面的厚度）。当悬挑板的端面改变截面厚度时，用斜线分隔根部与端部的高度值，注写为 $h=×××/×××$。

（3）贯通纵筋

纵筋按板块的下部纵筋和上部贯通纵筋分别注写（当板块上部不设贯通纵筋时则不注），并以 B 代表下部，T 代表上部，B&T 代表下部与上部；X 向贯通纵筋以 X 打头，Y 向贯通纵筋以 Y 打头，两向贯通纵筋配置相同时则以 X&Y 打头。

当在某些板内（例如在悬挑板 XB 的下部）配有构造钢筋时，则 X 向以 X_C 打头，Y 向以 Y_C 打头注写。

当贯通筋采用两种规格钢筋"隔一布一"方式时，表达为 Φxx/yy@xxx，表示直径为

总说明

柱

梁

板

剪力墙

楼梯

独立基础

条形基础

筏形基础

桩基础

xx 的钢筋和直径为 yy 的钢筋二者之间间距为 xxx。

【实例 4-1】 Φ10/12@150

【解析】

表示直径为 10mm 的钢筋和直径为 12mm 的钢筋二者之间间距为 150mm。

> **特别提示**
>
> 1. 当为单向板时,分布筋可不必注写,而在图中统一注明。
>
> 2. 单向或双向连续板的中间支座上部同向贯通钢筋,不应在支座位置连接或分别锚固。当相邻两跨的板上部贯通纵筋配置相同,且跨中部位有足够空间连接时,可在两跨任意一跨的跨中连接部位连接;当相邻两跨的上部贯通纵筋配置不同时,应将配置较大者越过其标注的跨数终点或起点伸至相邻跨的跨中连接区域连接。

（4）板面标高高差

指相当于结构层楼面标高的高差。无高差时不注。

【实例 4-2】 某一楼面板块注写为:

LB6　$h=100$

B：X Φ12@120；Y Φ10@120

【解析】

表示 6 号楼面板,板厚 100mm,板下部配置的贯通纵筋 X 向为 Φ12@120,Y 向为 Φ10@120；板上部未配置贯通纵筋。

【实例 4-3】 有一楼面板块注写为:

LB1　$h=100$

B：X Φ10/12@100；Y Φ10@120

【解析】

表示 1 号楼面板,板厚 100mm,板下部配置的贯通纵筋 X 向为 Φ10、Φ12 隔一布一,Φ10、Φ12 之间间距为 100mm；Y 向为 Φ10@120；板上部未配置贯通纵筋。

【实例 4-4】 有一楼面板块注写为:

XB2　$h=150/100$

B：Xc&Yc Φ8@200

【解析】

表示 2 号悬挑板,板根部厚 150mm,端部厚 100mm,板下部配置构造钢筋双向均为 Φ8@200；板上部受力钢筋见板支座原位标注。

2. 板支座原位标注

板支座原位标注的内容为:板支座上部非贯通纵筋和悬挑板上部受力钢筋。

4-2　微课
有梁楼盖板
支座原位
标注

板支座原位标注的钢筋，应在配置相同跨的第一跨表达（当在梁悬挑部位单独配置时则在原位表达）。此处第一跨是指：X向左端跨，Y向下端跨。

如图4-2所示，在配置相同跨的第一跨（或梁悬挑部位），垂直于板支座（梁或墙）绘制一段适宜长度的中粗实线（当该筋通长设置在悬挑板或短跨板上部时，实线段应画至对边或贯通短跨），以该线段代表支座上部非贯通纵筋，并在线段上方注写钢筋编号（如①、②等）、配筋值、横向连续布置的跨数（注写在括号内，且当为一跨时可不注），以及是否横向布置到梁的悬挑端。

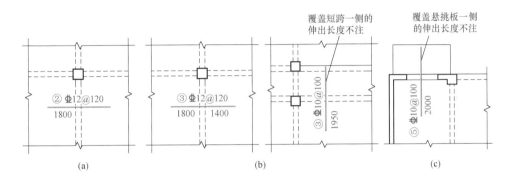

图4-2 板支座原位标注

板支座上部非贯通筋自支座中线向跨内的伸出长度，注写在线段的下方。当向支座两侧对称伸出时，可仅在支座一侧线段下方标注伸出长度，如图4-2（a）所示；当向支座两侧非对称伸出时，应分别在支座两侧线段下方注写伸出长度，如图4-2（b）所示；对线段画至对边贯通全跨或贯通全悬挑长度的上部通长纵筋，贯通全跨或伸出至全悬挑一侧的长度值不注，只注明非贯通筋另一侧的伸出长度值，如图4-2（c）所示。

特别提示

施工时，当支座一侧设置了上部贯通纵筋，而在支座另一侧仅设置了上部非贯通纵筋时，如果支座两侧设置的纵筋直径、间距相同，应将二者连通，避免各自在支座上部分别锚固。

在板平面布置图中，不同部位的板支座上部非贯通纵筋及悬挑板上部受力钢筋，可仅在一个部位注写，对其他相同者则仅需在代表钢筋的线段上注写编号及横向连续布置的跨数即可。如图4-1中③号筋和⑦号筋。

【实例4-5】 在板平面布置图某部位，横跨支承梁绘制的对称线段上注有：
⑥⏀10@120（3A）和1500。

【解析】

表示支座上部⑥号非贯通筋为⏀10@120，从该跨起沿支承梁连续布置3跨加梁一端的悬挑端，该筋自支座中线向两侧跨内伸出长度均为1500mm。

总说明

柱

梁

板

剪力墙

楼梯

独立基础

条形基础

筏形基础

桩基础

总说明

柱

梁

板

剪力墙

楼梯

独立基础

条形基础

筏形基础

桩基础

子任务2　无梁楼盖平法施工图

4-3　微课

无梁楼盖
平法表示
方式

无梁楼盖平法施工图，是在楼面板和屋面板布置图上，采用平面注写的表达方式。主要有板带集中标注和板带支座原位标注两部分内容。

1. 板带集中标注

集中标注应在板带贯通纵筋配置相同跨的第一跨（X向为左端跨，Y向为下端跨）注写。相同编号的板带可择其一做集中标注，其他仅写板带编号（注在圆圈内）。

板带集中标注的内容为：板带编号、板带厚、板带宽和贯通纵筋。

（1）板带编号

板带编号按表4-2的规定。

板带编号　　　　　　　　　　　　　　　　　　　　　　　表4-2

板带类型	代号	序号	跨数及有无悬挑
柱上板带	ZSB	××	（××）、（××A）或（××B）
跨中板带	KZB	××	（××）、（××A）或（××B）

注：1. 跨数按轴网轴线计算（两相邻柱轴线之间为一跨）；

　　2.（××A）为一端有悬挑，（××B）为两端有悬挑，悬挑不计入跨数。

（2）板带厚、板带宽

板带厚注写为$h=\times\times\times$，板带宽注写为$b=\times\times\times$。

（3）贯通纵筋

贯通纵筋按板带下部和板带上部分别注写，并以B代表下部，T代表上部，B&T代表下部与上部。

【实例4-6】　有一板带注写为：

ZSB3（5A）　　　$h=300$　　$b=3000$

B⏀16@100；　　　T⏀18@200

【解析】

表示3号柱上板带，有5跨且一端有悬挑；板带厚300mm，宽3000mm；板带配置的贯通纵筋下部为⏀16@100，上部为⏀18@200。

特别提示

相邻等跨板带的上部贯通钢筋应在跨中1/3净跨长范围内连接，当同向连续板带的上部贯通纵筋配置不同时，应将配置较大者越过其标注的跨数点或起点伸至相邻跨的跨中连接区域。

（4）当局部区域的板面标高与整体不同时，应在无梁楼盖的板平法施工图上注明板面标高高差及分布范围。

2. 板带支座原位标注

板带支座原位标注的内容为：板带支座上部非贯通纵筋。

以一段与板带同向的中粗实线段代表板带支座上部非贯通纵筋；对柱上板带，实线段贯穿柱上区域绘制；对跨中板带，实线段横贯柱网轴线绘制。在线段上注写钢筋编号和配筋值，在线段的下方注写自支座中线向两侧跨内的伸出长度。当板带支座非贯通纵筋自支座中线向两侧对称伸出时，其伸出长度可仅在支座一侧标注。

不同部位的板带支座上部非贯通纵筋相同者，可仅在一个部位注写，其余则在代表非贯通纵筋的线段上注写编号。

3. 暗梁的表示方法

施工图中在柱轴线处画中粗虚线表示暗梁。暗梁平面注写包括暗梁集中标注、暗梁支座原位标注两部分内容。

（1）暗梁集中标注

暗梁集中标注包括暗梁编号、暗梁截面尺寸（箍筋外皮宽度×板厚）、暗梁箍筋、暗梁上部通长筋或架立筋四部分内容。暗梁编号按表4-3，其他注写方式同项目4中梁集中标注。

暗梁编号　　　　　　　　　　　　　　　　　　　表4-3

构件类型	代号	序号	跨数及有无悬挑
暗梁	AL	××	(××)、(××A)或(××B)

注：1. 跨数按轴网轴线计算（两相邻轴线之间为一跨）；
　　2. (××A) 为一端有悬挑，(××B) 为两端有悬挑，悬挑不计入跨数。

（2）暗梁支座原位标注

暗梁支座原位标注包括梁支座上部纵筋、梁下部纵筋。注写方式同"项目3　中梁支座原位标注"。

 特别提示

当设置暗梁时，柱上板带标注的配筋仅设置在暗梁之外的柱上板带范围内。

 子任务3　楼板相关构造制图规则

楼板相关构造的平法施工图，是在板平法施工图上采用直接引注方式表达。楼板相关构造编号按表4-4的规定。

楼板相关构造类型与编号　　　　　　　　　　　　　表4-4

构造类型	代号	序号	说明
纵筋加强带	JQD	××	以单向加强纵筋取代原位置配筋
后浇带	HJD	××	有不同的留筋方式
柱帽	ZMx	××	适用于无梁楼盖
局部升降板	SJB	××	板厚及配筋与所在板相同；构造升降高度≤300

总说明

柱

梁

板

剪力墙

楼梯

独立基础

条形基础

筏形基础

桩基础

总说明

柱

梁

板

剪力墙

楼梯

独立基础

条形基础

筏形基础

桩基础

续表

构造类型	代号	序号	说明
板加腋	JY	××	腋高与腋宽可选注
板开洞	BD	××	最大边长或直径＜1m；加强筋长度有全跨贯通和自洞边锚固两种
板翻边	FB	××	翻边高度≤300mm
角部加强筋	Crs	××	以上部双向非贯通加强钢筋取代原位置的非贯通配筋
悬挑板阴角放射筋	Cis	××	板悬挑阴角上部斜向附加钢筋
悬挑板阳角放射筋	Ces	××	板悬挑阳角上部放射筋
抗冲切箍筋	Rh	××	通常用于无柱帽无梁楼盖的柱顶
抗冲切弯起筋	Rb	××	通常用于无柱帽无梁楼盖的柱顶

1. 纵筋加强带 JQD 的引注

纵筋加强带的平面形状及定位由平面布置图表达，加强带内部配置的加强贯通纵筋等由引注内容表达。纵筋加强带设单向加强贯通纵筋，取代其所在位置板中原配置的同向贯通纵筋。纵筋加强带 JQD 引注如图 4-3 所示。

当将纵筋加强带设置为暗梁形式时应注写箍筋，其引注如图 4-4 所示。

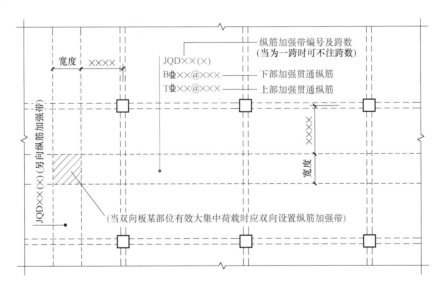

图 4-3　纵筋加强带 JQD 引注图示

2. 后浇带 HJD 的引注

（1）后浇带的平面形状及定位由平面布置图表达，后浇混凝土的强度等级、后浇带留筋方式（贯通或 100％ 搭接）等由引注内容表达。后浇带 HJD 引注如图 4-5 所示。

（2）贯通钢筋的后浇带宽度通常≥800mm；100％ 搭接钢筋的后浇带宽度通常取 800mm 与（$l_l + 60$ 或 $l_{lE} + 60$）的较大者。

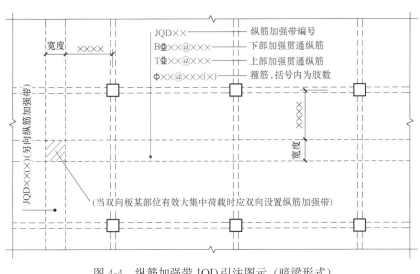

图 4-4　纵筋加强带 JQD 引注图示（暗梁形式）

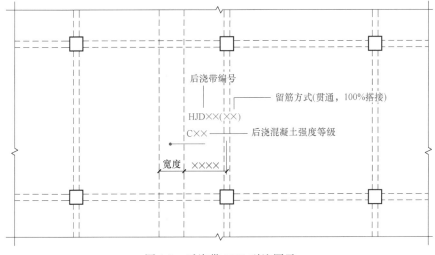

图 4-5　后浇带 HJD 引注图示

3. 局部升降板 SJB 的引注

（1）局部升降板的平面形状及定位由平面布置图表达，其他内容由引注内容表达，如图 4-6 所示。

（2）局部升降板的板厚、壁厚和配筋，在标准构造详图中取与所在板块的板厚和配筋相同，设计不注。

（3）局部升降板升高与降低的高度，在标准构造详图中限定为≤300mm。

4. 板开洞 BD 的引注

（1）板开洞的平面形状及定位由平面布置图表达，洞的几何尺寸等由引注内容表达，如图 4-7 所示。

（2）当矩形洞口边长或圆形洞口直径≤1000mm，且当洞边无集中荷载时，洞边补强钢筋可按标准构造的规定设置，设计不注；当洞口周边加强钢筋不伸至支座时，应在图中

总说明

柱

梁

板

剪力墙

楼梯

独立基础

条形基础

筏形基础

桩基础

总说明

柱

梁

板

剪力墙

楼梯

独立基础

条形基础

筏形基础

桩基础

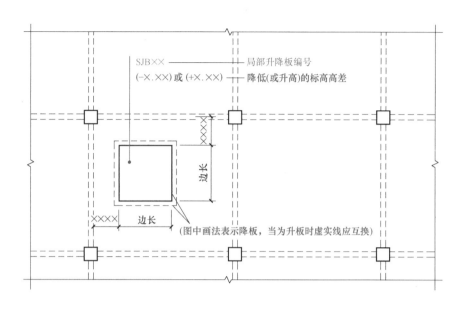

图 4-6　局部升降板 SJB 引注图示

画出所有加强钢筋，并标注不伸至支座的钢筋长度。

（3）当矩形洞口边长或圆形洞口直径＞1000mm，或虽≤1000mm 但洞边有集中荷载作用时，设计应根据具体情况采取相应的处理措施。

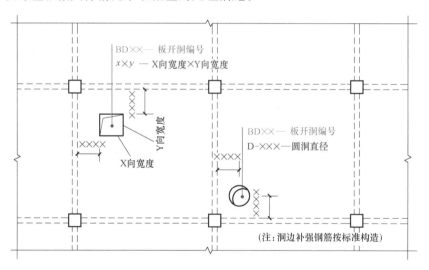

图 4-7　板开洞 BD 引注图示

5. 板翻边 FB 的引注

板翻边可为上翻也可为下翻，翻边尺寸等在引注内容中表达，如图 4-8 所示。翻边高度在标准构造详图中为≤300mm；当翻边高度＞300mm 时，由设计者自行处理。

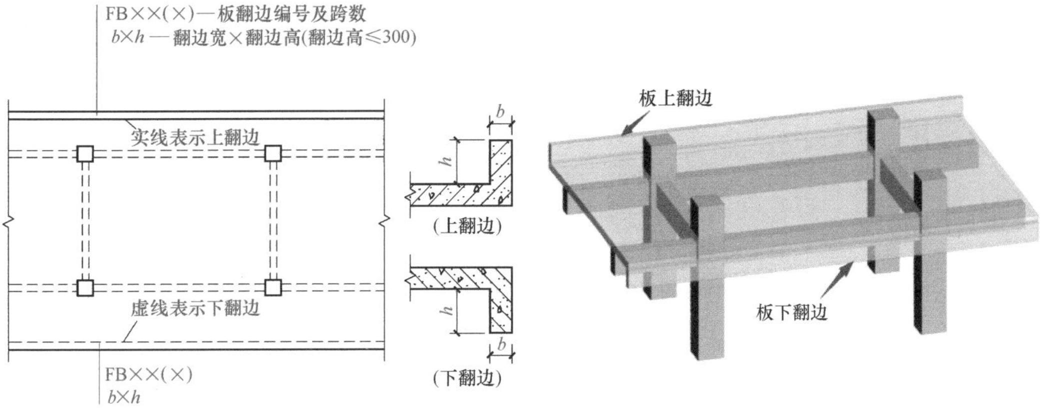

FB××(×)—板翻边编号及跨数
b×h—翻边宽×翻边高(翻边高≤300)

实线表示上翻边

板上翻边

(上翻边)

板下翻边

虚线表示下翻边

(下翻边)

FB××(×)
b×h

图4-8　板翻边 FB 引注图示

总说明 柱 梁 板 剪力墙 楼梯 独立基础 条形基础 筏形基础 桩基础

任务2　有梁楼盖楼（屋）面板标准构造详图识读

4-4　微课
板在端部
支座的锚固
构造

子任务1　板在端部支座的锚固构造

有梁楼盖楼（屋）面板的端部有梁、剪力墙等支承情况，其在端部支座的锚固构造见表4-5。

板在端部支座的锚固构造　表4-5

适用情况		构造详图	构造要点
端支座为梁	普通楼（屋）面板	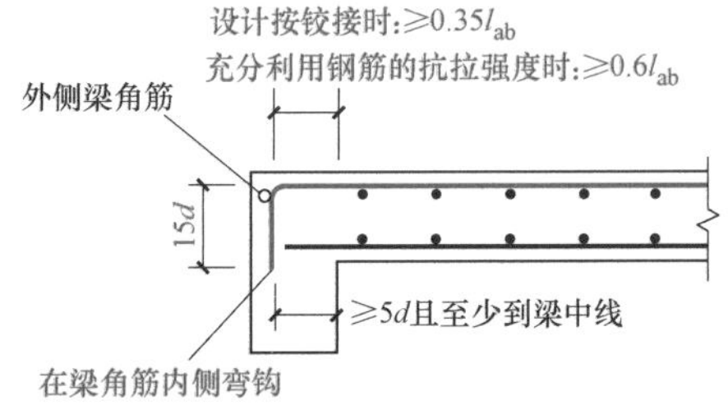 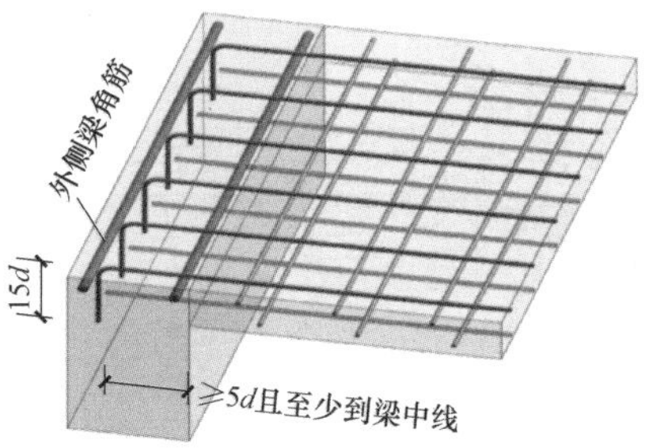 设计按铰接时：≥0.35l_{ab} 充分利用钢筋的抗拉强度时：≥0.6l_{ab} 外侧梁角筋 15d ≥5d且至少到梁中线 在梁角筋内侧弯钩 外侧梁角筋 15d ≥5d且至少到梁中线	1. 板上部纵筋伸至梁支座外侧纵筋内侧后再向下弯折15d，当平直段长度≥l_a时可不弯。 　2. 板下部纵筋伸入端支座≥5d且至少伸到支座中线。 　3. 图中"设计按铰接时""充分利用钢筋的抗拉强度时"由设计指定

续表

适用情况		构造详图	构造要点
端支座为梁	梁板式转换层的楼面板	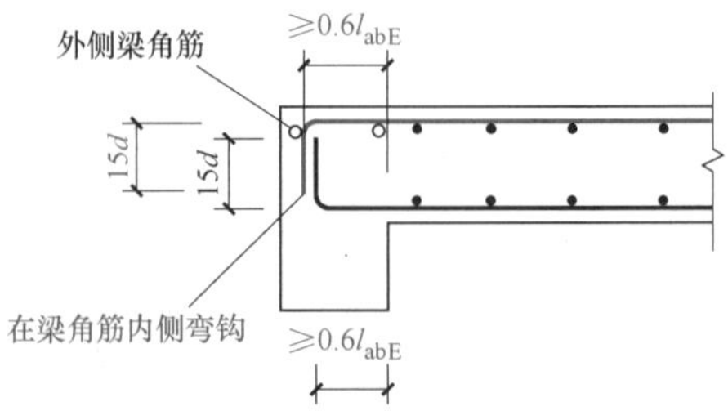 外侧梁角筋　≥0.6l_{abE} 15d　15d 在梁角筋内侧弯钩 ≥0.6l_{abE} 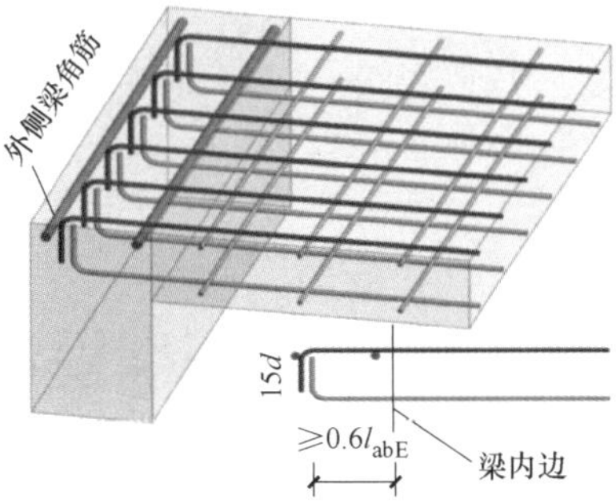 外侧梁角筋 15d　≥0.6l_{abE}　梁内边	1. 板中纵筋应伸至梁支座外侧纵筋内侧后弯折15d,当平直段长度≥l_{aE}时可不弯。 2. 梁板式转换层的板中l_{aE}、l_{abE}按抗震等级四级取值,设计也可根据实际工程情况另行指定
端支座为剪力墙中间层		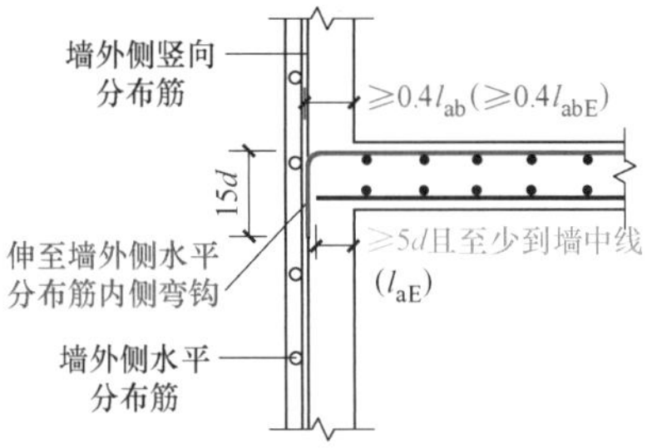 墙外侧竖向分布筋　≥0.4l_{ab}(≥0.4l_{abE}) 15d 伸至墙外侧水平分布筋内侧弯钩　≥5d且至少到墙中线(l_{aE}) 墙外侧水平分布筋 当板下部纵筋直锚长度不足时,可按下图弯锚。 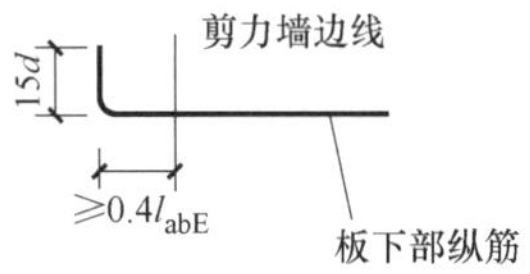 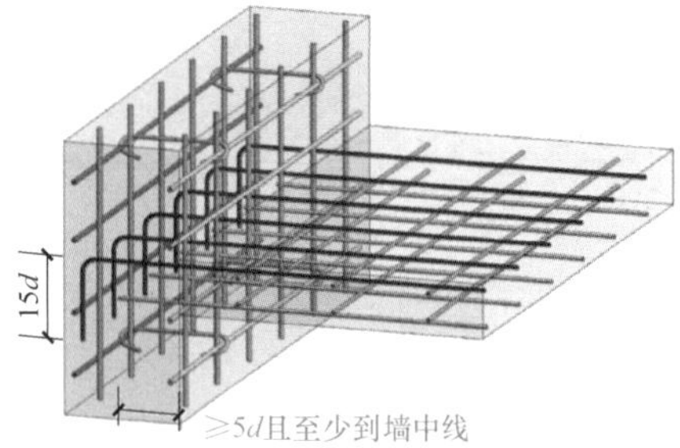 剪力墙边线 15d ≥0.4l_{abE}　板下部纵筋 15d　≥5d且至少到墙中线	1. 括号内的数值用于梁板式转换层的板。 2. 板上部纵筋伸至墙外侧水平分布筋内侧后再向下弯折15d,当平直段长度≥l_a(或l_{aE})时可不弯。 3. 板下部纵筋伸入端支座≥5d,且至少伸到墙中线

续表

适用情况	构造详图	构造要点
端支座为剪力墙墙顶 端支座锚固连接	伸至墙外侧水平分布筋内侧弯钩　设计按铰接时：≥0.35l_{ab}　充分利用钢筋的抗拉强度时：≥0.6l_{ab} 15d ≥5d且至少到墙中线 墙外侧水平分布筋 15d ≥5d且至少到墙中线	同端支座为梁的普通楼（屋）面板
端支座搭接连接	15d l_l ≥5d且至少到墙中线 断点位置低于板底 墙外侧水平分布筋 15d l_l ≥5d且至少到墙中线	1. 剪力墙外侧竖向分布钢筋在端支座应伸至板顶后弯折15d。 2. 板上部纵筋伸至墙外侧水平分布筋内侧后再向下弯折，与墙外侧竖向分布筋搭接长度≥l_l，且伸至低于板底后截断。 3. 板下部纵筋伸入端支座≥5d，且至少伸到墙中线。 4. 板端支座为剪力墙顶时，做法由设计指定

子任务 2　楼（屋）面板中间支座钢筋构造

板的中间支座均按梁绘制，如图 4-9 所示，当为剪力墙时，其钢筋构造相同。

1. 板下部纵筋

（1）与支座垂直的贯通纵筋，伸入支座 5d 且至少伸至支座中线；与支座平行的贯通纵筋，第一根钢筋距支座边 1/2 板筋间距开始布置。

（2）除搭接连接外，板下部纵筋可采用机械连接或焊接连接，且同一连接区段内钢筋

总说明

柱

梁

板

剪力墙

楼梯

独立基础

条形基础

筏形基础

桩基础

总说明

柱

梁

板

剪力墙

楼梯

独立基础

条形基础

筏形基础

桩基础

接头百分率不宜大于50%。下部接头宜在距支座1/4净跨内。

2. 板上部贯通纵筋

4-5　模型

支座钢筋
构造

（1）与支座垂直的贯通纵筋，应贯通中间支座；如图4-9所示，与支座平行的贯通纵筋，第一根钢筋距支座边1/2板筋间距开始布置。

（2）除搭接连接外，板上部贯通纵筋可采用机械连接或焊接连接，且同一连接区段内钢筋接头百分率不宜大于50%。如图4-9所示，上部接头宜在板跨中1/2净跨内。

（3）当相邻两跨的上部贯通纵筋配置不同时，应将配置较大者伸至相邻跨的跨中连接区域连接。

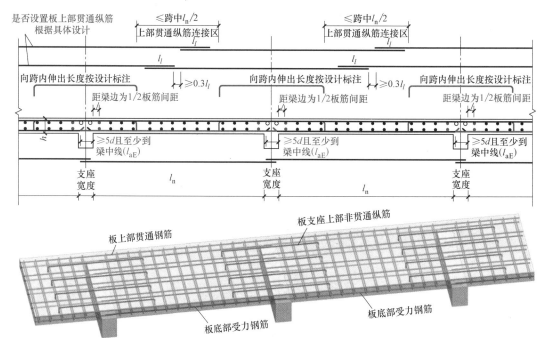

图4-9　有梁楼盖楼面板LB和屋面板WB中间支座钢筋构造

（括号内的锚固长度 l_{aE} 用于梁板式转换层的板）

特别提示

楼面板和屋面板中，无论是受力筋还是构造钢筋（分布筋），在梁或墙宽度范围内不布置与梁或墙平行的钢筋。

3. 板支座上部非贯通纵筋

与支座垂直的非贯通纵筋，向跨内延伸长度详见具体设计。

子任务3　悬挑板钢筋构造

悬挑板钢筋构造见表4-6。

悬挑板 XB 钢筋构造 表 4-6

适用情况	构造详图	构造要点
纯悬挑板	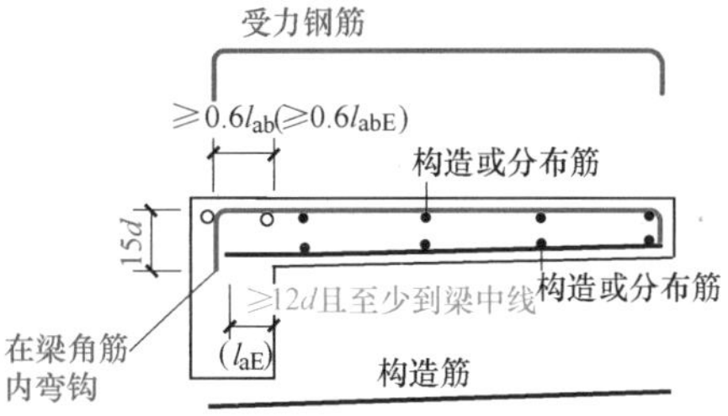 受力钢筋 ≥0.6l_{ab}(≥0.6l_{abE}) 构造或分布筋 15d 构造或分布筋 ≥12d且至少到梁中线 (l_{aE}) 在梁角筋内弯钩 构造筋 （上、下部均配筋） 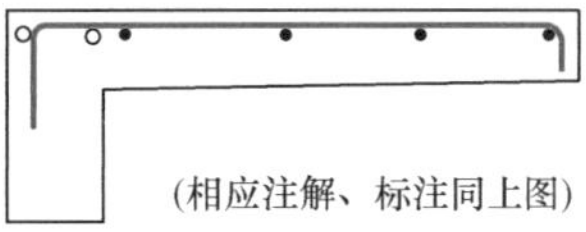 （相应注解、标注同上图） （仅上部配筋）	1. 垂直于支座梁的上部纵筋伸至支座梁角筋内侧，然后向下弯折15d，且伸入支座内的水平段长度≥0.6l_{ab}（或l_{abE}）。 2. 下部纵筋在支座内的锚固长度为12d，且至少到梁中线。 3. 平行于支座梁的悬挑板构造或分布钢筋，自距梁边1/2板筋间距处开始设置。 4. 括号中数值用于需考虑竖向地震作用时（由设计明确）
一般延伸悬挑板	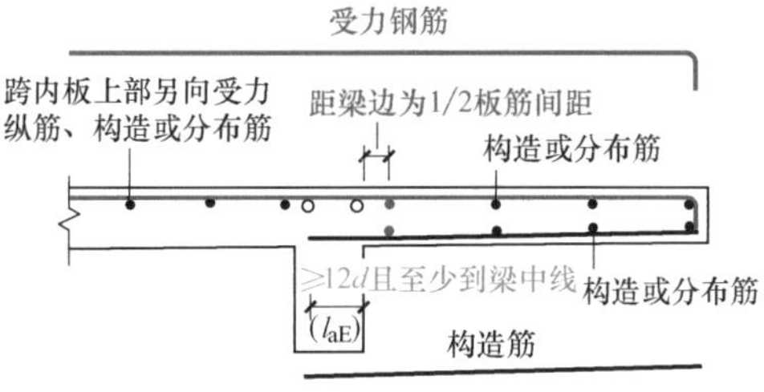 受力钢筋 跨内板上部另向受力纵筋、构造或分布筋 距梁边为1/2板筋间距 构造或分布筋 ≥12d且至少到梁中线 构造或分布筋 (l_{aE}) 构造筋 （上、下部均配筋） 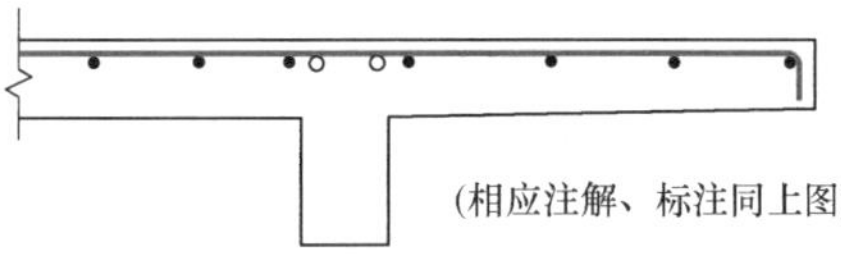 （相应注解、标注同上图） （仅上部配筋）	1. 垂直于支座的上部纵筋，与相邻跨同向的纵筋贯通，另一端伸至悬挑板的末端，并弯折到悬挑板底。 2. 其余构造同纯悬挑板
延伸悬挑板部分标高下降的悬挑板	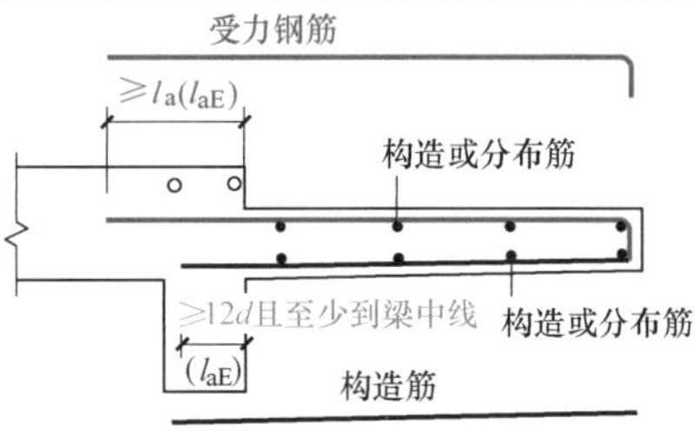 受力钢筋 ≥l_a(l_{aE}) 构造或分布筋 ≥12d且至少到梁中线 构造或分布筋 (l_{aE}) 构造筋 （上、下部均配筋） 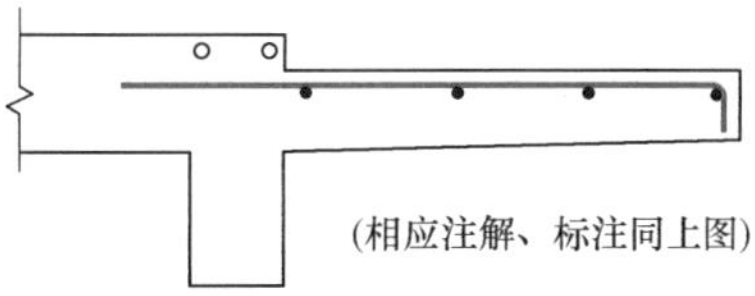 （仅上部配筋）	1. 垂直于支座梁的上部纵筋伸至支座梁内直锚，支座内的锚固长度≥l_a（或l_{aE}）。 2. 其余构造同纯悬挑板

总说明

柱

梁

板

剪力墙

楼梯

独立基础

条形基础

筏形基础

桩基础

子任务4　板中其他钢筋构造

1. 有梁楼盖不等跨板上部贯通纵筋连接构造

有梁楼盖不等跨板上部贯通纵筋连接构造如图4-10所示，图中 l'_{nX} 是轴线 A 左右两跨的较大净跨度值，l'_{nY} 是轴线 C 左右两跨的较大净跨度值。

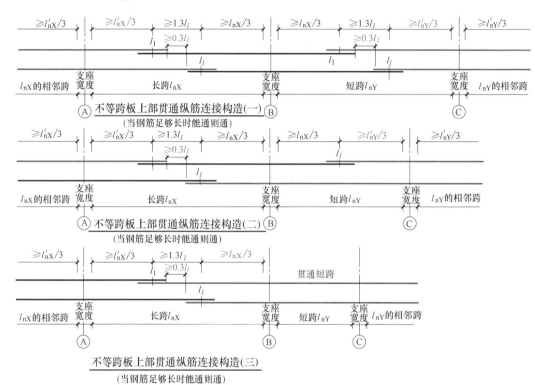

图 4-10　有梁楼盖不等跨板上部贯通纵筋连接构造

2. 折板配筋构造

折线型板在曲折处将形成内折角，如图4-11所示，应将板内折角处的受力钢筋分开设置，并分别满足钢筋的锚固要求。

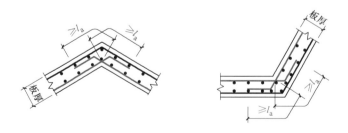

图 4-11　折板配筋构造（一）

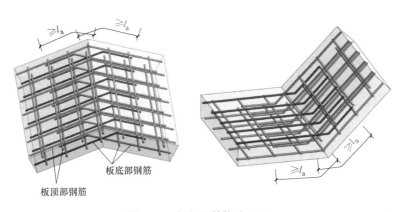

图 4-11 折板配筋构造（二）

3. 无支承板端部封边构造

当板厚≥150mm 时，应对无支承板端部采取封边构造措施，如图 4-12 所示。

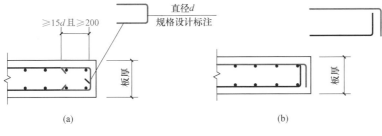

图 4-12 无支承板端部封边构造（当板厚≥150mm 时）

4. 板翻边构造

板的翻边构造，如图 4-13 所示。

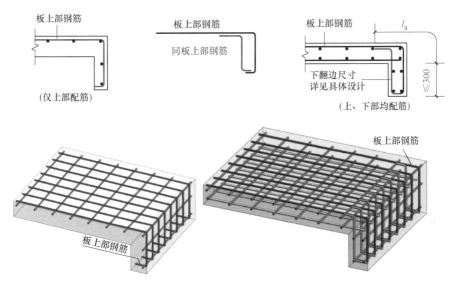

图 4-13 板翻边构造（一）

总说明

柱

梁

板

剪力墙

楼梯

独立基础

条形基础

筏形基础

桩基础

总说明

柱

梁

板

剪力墙

楼梯

独立基础

条形基础

筏形基础

桩基础

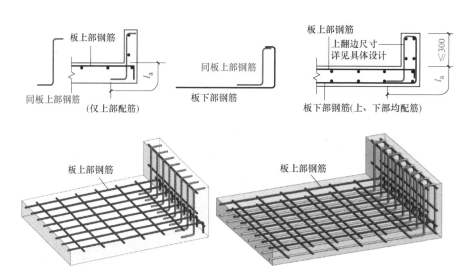

图 4-13　板翻边构造（二）

5. 板开洞构造

根据洞口尺寸大小的不同，采取不同的加强钢筋构造，详见表 4-7。

板开洞构造　　　　　　　　　　　　　　　　　　　　　　　　　表 4-7

适用情况	构造详图	构造要点
洞口边长或直径不大于 300mm	板中开洞 梁边或墙边开洞 梁或墙	受力钢筋绕过洞口，不另设补强钢筋

续表

适用情况	构造详图	构造要点
洞口边长或直径不大于300mm	梁交角或墙角开洞 梁或墙 梁或墙 洞边被切断钢筋端部构造 遇洞口被切断的上部钢筋 遇洞口被切断的下部钢筋 补加一根分布筋伸出洞边150 5d 板下部钢筋(洞口位置未设置上部钢筋)	受力钢筋绕过洞口，不另设补强钢筋
洞口边长或直径大于300mm但不大于1000mm	板中开洞 X向补强纵筋 $300 < x \leqslant 1000$ $300 < y \leqslant 1000$ y x X向补强纵筋 Y向补强纵筋 X向补强纵筋 环向补强钢筋搭接$1.2l_a$ $300 < D \leqslant 1000$ X向补强纵筋 Y向补强纵筋 梁边或墙边开洞 Y向补强纵筋 X向补强纵筋 $300 < x \leqslant 1000$ $300 < y \leqslant 1000$ y x X向补强纵筋 梁或墙 Y向补强纵筋 X向补强纵筋 环向补强钢筋搭接$1.2l_a$ $300 < D \leqslant 1000$ X向补强纵筋 梁或墙	1. 洞边增设补强钢筋，规格、数量与强度按设计标注。 2. 当设计未注明补强筋时，X向和Y向分别按每边配置两根直径不小于12mm且不小于洞边被截断纵筋总面积的50%补强

总说明

柱

梁

板

剪力墙

楼梯

独立基础

条形基础

筏形基础

桩基础

99

续表

适用情况	构造详图		构造要点
洞口边长或直径大于300mm但不大于1000mm	洞板边被切断钢筋端部构造	按补强钢筋增设一根(矩形洞口) 环向补强钢筋(圆形洞口) 5d 补强钢筋 板下部钢筋(洞口位置未设置上部钢筋) 洞边补强钢筋由遇洞口被切断的板下部钢筋的弯钩固定 遇洞口被切断的上部钢筋 其弯钩固定洞边补强钢筋 补强钢筋 遇洞口被切断的下部钢筋 其弯钩固定洞边补强钢筋 补强钢筋	1. 补强钢筋与被切断钢筋布置在同一层面,两根补强钢筋之间的净距为30mm。 2. 环向上下各配置一根直径不小于10mm的钢筋补强。补强钢筋的强度设计等级与被切断钢筋相同。 3. X向、Y向补强钢筋纵筋伸入支座的锚固方式同板中钢筋

6. 当板跨较大、板厚较厚,没有配置板顶受力筋时,为防止板顶混凝土受温度变化影响而开裂,在板顶设置温度构造筋,两端与支座负筋连接。

7. 受教材篇幅所限,板加腋、局部升降板、悬挑板阴角附加钢筋、悬挑板阳角附加钢筋、角部加强筋构造、后浇带构造等,参见 16G101-1 图集相关内容。

4-7	模型
洞板边 被切断钢筋 端部构造	

任务3　板平法施工图识读技能训练

1. 板平法施工图识图知识体系

板的平法施工图识图知识体系,如图 4-14 所示。

2. 板平法施工图钢筋构造体系

板的平法施工图钢筋构造体系,如图 4-15 所示。

3. 板平法施工图识读步骤

板平法施工图识读步骤如下:

(1) 查看图名、比例;

(2) 校核轴线编号及其间距尺寸,要求必须与建筑图、梁平法施工图保持一致;

总说明

柱

梁

板

剪力墙

楼梯

独立基础

条形基础

筏形基础

桩基础

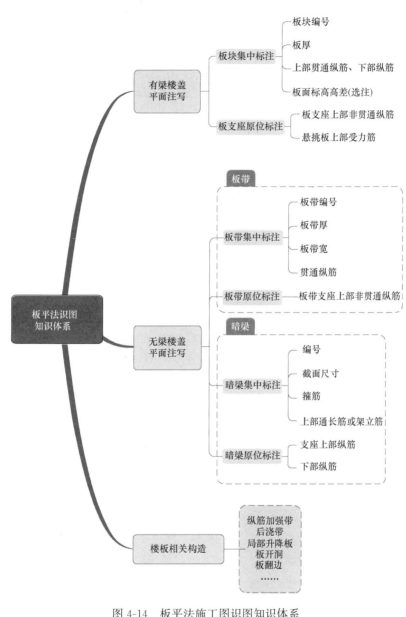

图 4-14　板平法施工图识图知识体系

（3）阅读结构设计总说明或图纸说明，明确板的混凝土强度等级、钢筋强度等级及其他要求；

（4）明确现浇板的厚度和板顶标高，校核板顶标高是否满足建筑功能要求；

（5）明确现浇板的配筋情况，并参阅设计说明，了解未标注的分布钢筋情况等；

（6）图纸说明中其他有关的要求。

此外，还应注意分清板中纵横方向钢筋之间的位置关系。对于四边支承的混凝土矩形板，板底部钢筋一般是短边方向钢筋在下，长边方向钢筋在上，而顶部钢筋正好相反。

总
说
明

柱

梁

板

剪
力
墙

楼
梯

独
立
基
础

条
形
基
础

筏
形
基
础

桩
基
础

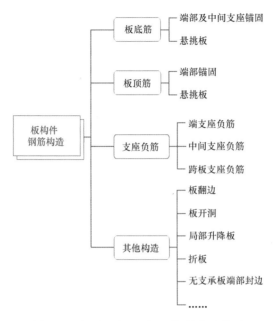

图 4-15　板平法施工图识图钢筋构造体系

4. 识图案例

【实例 4-7】　识读图 4-16 中板的设置信息，并读取 23.070m 标高处③～④轴线与Ⓐ～Ⓑ轴线间板块信息。

【案例解析】

由图 4-16 可以看出，该楼盖共有 8 块 LB1、2 块 LB2、4 块 LB3、3 块 LB4 和 5 块 LB5。

③～④轴线与Ⓐ～Ⓑ轴线间板块为 LB5，板顶标高 23.070m，板厚 150mm。

板底筋：X 向为Φ10@135，Y 向为Φ10@110。

左支座负筋为②号筋Φ10@110，支座两边伸出长度均为 1800mm；右支座负筋为③号筋Φ12@120，支座两边伸出长度均为 1800mm；上支座负筋为⑨号筋Φ10@100，向板内伸出长度为 1800mm；下支座负筋为⑥号筋Φ10@100，向板内伸出长度为 1800mm。

【实例 4-8】　某钢筋混凝土楼盖，采用 C30 混凝土，梁内纵向受力筋直径均为 22mm，梁箍筋保护层厚 20mm，板保护层厚 15mm，板受力筋锚固长度取 35d，楼盖配筋图如图 4-17 所示，未标明分布筋为Φ8@250mm。

试分别计算图中①号筋和②号筋长度。

【案例解析】

(1) 板受力筋锚固长度 $l_a = 35d = 35 \times 10 = 350$mm

(2) 梁纵筋保护层厚度 $= 20 + 10 = 30$mm

(3) ①号筋长度计算

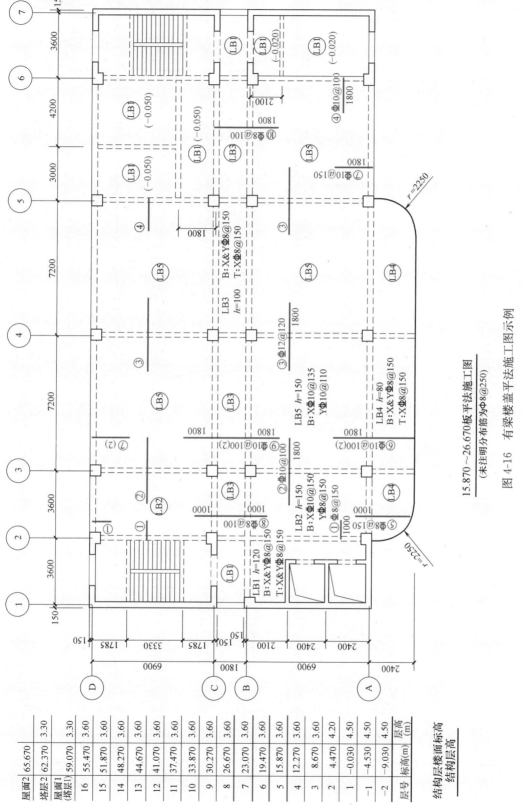

15.870~26.670板平法施工图
(未注明分布筋为Φ8@250)

图4-16 有梁楼盖平法施工图示例

	结构层楼面标高 结构层高	层号	标高(m)	层高(m)
屋面2	65.670			3.30
塔层2	62.370			3.30
屋面1 (塔层1)	59.070	16	55.470	3.60
	51.870	15		3.60
	48.270	14		3.60
	44.670	13		3.60
	41.070	12		3.60
	37.470	11		3.60
	33.870	10		3.60
	30.270	9		3.60
	26.670	8		3.60
	23.070	7		3.60
	19.470	6		3.60
	15.870	5		3.60
	12.270	4		3.60
	8.670	3		3.60
	4.470	2		4.20
	−0.030	1		4.50
	−4.530	−1		4.50
	−9.030	−2		4.50

总说明

柱

梁

板

剪力墙

楼梯

独立基础

条形基础

筏形基础

桩基础

总说明

柱

梁

板

剪力墙

楼梯

独立基础

条形基础

筏形基础

桩基础

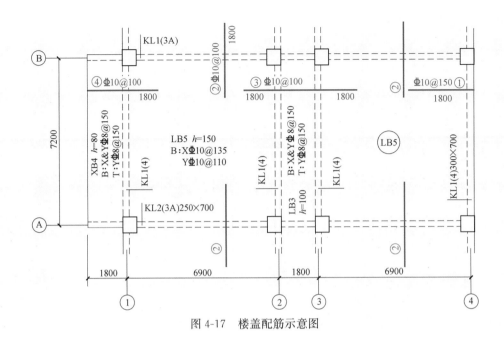

图 4-17　楼盖配筋示意图

①号筋在梁内平直段锚固长度＝300－30－22＝248mm＜l_a＝350mm，故需在梁内弯锚。

梁内弯折段长度取 $15d$＝15×10＝150mm

板内弯折段长度＝h－2c＝150－2×15＝120mm

直线段长度＝1800＋（248－150）＝1898mm

①号筋总长度＝1898＋150＋120＝2168mm

（4）②号筋长度计算

板内两端弯折段长度＝h－2c＝150－2×15＝120mm

②号筋总长度＝2×1800＋2×120＝3840mm

05

项目5

剪力墙平法施工图识读

【学习目标】

知识目标

1. 掌握剪力墙平法施工图的制图规则；

2. 熟悉剪力墙构件标准构造详图中纵向分布钢筋在基础内的锚固、剪力墙顶的锚固、搭接长度等构造要求，边缘构件及水平分布筋、拉结筋构造要求。

能力目标

1. 能够正确运用 16G101-1 图集中剪力墙平法施工图制图规则，准确读取剪力墙平法施工图中剪力墙柱、剪力墙梁、剪力墙身的位置、截面尺寸及配筋等信息；

2. 能够根据剪力墙平法施工图，在准确识读剪力墙信息的基础上，绘制指定剪力墙构件的断面配筋图；

3. 能够根据剪力墙构造详图描述剪力墙中钢筋的配置，准确计算剪力墙纵向钢筋在基础内的锚固长度、剪力墙顶锚固长度、搭接长度，在此基础上正确绘制剪力墙节点详图。

素质目标

1. 培养学生的规范意识和法律观念；

2. 培养学生严格按照制图规则绘制施工图的意识；

3. 培养学生科学严谨的态度；

4. 培养学生空间思维能力。

总说明

柱

梁

板

剪力墙

楼梯

独立基础

条形基础

筏形基础

桩基础

课程思政要点

思政元素	思政切入点	思政目标
1. 文化自信 2. 个人价值 3. 团队合作 4. 奉献精神	1. 介绍剪力的概念及名字的由来,突出中国汉字之美,引发学生对中国文化的自豪感。 2. 剪力墙由墙身、墙柱和墙梁构成,不同构件分工合作、各司其职。映射在做一件事情时,团队每个人扮演的角色不同,所起到的作用也各不相同,但都可以在不同方面实现奉献社会的目的。 3. 剪力墙中的暗梁、暗柱,是无名英雄,对结构的安全起着不可替代的作用。映射"两弹一星"元勋为了祖国,隐姓埋名,是真正的国家英雄。	1. 提升学生的文化自信。 2. 培养学生团队合作、发挥所长的意识。 3. 培养学生干一行爱一行,乐于奉献的精神。 4. 引导学生正确处理个人价值和社会价值的关系。

任务1　剪力墙平法制图规则认知

剪力墙是固结于基础的钢筋混凝土墙片,具有很高的抗侧移能力,能够抵抗水平作用引起的建筑结构破坏和变形。特别是在抗震地区,在建筑中设置剪力墙构件,能够大大提高结构的抗震能力,因此,在抗震结构中剪力墙又称为抗震墙。

剪力墙平法施工图是在剪力墙平面布置图上,采用列表注写方式或截面注写方式来表达剪力墙柱、剪力墙身和剪力墙梁的标高、偏心、截面尺寸和配筋等情况。实际工程中常采用列表注写方式。剪力墙平面布置图可采用适当比例单独绘制,也可与柱或梁平面布置图合并绘制。

子任务1　剪力墙构件的组成

剪力墙根据配筋形式,可视为由剪力墙柱、剪力墙身和剪力墙梁(简称为墙柱、墙身、墙梁)三类构件组成。

5-1　微课

剪力墙
构件的组成

1. 剪力墙柱

《建筑抗震设计规范(2016年版)》GB 50011—2010规定,剪力墙墙肢两端和洞口两侧应设置边缘构件,即剪力墙柱。

剪力墙柱分为约束边缘构件、构造边缘构件、非边缘暗柱、扶壁柱四种类型。约束边缘构件是指用箍筋约束的暗柱、端柱和翼墙,其特点是约束范围大、箍筋较多、对混凝土的约束较强;而构造边缘构件的箍筋数量和约束范围都小于约束边缘构件,对混凝土的约束程度较弱。边缘构件的截面示意图参见表5-1。

根据抗震等级的不同,剪力墙边缘构件应按规定设计为约束边缘构件和构造边缘构件。一、二级抗震设计的剪力墙底部加强部位及其上一层的抗震墙肢端部应设置约束边缘构件;一、二级抗震设计的剪力墙其他部位以及三、四级设计和非抗震设计的剪力墙墙肢端部均应设置构造边缘构件。

剪力边缘构件

表 5-1

边缘构件类型	截面示意图	构造说明
构造边缘构件	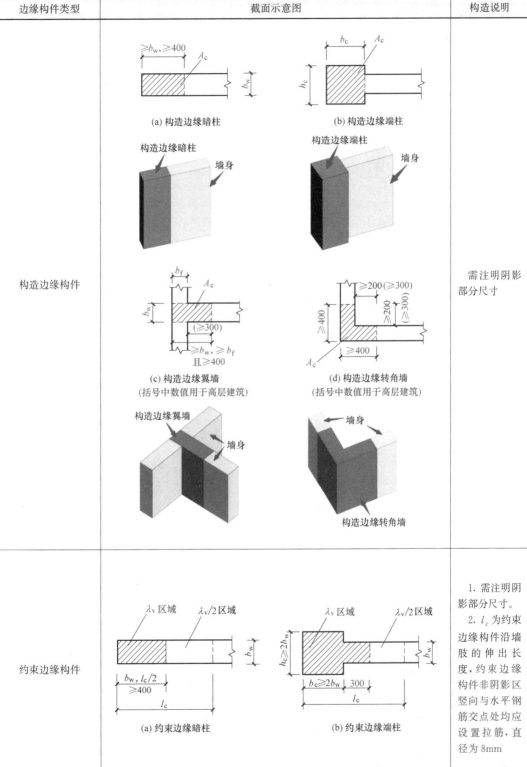	需注明阴影部分尺寸
约束边缘构件		1. 需注明阴影部分尺寸。 2. l_c 为约束边缘构件沿墙肢的伸出长度,约束边缘构件非阴影区竖向与水平钢筋交点处均应设置拉筋,直径为8mm

左侧边栏：总说明　柱　梁　板　剪力墙　楼梯　独立基础　条形基础　筏形基础　桩基础

续表

边缘构件类型	截面示意图	构造说明
约束边缘构件	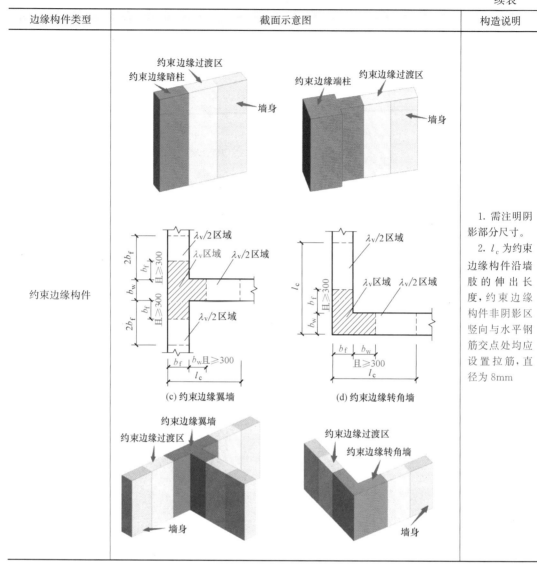	1. 需注明阴影部分尺寸。 2. l_c 为约束边缘构件沿墙肢的伸出长度，约束边缘构件非阴影区竖向与水平钢筋交点处均应设置拉筋，直径为 8mm

（c）约束边缘翼墙　　（d）约束边缘转角墙

特别提示

　　约束边缘构件和构造边缘构件统称为剪力墙边缘构件，通过加强和约束墙体提高剪力墙抗震性能。两者的区别在于，约束边缘构件的约束性更强，其配筋要求比构造边缘构件更严格。约束边缘构件除阴影部分（配箍区域）外，在阴影部分与墙身之间还存在一个"虚线区域"（拉筋加密区），在这个"虚线区域"内每个竖向分布钢筋都设置拉筋，而普通墙身的拉筋是按"隔一拉一"或"隔二拉一"设置。

　　墙柱编号由类型代号和序号组成，表达形式应符合表 5-2 的规定。

　　非边缘暗柱是指在剪力墙的非边缘处设置的与墙等宽的墙柱，如图 5-1（a）所示；扶壁柱是指在剪力墙的非边缘处设置的突出墙面的墙柱，如图 5-1（b）所示。

总说明

柱

梁

板

剪力墙

楼梯

独立基础

条形基础

筏形基础

桩基础

	墙柱编号	表 5-2
墙柱类型	代号	序号
约束边缘构件	YBZ	××
构造边缘构件	GBZ	××
非边缘暗柱	AZ	××
扶壁柱	FBZ	××

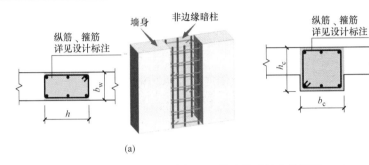

图 5-1　非边缘暗柱和扶壁柱

（a）非边缘暗柱；（b）扶壁柱

2. 剪力墙梁

墙梁有连梁（LL）、暗梁（AL）和边框梁（BKL），截面形状如图 5-2 所示，各种墙梁在剪力墙中的位置如图 5-3 所示。

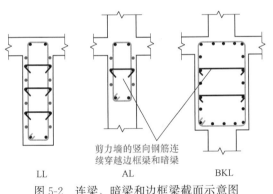

图 5-2　连梁、暗梁和边框梁截面示意图

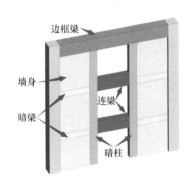

图 5-3　连梁、暗梁和边框梁位置示意图

墙梁编号由类型代号和序号组成，表达形式应符合表 5-3 的规定。

	墙梁编号	表 5-3
墙梁类型	代号	序号
连梁	LL	××
连梁（对角暗撑配筋）	LL(JC)	××
连梁（交叉斜筋配筋）	LL(JX)	××
连梁（集中对角斜筋配筋）	LL(DX)	××
连梁（跨高比不小于5）	LLk	××

续表

墙梁类型	代号	序号
暗梁	AL	××
边框梁	BKL	××

注：跨高比不小于5的连梁按框架梁设计时，代号为LLk。

连梁是由于剪力墙上开洞口而形成的，连梁设置在剪力墙洞口上方，宽度与墙厚相同。

暗梁类似于砖混结构的圈梁，起到加强顶层剪力墙和墙体与顶板连接构造的作用，暗梁设置在剪力墙楼面和屋面位置并嵌入墙内。

边框梁与暗梁本质上属于同类构件，两者不同之处在于边框梁截面宽度大于墙厚，而暗梁截面宽度等于墙厚。边框梁设置在剪力墙楼面和屋面位置且部分凸出墙身。

3. 剪力墙身

墙身编号由墙身代号、序号及墙身所配置的水平与竖向分布钢筋的排数组成，其中排数注写在括号内，表达形式为：Q××（×排）。当墙身所设置的水平与竖向分布钢筋的排数为2时可不注。

> **特别提示**
>
> 当剪力墙配置的分布筋多于两排时，剪力墙拉筋两端应同时钩住外排水平纵筋和竖向纵筋，还应与剪力墙内排水平纵筋和竖向纵筋绑扎在一起。

 子任务2　列表注写方式

5-2 | 微课
剪力墙列表
注写方式

剪力墙列表注写方式，是指分别在剪力墙柱表、剪力墙身表和剪力墙梁表中，对应于剪力墙平面布置图上的编号，用绘制截面配筋图并注写几何尺寸与配筋具体数值的方式，来表达剪力墙平法施工图。如图5-4所示。

在剪力墙平法施工图中，应按规定注明各结构层的楼面标高、结构层高及相应的结构层号，尚应注明上部结构嵌固部位位置。对于轴线未居中的剪力墙（包括端柱），应标注其偏心定位尺寸。

由图5-4可知，列表注写方式剪力墙平法施工图由剪力墙平面布置图、结构楼层表、剪力墙梁表、剪力墙身表、剪力墙柱表几部分组成。

1. 剪力墙构件编号

剪力墙按墙柱、墙身、墙梁分别进行编号。

2. 剪力墙柱表中表达的内容（表5-4）

1）注写墙柱编号。若干墙柱的截面尺寸与配筋均相同，仅截面与轴线的位置关系不同时，可将其编为同一墙柱编号。

2）绘制该墙柱的截面配筋图，标注墙柱几何尺寸（平面图中阴影部分尺寸）。

3）注写各段墙柱的起止标高。

总说明
柱
梁
板
剪力墙
楼梯
独立基础
条形基础
筏形基础
桩基础

剪力墙梁表

编号	所在楼层号	梁顶相对标高高差	梁截面 $b×h$	上部纵筋	下部纵筋	箍筋
LL1	2~9	0.800	300×2000	4Φ25	4Φ25	Φ10@100(2)
	10~16	0.800	250×2000	4Φ22	4Φ22	Φ10@100(2)
	屋面1		250×1200	4Φ20	4Φ20	Φ10@100(2)
LL2	3	-1.200	300×2520	4Φ25	4Φ25	Φ10@150(2)
	4	-0.900	300×2070	4Φ25	4Φ25	Φ10@150(2)
	5~9	-0.900	300×1770	4Φ25	4Φ25	Φ10@150(2)
	10~屋面1	-0.900	250×1770	4Φ22	4Φ22	Φ10@150(2)
LL3	2		300×2070	4Φ25	4Φ25	Φ10@100(2)
	3		300×1770	4Φ25	4Φ25	Φ10@100(2)
	4~9		300×1170	4Φ25	4Φ25	Φ10@100(2)
	10~屋面1		250×1170	4Φ22	4Φ22	Φ10@100(2)
LL4	2		250×2070	4Φ20	4Φ20	Φ10@120(2)
	3		250×1770	4Φ20	4Φ20	Φ10@120(2)
	4~屋面1		250×1170	4Φ20	4Φ20	Φ10@120(2)
AL1	2~9		300×600	3Φ20	3Φ20	Φ8@150(2)
	10~16		250×500	3Φ18	3Φ18	Φ8@150(2)
BKL1	屋面1		500×750	4Φ22	4Φ22	Φ10@150(2)

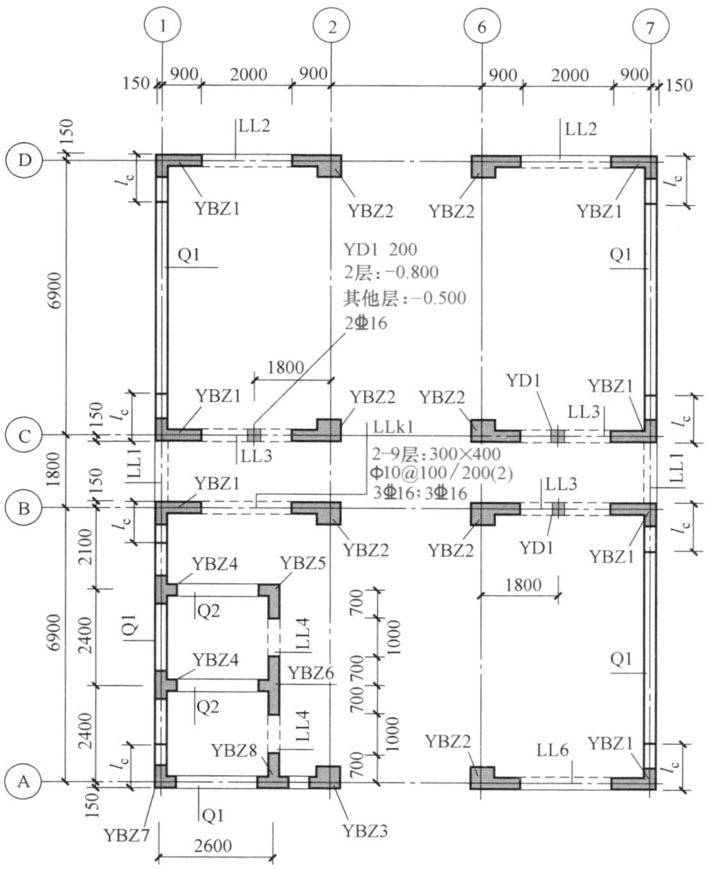

剪力墙身表

编号	标高	墙厚	水平分布筋	垂直分布筋	拉筋(矩形)
Q1	-0.030~30.270	300	Φ12@200	Φ12@200	Φ6@600@600
	30.270~59.070	250	Φ10@200	Φ10@200	Φ6@600@600
Q2	-0.030~30.270	250	Φ10@200	Φ10@200	Φ6@600@600
	30.270~59.070	200	Φ10@200	Φ10@200	Φ6@600@600

-0.030~12.270剪力墙平法施工图

图5-4　剪力墙列表注写方式（一）

结构层楼面标高
结构层高

层号	标高(m)	层高(m)
屋面2	65.670	
塔层2	62.370	3.30
屋面1(塔层1)	59.070	3.30
16	55.470	3.60
15	51.870	3.60
14	48.270	3.60
13	44.670	3.60
12	41.070	3.60
11	37.470	3.60
10	33.870	3.60
9	30.270	3.60
8	26.670	3.60
7	23.070	3.60
6	19.470	3.60
5	15.870	3.60
4	12.270	3.60
3	8.670	3.60
2	4.470	4.20
1	-0.030	4.50
-1	-4.530	4.50
-2	-9.030	4.50

上部结构嵌固部位：-0.030

总说明　柱　梁　板　剪力墙　楼梯　独立基础　条形基础　筏形基础　桩基础

总说明

柱

梁

板

剪力墙

楼梯

独立基础

条形基础

筏形基础

桩基础

剪力墙柱表

截面	YBZ1	YBZ2	YBZ3	YBZ4
编号	YBZ1	YBZ2	YBZ3	YBZ4
标高	$-0.030\sim12.270$	$-0.030\sim12.270$	$-0.030\sim12.270$	$-0.030\sim12.270$
纵筋	24Φ20	22Φ20	18Φ22	20Φ20
箍筋	Φ10@100	Φ10@100	Φ10@100	Φ10@100

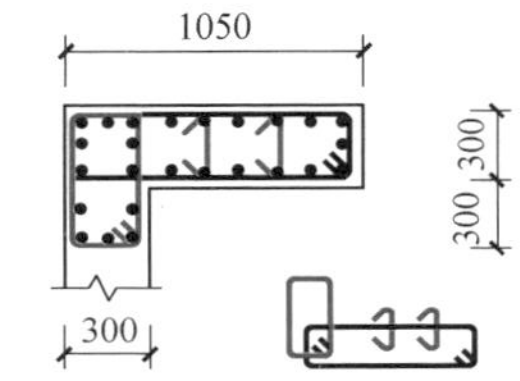

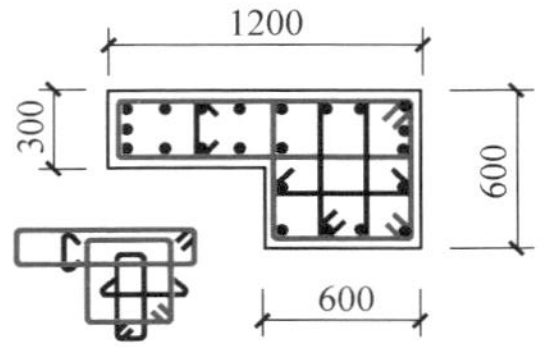

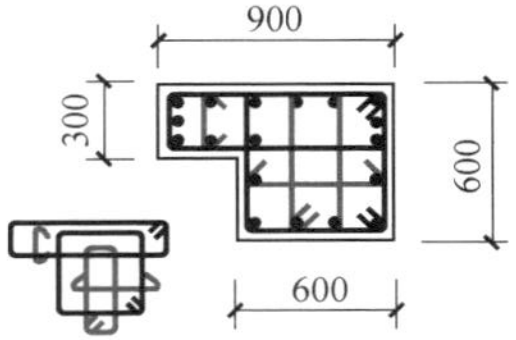

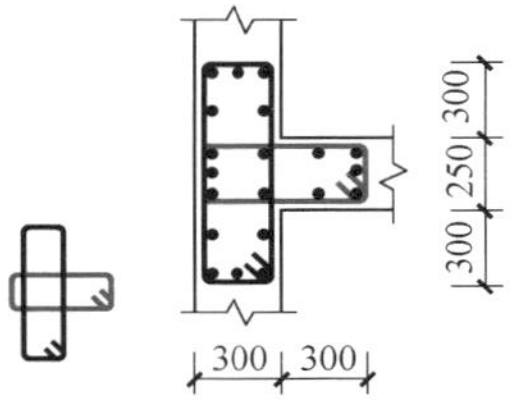

截面	YBZ5	YBZ6	YBZ7
编号	YBZ5	YBZ6	YBZ7
标高	$-0.030\sim12.270$	$-0.030\sim12.270$	$-0.030\sim12.270$
纵筋	20Φ20	28Φ20	16Φ20
箍筋	Φ10@100	Φ10@100	Φ10@100

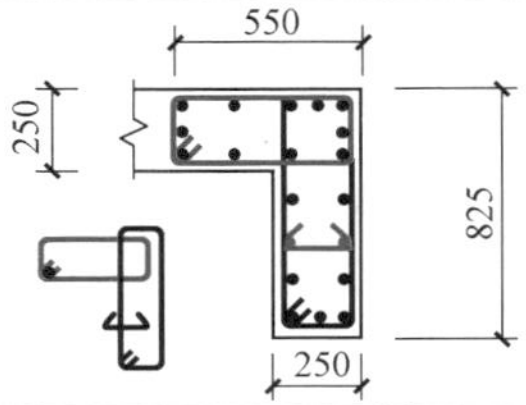

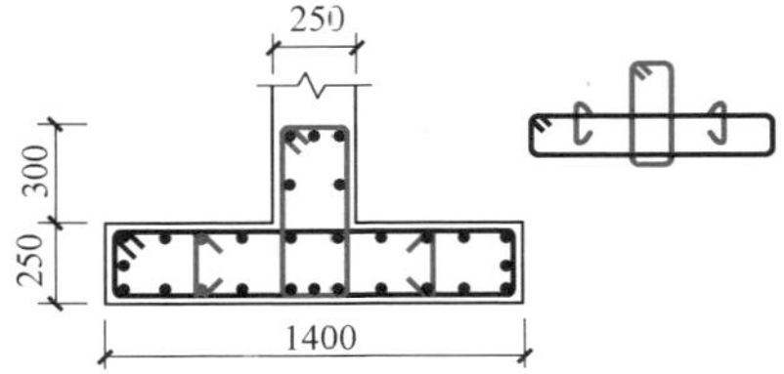

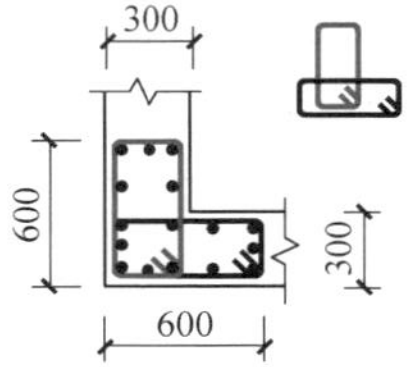

$-0.030\sim12.270$剪力墙平法施工图(部分剪力墙柱表)

图5-4　剪力墙列表注写方式(二)

层号	标高(m)	层高(m)
屋面2	65.670	3.30
塔层2	62.370	3.30
屋面1(塔层1)	59.070	3.60
16	55.470	3.60
15	51.870	3.60
14	48.270	3.60
13	44.670	3.60
12	41.070	3.60
11	37.470	3.60
10	33.870	3.60
9	30.270	3.60
8	26.670	3.60
7	23.070	3.60
6	19.470	3.60
5	15.870	3.60
4	12.270	3.60
3	8.670	3.60
2	4.470	4.20
1	-0.030	4.50
-1	-4.530	4.50
-2	-9.030	4.50
层号	标高(m)	层高(m)

结构层楼面标高
结构层高

上部结构嵌固部位:
-0.030

剪力墙柱表示例   表 5-4

截面	
编号	YBZ1
标高	$-0.030\sim12.270$
纵筋	24Φ20
箍筋	Φ10@100

4）注写各段墙柱的纵向钢筋和箍筋，注写值应与在表中绘制的截面配筋图对应一致。墙柱纵向钢筋注总配筋值，箍筋的注写方式与框架柱箍筋相同。

3. 剪力墙梁表中表达的内容（表 5-5）

剪力墙梁表示例   表 5-5

编号	所在楼层号	梁顶相对标高高差	梁截面 $b\times h$	上部纵筋	下部纵筋	箍筋
LL1	2～9	0.800	300×2000	4Φ25	4Φ25	Φ10@100(2)
	10～16	0.800	250×2000	4Φ22	4Φ22	Φ10@100(2)
	屋面1		250×1200	4Φ20	4Φ20	Φ10@100(2)
LL2	3	−1.200	300×2520	4Φ25	4Φ25	Φ10@150(2)
	4	−0.900	300×2070	4Φ25	4Φ25	Φ10@150(2)
	5～9	−0.900	300×1770	4Φ25	4Φ25	Φ10@150(2)
	10～屋面1	−0.900	250×1770	4Φ22	4Φ22	Φ10@150(2)
LL3	2		300×2070	4Φ25	4Φ25	Φ10@100(2)
	3		300×1770	4Φ25	4Φ25	Φ10@100(2)
	4～9		300×1170	4Φ25	4Φ25	Φ10@100(2)
	10～屋面1		250×1170	4Φ22	4Φ22	Φ10@100(2)
LL4	2		250×2070	4Φ20	4Φ20	Φ10@120(2)
	3		250×1770	4Φ20	4Φ20	Φ10@120(2)
	4～屋面1		250×1170	4Φ20	4Φ20	Φ10@120(2)
AL1	2～9		300×600	3Φ20	3Φ20	Φ8@150(2)
	10～16		250×500	3Φ18	3Φ18	Φ8@150(2)
BKL1	屋面1		500×750	4Φ22	4Φ22	Φ10@150(2)

1）注写墙梁编号。

2）注写墙梁所在楼层号。

3）注写墙梁顶面标高高差，即相对于墙梁所在结构层楼面标高的高差值。高于结构

总说明

柱

梁

板

剪力墙

楼梯

独立基础

条形基础

筏形基础

桩基础

总说明

柱

梁

板

剪力墙

楼梯

独立基础

条形基础

筏形基础

桩基础

层楼面者为正值，低于者为负值，当无高差时不注。

4）注写墙梁截面尺寸 $b×h$。

5）注写上部纵筋。

6）注写下部纵筋。

7）注写箍筋。

墙梁侧面纵筋的配置：当墙身水平分布钢筋满足连梁、暗梁及边框梁的梁侧面纵向构造钢筋的要求时，该钢筋配置同墙身水平分布钢筋，表中不注；当不满足要求时，应在表中补充注明梁侧面纵筋的具体数值，其在支座内的锚固要求同连梁中受力钢筋。

与墙梁侧面纵筋配合的拉筋按构造详图施工，设计不标注。

 特别提示

> 1．暗梁钢筋不与连梁配筋重叠设置；
>
> 2．边框梁宽度大于连梁，但空间位置上与连梁相重叠的钢筋不重叠设置。

4．剪力墙身表中表达的内容（表5-6）

剪力墙身表示例　　　　　　　　　　表 5-6

编号	标高	墙厚	水平分布筋	垂直分布筋	拉筋（矩形）
Q1	−0.030～30.270	300	Φ12@200	Φ120@200	Φ6@600@600
	30.270～59.070	250	Φ10@200	Φ10@200	Φ6@600@600
Q2	−0.030～30.270	250	Φ10@200	Φ10@200	Φ6@600@600
	30.270～59.070	200	Φ10@200	Φ10@200	Φ6@600@600

1）注写墙身编号（含钢筋排数，排数为2排可不标）。

2）注写各段墙身的起止标高。自墙身根部向上以变截面位置或截面未变但配筋改变处为界分段注写。

3）注写墙厚。

4）注写水平分布钢筋、竖向分布钢筋的具体数值。注写数值为一排水平分布与竖向分布钢筋的规格与间距，具体设置的排数已在墙身编号后面表达。

5）注写拉结筋具体数值及布置方式。拉筋布置方式有"矩形"和"梅花"两种，如图5-5所示。

 特别提示

> 墙身根部标高，一般指基础顶面标高，部分框支剪力墙结构则为框支梁顶面标高。

子任务3　截面注写方式

5-3 | 微课
剪力墙截面注写方式

截面注写方式，系在分标准层绘制的剪力墙平面布置图上，以直接在墙柱、墙身、墙梁上注写截面尺寸和配筋具体数值的方式来表达剪力墙平法施工图，如图5-6所示。

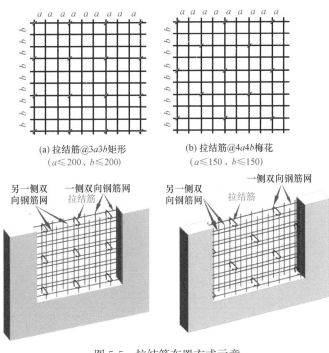

(a) 拉结筋@3*a*3*b*矩形
(*a*≤200、*b*≤200)

(b) 拉结筋@4*a*4*b*梅花
(*a*≤150、*b*≤150)

图 5-5 拉结筋布置方式示意

选用适当比例原位放大绘制剪力墙平面布置图，其中对墙柱绘制配筋截面图；对所有墙柱、墙身、墙梁分别按规定进行编号，并分别在相同编号的墙柱、墙身、墙梁中选择一根墙柱、一道墙身、一根墙梁进行注写。其注写方式按以下规定进行：

（1）从相同编号的墙柱中选择一个截面，注明几何尺寸，标注全部纵筋及箍筋的具体数值。如图 5-6 中①×①轴 GBZ1 所示。

（2）从相同编号的墙身中选择一道墙身，按顺序引注的内容为：墙身编号（应包括注写在括号内墙身所配置的水平与竖向分布钢筋的排数）、墙厚尺寸，水平分布钢筋、竖向分布钢筋和拉筋的具体数值。如图 5-6 中⑦轴 Q1 所示。

（3）从相同编号的墙梁中选择一根墙梁，按顺序引注墙梁编号、墙梁截面尺寸 *b*×*h*、墙梁箍筋、上部纵筋、下部纵筋和墙梁顶面标高高差的具体数值。如图 5-6 中①轴 LL2 所示。

当墙身水平分布钢筋不能满足连梁、暗梁及边框梁的梁侧面纵向构造钢筋的要求时，应补充注明梁侧面纵筋的具体数值：注写时，以大写字母 N 打头，接续注写直径与间距。

【实例 5-1】 NΦ10@150

【解析】

表示墙梁两个侧面抗扭纵筋对称配置：HRB400 钢筋，直径 10mm，间距 150mm。

子任务 4 剪力墙洞口的表示方法

无论采用列表注写方式还是截面注写方式，剪力墙上的洞口均可在剪力墙平面布置图

总说明

柱

梁

板

剪力墙

楼梯

独立基础

条形基础

筏形基础

桩基础

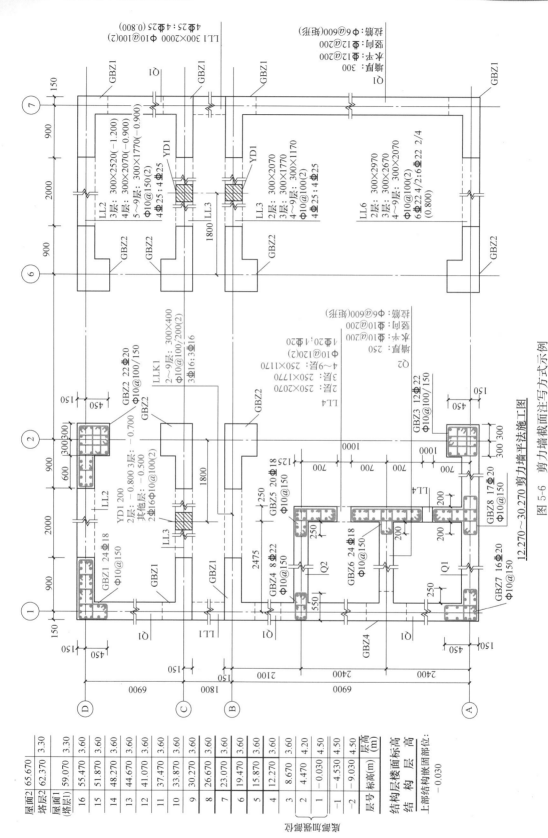

图 5-6　12.270～30.270 剪力墙平法施工图　剪力墙截面注写方式示例

上原位表达，如图 5-4 和图 5-6 中的 YD1 所示。

在剪力墙平面布置图上绘制洞口示意，并标注洞口中心的平面定位尺寸。在洞口中心位置引注以下内容：

(1) 洞口编号。矩形洞口为 JD×× (×× 为序号)，圆形洞口为 YD×× (×× 为序号)；

(2) 洞口几何尺寸。矩形洞口为洞宽×洞高 ($b×h$)，圆形洞口为洞口直径 D；

(3) 洞口中心相对标高。系相对于结构层楼 (地) 面标高的洞口中心高度。当其高于结构层楼面时为正值，低于结构层楼面时为负值；

(4) 洞口每边补强钢筋。根据洞口大小、形状及所处位置分为以下几种情况：

1) 当矩形洞口的洞宽、洞高均不大于 800mm 时，此项注写为洞口每边补强钢筋的具体数值。当洞宽、洞高方向补强钢筋不一致时，分别注写洞宽方向、洞高方向补强钢筋，以 "/" 分割。

【实例 5-2】 JD1　400×300　+3.100

【解析】

表示：1 号矩形洞口，洞宽 400mm，洞高 300mm，洞口中心高出本结构层楼面 3100mm，洞口每边补强钢筋按构造配置。

【实例 5-3】 JD4　800×300　+3.100　3Φ18/3Φ14

【解析】

表示：4 号矩形洞口，洞宽 800mm，洞高 300mm，洞口中心高出本结构层楼面 3100mm，洞宽方向补强钢筋为 3Φ18，洞高方向补强钢筋为 3Φ14。

2) 当矩形洞口的洞宽 (或圆形洞口的直径) 大于 800mm 时，需在洞口的上、下设置补强暗梁 (在标准构造详图中，补强暗梁梁高一律为 400mm，设计不注)，此项注写为洞口上、下每边暗梁的纵筋与箍筋具体数值。圆形洞口尚需注明环向加强筋的具体数值。

【实例 5-4】 YD3　1000　+2.100　6Φ20　Φ8@150　2Φ16

【解析】

表示：3 号圆形洞口，直径 1000mm，洞口中心高出本结构层楼面 2100mm，洞口上下设补强暗梁，每边暗梁纵筋为 6Φ20，箍筋为 Φ8@150，环向加强钢筋 2Φ16。

3) 当圆形洞口设置在连梁中部 1/3 范围 (且圆洞直径不应大于 1/3 梁高) 时，需注写在圆洞上下水平设置的每边补强纵筋与箍筋。

【实例 5-5】 YD1　500　−0.500　2Φ18　Φ10@100 (2)

【解析】

表示：1 号圆形洞口，直径 500mm，洞口中心低于本结构层楼面 500mm，洞口上下每边补强纵筋为 2Φ18，补强箍筋为 Φ10@100 双肢箍。

4) 当圆形洞口设置在墙身或暗梁、边框梁位置，且洞口直径不大于 300mm 时，此项

总说明

柱

梁

板

剪力墙

楼梯

独立基础

条形基础

筏形基础

桩基础

注写为洞口上下左右每边布置的补强纵筋的具体数值。

5）当圆形洞口直径大于300mm，但不大于800mm时，此项注写为洞口上下左右每边布置的补强纵筋的具体数值，以及环向加强钢筋的具体数值。

【实例5-6】 YD5 600 ＋2.100 2Φ20 2Φ16

【解析】

表示：5号圆形洞口，直径600mm，洞口中心距本结构层楼面2100mm，洞每边补强钢筋为2Φ20，环向加强钢筋2Φ16。

 子任务5 地下室外墙的表示方法

地下室外墙中的墙柱、连梁及洞口等的表示方法同地上剪力墙。地下室外墙和普通剪力墙相比，增加了挡土作用，受力方式不同，内部配筋构造也有一定差别。如图5-7所示，地下室外墙的平面注写方式包括集中标注墙体编号、厚度、贯通筋、拉筋等和原位标注附加非贯通筋等两部分内容。当仅设置贯通筋，未设置附加非贯通筋时，则仅进行集中标注。

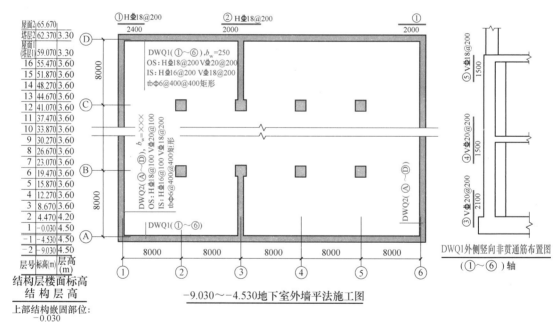

图5-7 地下室外墙平法施工图平面注写示例

1. 地下室外墙的集中标注

（1）注写地下室外墙编号，包括代号（DWQ）、序号、墙身长度（注为××～××轴）。

（2）注写地下室外墙厚度b_w＝×××。

（3）注写地下室外墙的外侧、内侧贯通筋和拉筋。

1）以 OS 代表外墙外侧贯通筋。其中，外侧水平贯通筋以 H 打头注写，外侧竖向贯通筋以 V 打头注写。

2）以 IS 代表外墙内侧贯通筋。其中，内侧水平贯通筋以 H 打头注写，内侧竖向贯通筋以 V 打头注写。

3）以 tb 打头注写拉结筋直径、强度等级及间距，并注明"矩形"或"梅花"。

【实例 5-7】　DWQ1（①～⑥），b_w=250

OS：HΦ18@200，VΦ20@200

IS：HΦ16@200，VΦ18@200

tb Φ6@400@400 矩形

【解析】

表示 1 号地下室外墙，长度范围为①～⑥轴线之间，墙厚为 250mm；外侧水平贯通筋为Φ18@200，竖向贯通筋为Φ20@200；内侧水平贯通筋为Φ16@200，竖向贯通筋为Φ18@200；拉结筋为Φ6，矩形布置，水平间距为 400mm，竖向间距为 400mm。

2. 地下室外墙的原位标注

地下室外墙的原位标注，主要表示在外墙外侧配置的水平非贯通筋或竖向非贯通筋。

（1）外侧水平非贯通筋

在地下室外墙外侧绘制粗实线段代表水平非贯通筋，在其上注写钢筋编号并以 H 打头注写钢筋强度等级、直径、分布间距，以及自支座中线向两边跨内的伸出长度值。当自支座中线向两侧对称伸出时，可仅在单侧标注跨内伸出长度，另一侧不注，此种情况下非贯通筋总长度为标注长度的 2 倍。边支座处非贯通钢筋的伸出长度值从支座外边缘算起。

地下室外墙外侧非贯通筋通常采用"隔一布一"方式与集中标注的贯通筋间隔布置，其标注间距应与贯通筋相同，两者组合后的实际分布间距为各自标注间距的 1/2。

【实例 5-8】　图 5-7 中①号筋标注的含义

【解析】

表示：地下室外墙①号水平非贯通筋，钢筋强度等级 HRB400、直径 18mm、分布间距 200mm，自支座中线向跨内伸出 2400mm。

（2）外侧竖向非贯通筋

当在地下室外墙外侧底部、顶部、中层楼板位置配置竖向非贯通筋时，应补充绘制地下室外墙竖向剖面图并在其上原位标注。表示方法为在地下室外墙竖向剖面图外侧绘制粗实线段代表竖向非贯通筋，在其上注写钢筋编号并以 V 打头注写钢筋强度等级、直径、分布间距，以及向上（下）层的伸出长度值，并在外墙竖向剖面图名下注明分布范围（××～××轴）。

（3）竖向非贯通筋向层内的伸出长度值注写方式

1）地下室外墙底部非贯通钢筋向层内的伸出长度值从基础底板顶面算起。

2）地下室外墙顶部非贯通钢筋向层内的伸出长度值从顶板底面算起。

3）中层楼板处非贯通钢筋向层内的伸出长度值从板中间算起，当上下两侧伸出长度值相同时可仅注写一侧。

总说明

柱

梁

板

剪力墙

楼梯

独立基础

条形基础

筏形基础

桩基础

119

地下室外墙外侧水平、竖向非贯通筋配置相同者，可仅选择一处注写，其他可仅注写编号。

任务2 剪力墙标准构造详图识读

剪力墙身钢筋是由水平分布钢筋、竖向分布钢筋和拉筋构成的墙身钢筋网。如图 5-8 所示，剪力墙身水平分布钢筋布置在外侧，竖向分布钢筋布置在水平分布筋的内侧，通过拉结筋把外层钢筋网和内层钢筋网拉结起来。当墙厚≤400mm 时，设置两排钢筋网；当 400mm＜墙厚≤700mm 时，设置三排钢筋网；当墙厚＞700mm 时，设置四排钢筋网。

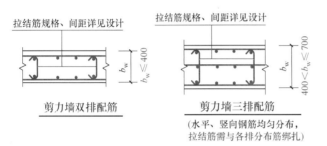

图 5-8　剪力墙多排配筋构造

 ### 子任务1　剪力墙水平分布钢筋构造

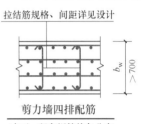

剪力墙身水平分布钢筋构造分为一字形剪力墙、转角墙、带翼墙和带端柱剪力墙四种情况。

5-4　动画

墙板的钢筋绑扎

1. 一字形剪力墙水平分布钢筋构造（图 5-9）

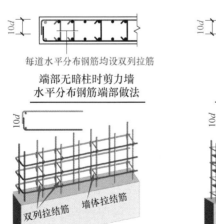

图 5-9　水平分布筋边缘暗柱和无暗柱封边构造

（1）当端部无暗柱时，水平分布钢筋应伸至端部边缘竖向钢筋外侧向内弯直钩 $10d$，箍住端部竖向分布筋。每道水平分布钢筋均设双列拉筋。

（2）当端部有暗柱时，水平分布钢筋应伸至端部暗柱外侧角筋内侧向内弯直钩 $10d$。

2. 转角墙水平分布钢筋构造（图 5-10）

（1）墙内侧水平分布筋。伸至转角墙外侧钢筋的内侧，向墙内弯锚 $15d$。

（2）墙外侧水平分布筋

1）情形一，外侧水平分布筋在转角区域搭接构造，分别弯入另一片剪力墙长度 $0.8l_{aE}$，如图 5-10 转角墙（三）所示；

2）情形二，墙体配筋量 $A_{s1} = A_{s2}$ 时在转角墙暗柱范围以外两侧搭接（上下相邻两层水平分布钢筋交错搭接），搭接长度 $\geqslant 1.2l_{aE}$，如图 5-10 转角墙（二）所示；

3）情形三，$A_{s1} \leqslant A_{s2}$ 时外侧水平分布筋在墙体配筋量小的一侧搭接（上下相邻两层水平分布钢筋交错搭接），搭接长度 $\geqslant 1.2l_{aE}$，两个搭接区交错 $\geqslant 500mm$，如图 5-10 转角墙（一）所示。

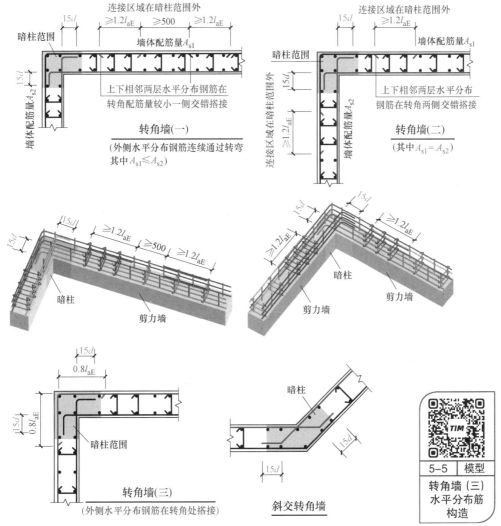

图 5-10　水平分布筋转角墙锚固构造

总说明

柱

梁

板

剪力墙

楼梯

独立基础

条形基础

筏形基础

桩基础

3. 带翼墙水平分布钢筋构造（图 5-11）

翼墙两翼墙身水平分布筋连续通过翼墙；墙肢水平分布筋伸至翼墙暗柱对边纵筋内侧弯锚 $15d$，如图 5-11 翼墙（一）所示。

在剪力墙翼墙水平变截面处，翼墙外侧水平分布筋连续通过，翼墙内侧水平分布筋构造有两种情形。①情形一，当翼墙两侧墙厚差值≤1/6 时，翼墙内侧水平分布筋可略倾斜后连续布置，如图 5-11 翼墙（三）所示。②情形二，翼墙内侧水平分布筋在墙肢处分别锚固。墙厚较小的剪力墙其内侧水平分布筋直锚 $1.2l_{aE}$，如图 5-11 翼墙（二）所示；墙厚较大的剪力墙其内侧水平分布筋伸至对面竖向分布筋内侧后弯锚 $15d$。

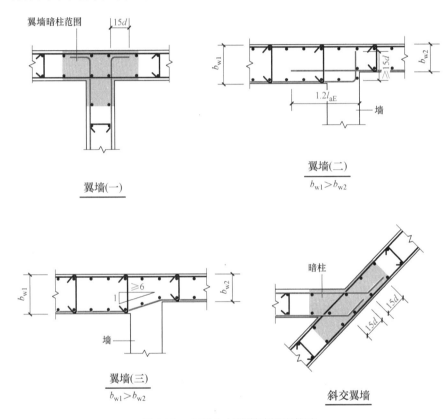

图 5-11　水平分布筋翼墙锚固构造

4. 带端柱水平分布钢筋构造（图 5-12）

剪力墙水平分布筋在端柱转角墙中的构造。当墙身水平筋伸入端柱的直锚长度≥l_{aE} 时，可直锚，但必须伸至端柱对边竖向钢筋内侧位置。否则，剪力墙水平分布筋伸至端柱对边竖向钢筋内侧后水平弯折 $15d$，对位于柱边的水平筋尚应满足弯折前伸入端柱长度≥$0.6l_{aE}$。

5. 剪力墙水平分布筋交错连接构造（图 5-13）

同侧上下相邻的墙身水平分布钢筋交错搭接连接，搭接长度≥$1.2l_{aE}$，搭接范围交错≥500mm；同层不同侧的墙身水平分布钢筋交错搭接连接，搭接长度≥$1.2l_{aE}$，搭接范围交错≥500mm。

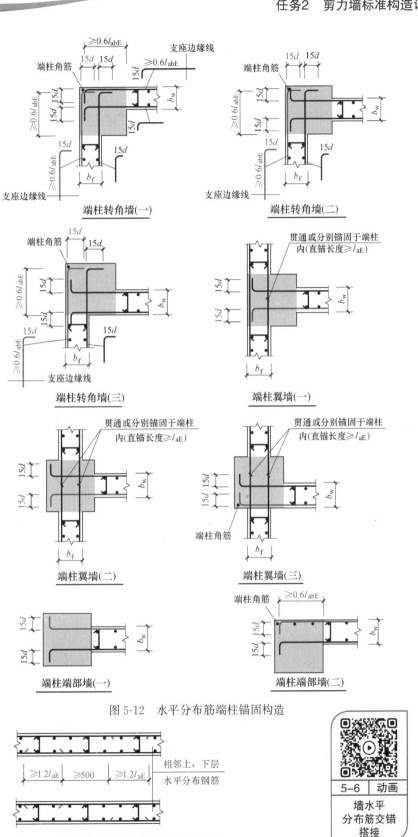

图 5-12　水平分布筋端柱锚固构造

图 5-13　剪力墙水平分布筋交错搭接构造

总说明

柱

梁

板

剪力墙

楼梯

独立基础

条形基础

筏形基础

桩基础

总说明

柱

梁

板

剪力墙

楼梯

独立基础

条形基础

筏形基础

桩基础

子任务 2　墙身竖向分布钢筋构造

5-7　微课

墙身竖向分布钢筋构造

1. 墙身竖向分布钢筋在基础中的构造

墙身竖向分布钢筋（即剪力墙插筋）在基础中的构造视剪力墙在基础中的位置及基础高度与锚固长度的比值不同而有所不同，如图5-14所示。

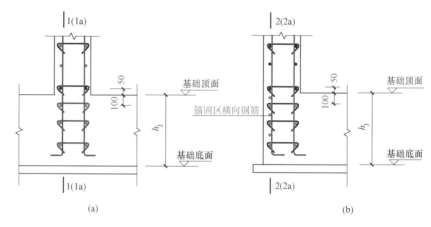

(a)　　　　　　　　　　　　(b)

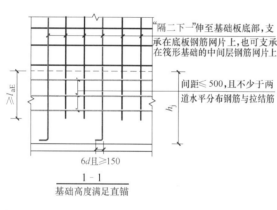

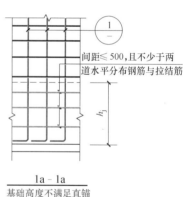

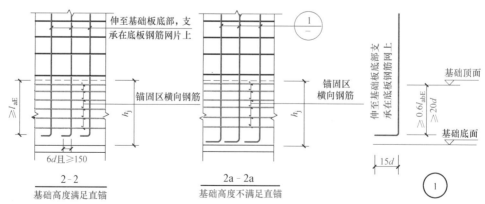

图 5-14　墙身竖向分布钢筋在基础中的构造（一）

（a）保护层厚度>5d；（b）保护层厚度≤5d

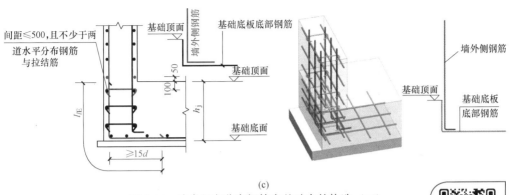

(c)

图 5-14　墙身竖向分布钢筋在基础中的构造（二）

（c）墙外侧纵筋与底板纵筋搭接连接

（1）插筋保护层厚度＞5d（剪力墙位于基础中部）且基础高度满足直锚（剪力墙位于较厚基础中）时的构造，如图 5-14 "1-1 剖面" 所示，墙身竖向钢筋伸入基础≥l_{aE} 后 "隔二下一" 伸至基础板底部，支撑在底板钢筋网片上，端部弯折长度 6d 且≥150mm，基础高度范围内设间距≤500mm 且不少于两道水平分布钢筋与拉结筋。

（2）插筋保护层厚度＞5d（剪力墙位于基础中部）但基础高度不满足直锚（剪力墙位于较薄基础中）时的构造，如图 5-14 "1a-1a 剖面" 所示，墙身竖向钢筋伸至基础板底部支撑在底板钢筋网片上，端部弯折长度 15d，基础高度范围内设间距≤500mm 且不少于两道水平分布钢筋与拉结筋。

（3）插筋保护层厚度≤5d（剪力墙位于基础边缘）、基础高度满足直锚（剪力墙位于较厚基础中）时的构造，如图 5-14 "2-2 剖面" 所示，墙身竖向钢筋伸至基础板底部，支撑在底板钢筋网片上，端部弯折长度 6d 且≥150mm，基础高度范围内锚固区设横向钢筋。

（4）插筋保护层厚度≤5d（剪力墙位于基础边缘）、基础高度不满足直锚（剪力墙位于较薄基础中）时的构造，如图 5-14 "2a-2a 剖面" 所示，墙身竖向钢筋伸至基础板底部，支撑在底板钢筋网片上，端部弯折长度 6d，基础高度范围内锚固区设横向钢筋。

（5）当选用图 5-14 构造（c）所示墙外侧竖向钢筋与底板钢筋搭接连接时，设计人员应在图纸中注明。

> **特别提示**
>
> 1. 当墙身竖向分布钢筋在基础中保护层厚度不一致时，保护层厚度不大于 5d 的部分应设置锚固区横向钢筋。
>
> 2. 锚固区横向钢筋应满足直径≥$d/4$（d 为纵筋最大直径），间距≤10d（d 为纵筋最小直径）且≤100mm 的要求。

2. 剪力墙竖向分布钢筋连接构造（图 5-15）

（1）搭接连接。当抗震等级为一、二级，剪力墙底部需要加强时，采用如图 5-15（a）所示的连接方式，钢筋搭接长度≥1.2l_{aE}，相邻两根钢筋错开搭接，搭接范围交错

总说明

柱

梁

板

剪力墙

楼梯

独立基础

条形基础

筏形基础

桩基础

≥500mm。

对于抗震等级为一、二级，剪力墙底部不需要加强，或抗震等级为三、四级的剪力墙，则竖向钢筋可在同一部位搭接，如图5-15（b）所示，钢筋搭接长度≥1.2l_{aE}。

（2）机械连接。对于各抗震等级的剪力墙，竖向分布钢筋采用机械连接时，连接构造如图5-15（c）所示，第一个连接点距基础顶面（或楼板顶面）≥500mm，相邻两根连接点之间距离≥35d，相邻两根钢筋错开连接。

（3）焊接连接。对于各抗震等级的剪力墙，竖向分布钢筋采用焊接连接时，连接构造如图5-15（d）所示，第一个连接点距基础顶面（或楼板顶面）≥500mm，相邻两根连接点之间距离≥35d且≥500mm，相邻两根钢筋错开连接。

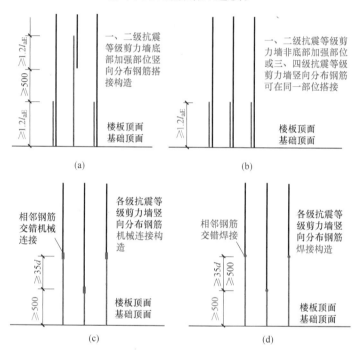

图5-15　剪力墙竖向分布钢筋连接构造

3. 剪力墙竖向分布钢筋顶部构造（图5-16）

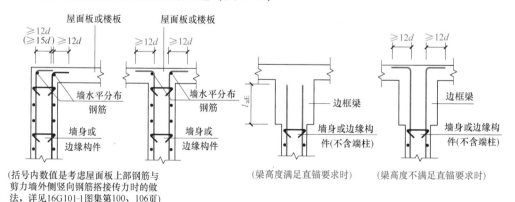

图5-16　剪力墙竖向分布钢筋顶部构造

无论剪力墙是内墙还是外墙，墙身竖向分布钢筋伸至剪力墙顶部后向屋面板（楼板）内水平弯锚≥12d。

当顶部边设有边框梁时，若梁高满足直锚要求，伸入梁内直锚长度l_{aE}；若梁高不满足直锚要求，竖向钢筋伸至梁顶后向两侧弯锚≥12d。

4. 剪力墙变截面处竖向分布钢筋构造（图5-17）

（1）外墙变截面处竖向分布钢筋构造。当墙体外侧共面时，如图5-17（a）所示，外侧钢筋连通设置，内侧上部墙体竖向分布钢筋向下部墙体内锚固$1.2l_{aE}$，下部墙体竖向分布钢筋向上延伸至板顶，然后向墙内弯锚≥12d；当墙体内侧共面时，如图5-17（d）所示，内侧钢筋连通设置，外侧上部墙体竖向分布钢筋向下部墙体内锚固$1.2l_{aE}$，下部墙体竖向分布钢筋向上延伸至板顶，然后向墙内弯锚≥12d。

（2）内墙变截面处竖向分布钢筋构造。当上部墙体单侧偏移量Δ≤30mm时，如图5-17（c）所示，钢筋自距离楼板底面≥6Δ处开始向内略斜弯后向上垂直贯通；当上部墙体单侧偏移量Δ>30mm时，如图5-17（b）所示，上部墙体竖向分布钢筋向下部墙体内锚固$1.2l_{aE}$，下部墙体竖向分布钢筋向上延伸至板顶，然后向墙内弯锚≥12d。

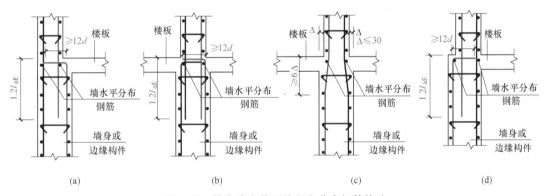

图5-17　剪力墙变截面处竖向分布钢筋构造

 子任务3　剪力墙柱钢筋构造

剪力墙柱包括端柱和暗柱。端柱的钢筋构造同框架柱；暗柱的钢筋构造一部分遵循框架柱的钢筋构造，另一部分遵循剪力墙竖向钢筋构造。

1. 剪力墙边缘构件纵筋连接构造（图5-18）

（1）剪力墙柱在基础内的锚固。剪力墙柱在基础内的锚固与框架柱完全相同，具体内容参见项目2相关内容。

（2）剪力墙柱纵筋的连接构造。剪力墙柱纵筋的连接构造与框架柱基本相同，不同之处在于剪力墙柱的钢筋绑扎连接点是从基础顶面（或楼板顶面）直接搭接。机械连接和焊接方式底部非连接区长度都是500mm。相邻钢筋交错连接，上下连接区错开距离如图5-18所示。

（3）顶部钢筋构造。剪力墙端柱的顶部钢筋构造同框架柱，暗柱的顶部构造同剪力墙身竖向分布钢筋构造。

总说明

柱

梁

板

剪力墙

楼梯

独立基础

条形基础

筏形基础

桩基础

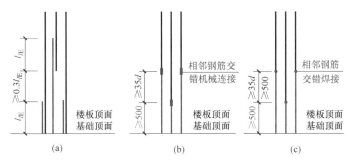

图 5-18 剪力墙边缘构件纵向钢筋连接构造

（适用于约束边缘构件阴影部分和构造边缘构件的纵向钢筋）

（a）绑扎搭接；（b）机械连接；（c）焊接

2. 剪力墙构造边缘构件截面配筋构造（图 5-19）

剪力墙构造边缘构件截面配置的纵筋和箍筋均设置在构件核心区域（图中阴影区），纵筋、箍筋及拉筋的配筋值由设计标注。

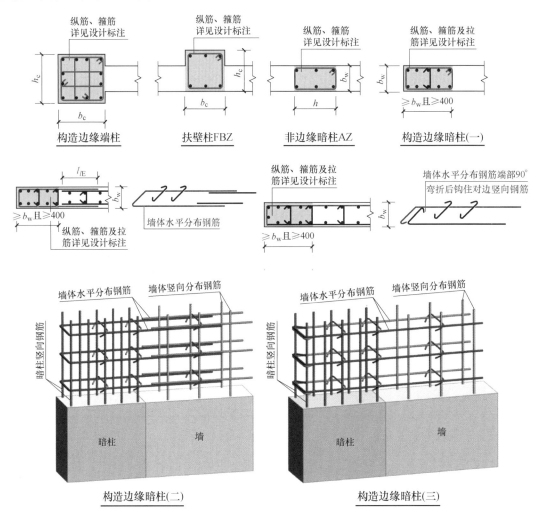

图 5-19 剪力墙构造边缘构件截面配筋构造（一）

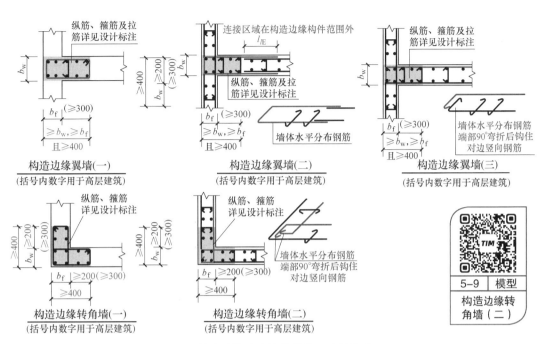

图 5-19 剪力墙构造边缘构件截面配筋构造（二）

3. 剪力墙约束边缘构件截面配筋构造（图 5-20）

约束边缘构件的截面分为核心区域（图中阴影区）、扩展区域（图中虚线区域即非阴影区），如图 5-20 所示，l_c 为约束边缘构件沿墙肢的伸出长度，见具体工程设计。

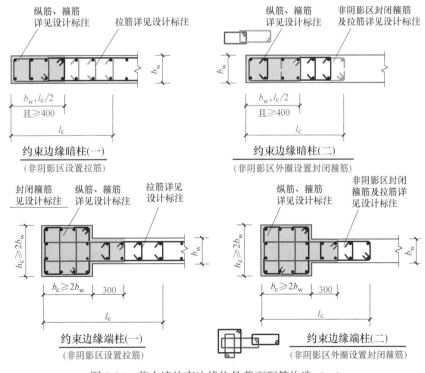

图 5-20 剪力墙约束边缘构件截面配筋构造（一）

总说明

柱

梁

板

剪力墙

楼梯

独立基础

条形基础

筏形基础

桩基础

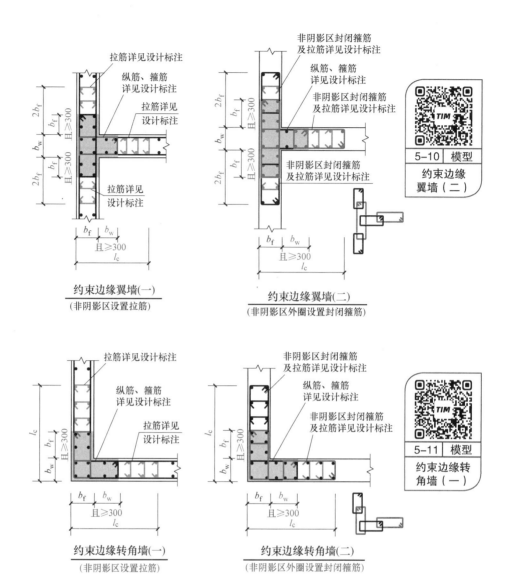

图 5-20　剪力墙约束边缘构件截面配筋构造（二）

剪力墙约束边缘构件截面配置的纵筋、箍筋及拉筋均设置在构件核心区域，非阴影区箍筋、拉筋竖向间距同阴影区。

> **特别提示**
>
> 当约束边缘构件内箍筋、拉筋位置（标高）与墙体水平分布筋相同时可采用图 5-20 中详图（一）或（二），不同时应采用详图（二）。

4. 非边缘墙柱截面配筋构造

剪力墙非边缘墙柱有扶壁柱和非边缘暗柱，如图 5-1 所示，截面配置的纵筋和箍筋均设置在构件核心区域（图中阴影区），纵筋、箍筋及拉筋的配筋值由设计标注。

子任务4 剪力墙梁钢筋构造

剪力墙梁分为连梁、暗梁和边框梁三种。

1. 剪力墙连梁配筋构造

剪力墙连梁根据洞口所在位置，有单洞口连梁、双洞口连梁、小墙垛处洞口连梁三种情况。

（1）单洞口连梁纵筋构造。剪力墙连梁上部、下部纵筋锚入剪力墙内长度为 l_{aE} 且≥600mm，如图5-21（a）所示。

（2）双洞口连梁纵筋构造。当两洞口之间的墙长不能满足两侧连梁纵筋直锚长度要求时，可采用双洞口连梁，如图5-21（c）所示。剪力墙连梁上部、下部及侧面纵筋连续通过洞间墙，上部、下部纵筋锚入剪力墙内长度为 l_{aE} 且≥600mm。

（3）小墙垛处洞口连梁纵筋构造。当端部墙肢较短（$<l_{aE}$ 或<600mm）时，为小墙

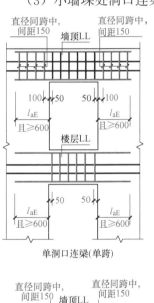

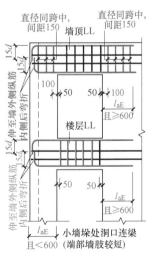

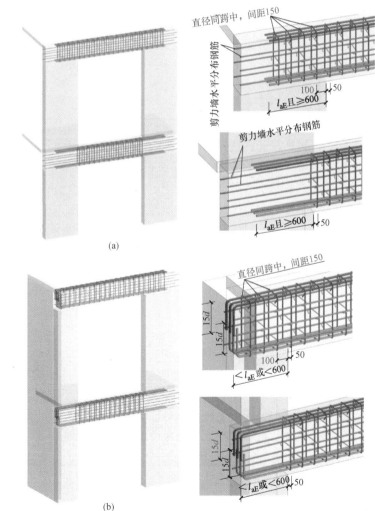

图5-21 连梁LL配筋构造（一）

（a）单洞口连梁；（b）小墙垛处洞口连梁

总说明

柱

梁

板

剪力墙

楼梯

独立基础

条形基础

筏形基础

桩基础

总说明

柱

梁

板

剪力墙

楼梯

独立基础

条形基础

筏形基础

桩基础

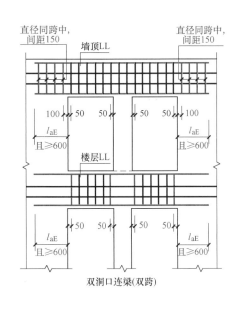
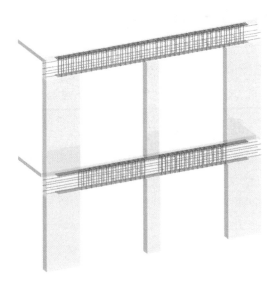

(c)

图 5-21　连梁 LL 配筋构造（二）

(c) 双洞口连梁

垛处洞口连梁。如图 5-21（b）所示，剪力墙连梁上部、下部纵筋一端伸至小墙垛外侧纵筋的内侧后分别向下、向上弯折 15d，另一端锚入剪力墙内长度为 l_{aE} 且≥600mm。

（4）连梁的箍筋构造。洞口范围内的连梁箍筋具体配置详见工程设计，第一道箍筋距支座边缘 50mm 开始设置；墙顶连梁在纵筋锚入支座长度范围内应设置箍筋，如图 5-21 所示，箍筋直径与连梁跨中箍筋相同，箍筋间距 150mm，距支座 100mm 开始设置。

（5）连梁侧面构造纵筋。剪力墙连梁是上下楼层门窗洞口之间的那部分墙体，是一种特殊的深梁，因此连梁的截面较高，应在连梁的侧面设置构造钢筋，详见具体工程设计。当设计没有注写连梁侧面构造纵筋时，墙身水平分布筋可作为连梁侧面构造纵筋在连梁范围内拉通连续配置，但同时应满足：当连梁截面高度＞700mm 时，侧面构造纵筋≥10mm，间距应≤200mm。当连梁跨高比≤2.5 时，连梁侧面构造纵筋的面积配筋率≥0.3%。

（6）连梁的拉筋构造

连梁的拉筋直径：当梁宽≤350mm 时为 6mm；当梁宽＞350mm 时为 8mm。拉筋间距为 2 倍箍筋间距，竖向沿侧面水平筋"隔一拉一"，如图 5-22 所示。

2. 剪力墙边框梁和暗梁配筋构造

剪力墙的竖向分布筋应连续贯穿边框梁和暗梁。

暗梁纵筋应设置在墙面钢筋由外向内第三层，箍筋设置在第二层与剪力墙竖向分布筋同层并插空设置，最外层为剪力墙水平分布筋，如图 5-22 所示。

剪力墙边框梁和暗梁配筋构造与框架梁相同，具体内容参见项目 3 相关内容。

3. 剪力墙边框梁或暗梁与连梁重叠时的配筋构造

当剪力墙边框梁或暗梁与连梁重叠时，边框梁和暗梁上部纵筋可兼做连梁上部纵筋，当连梁上部纵筋计算面积大于边框梁或暗梁上部纵筋时，可以设置连梁上部附加纵筋，如图 5-23 所示。

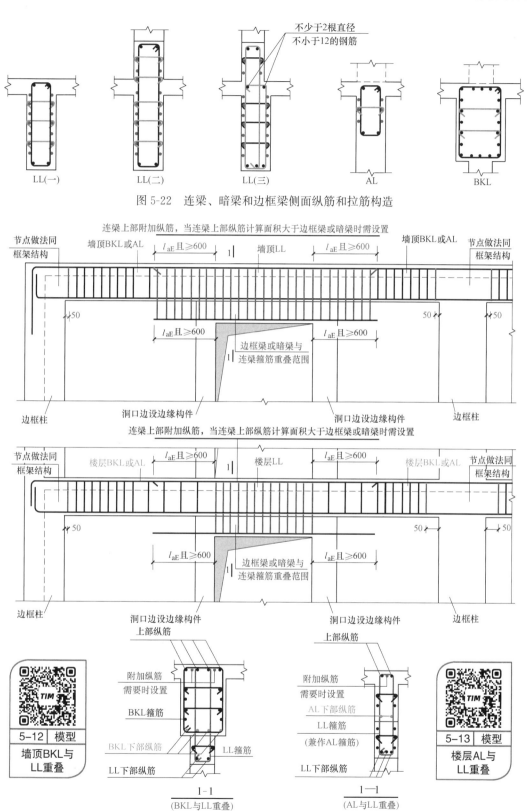

图 5-22　连梁、暗梁和边框梁侧面纵筋和拉筋构造

图 5-23　剪力墙边框梁 BKL 或暗梁 AL 与连梁 LL 重叠时的配筋构造

总说明

柱

梁

板

剪力墙

楼梯

独立基础

条形基础

筏形基础

桩基础

子任务5　地下室外墙钢筋构造

由于地下室外墙是起挡土作用的地下室外围护结构，以竖向抗弯为主，因而一般将竖向筋放在外层，水平钢筋设在内层。当具体工程的钢筋排布将水平筋设置在外层时，应按设计要求进行施工。

1. 地下室外墙水平钢筋构造

地下室外墙水平钢筋分为外侧水平贯通筋、内侧水平贯通筋和外侧水平非贯通筋，具体构造如图5-24所示。

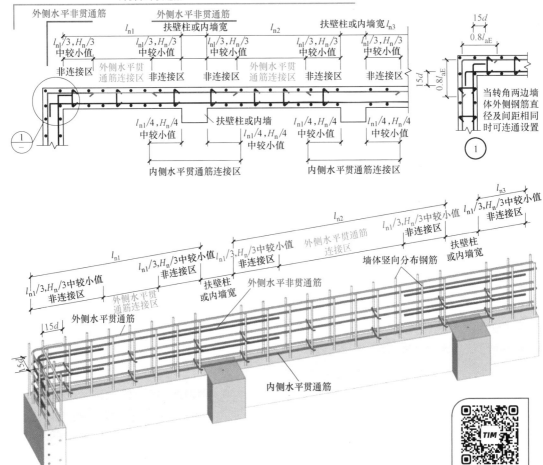

图 5-24　地下室外墙水平钢筋构造

（1）外侧水平贯通筋

地下室外墙外侧水平贯通筋在距支座 $\min\{l_{nx}/3, H_n/3\}$ 范围内不能进行钢筋连接，其中 l_{nx} 为相邻水平跨的较大净跨值，H_n 为本层净高。当扶壁柱、内墙不作为地下室外墙的平面外支承时，水平贯通筋的连接区域不受限制。

当外墙转角两边墙体外侧水平钢筋直径及间距相同时，在转角处可连通设置；当外墙转角两边墙体外侧水平钢筋直径及间距不同时，在转角两侧锚入转角墙 $0.8l_{aE}$。

（2）内侧水平贯通筋

外墙转角处内侧水平贯通筋，伸至外侧水平钢筋内侧后弯锚 $15d$。内侧水平贯通筋在支座处及距支座边缘 $\min\{l_{nx}/4, H_n/4\}$ 范围内为连接区。

（3）外侧水平非贯通筋

是否设置水平非贯通筋由设计人员根据计算确定，非贯通筋的直径、间距及长度由设计人员在设计图纸中标注。

2. 地下室外墙竖向钢筋构造

地下室外墙水平钢筋分为外侧竖向贯通筋、外侧竖向非贯通筋和内侧竖向贯通筋，具体构造如图 5-25 所示。

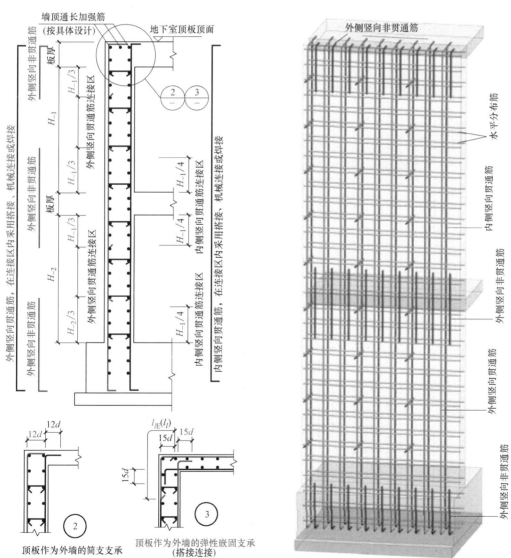

图 5-25　地下室外墙竖向钢筋构造

5-15　模型
顶板作为外墙弹性嵌固支撑

总说明

柱

梁

板

剪力墙

楼梯

独立基础

条形基础

筏形基础

桩基础

总说明

柱

梁

板

剪力墙

楼梯

独立基础

条形基础

筏形基础

桩基础

（1）竖向钢筋连接构造

地下室外墙外侧竖向贯通筋，在距上、下层水平支座边缘 $H_{-x}/3$ 处不能进行钢筋连接，其中 H_{-x} 为本层净高或上、下层净高的较大值；外侧竖向非贯通筋的直径、间距及长度由设计人员在设计图纸中标注；内侧竖向贯通筋在上、下层水平支座处及距支座边缘 $H_{-x}/4$ 范围内为连接区。地下室外墙基础插筋与剪力墙身基础插筋构造相同。

（2）外墙顶部构造

当地下室顶板作为外墙的简支支承时，内外侧竖向钢筋均伸至板顶后弯锚 $12d$。

当地下室顶板作为外墙的弹性嵌固支承时，外侧竖向钢筋伸至板顶弯锚 $15d$；板上部水平钢筋伸入墙内与墙外侧竖向钢筋进行搭接，搭接长度为 l_{lE}（l_l）；墙内侧竖向钢筋伸至板顶弯锚 $15d$；板下部钢筋伸至墙外侧水平钢筋内侧向下弯锚 $15d$；外墙和顶板的连接节点做法如图5-25中节点②、节点③所示，其选用由设计人员在图纸中注明。

5-16 ｜ 模型

矩形大洞口
补强构造

 子任务6　剪力墙洞口补强构造

剪力墙中开洞时，需要对洞口进行补强。剪力墙洞口补强钢筋构造见表5-7。

剪力墙洞口补强钢筋构造　　　　　　　　　　表5-7

适用情况	构造详图	构造要点
矩形洞宽和洞高均不大于800mm	洞口每侧补强钢筋按设计注写值	洞口每侧设补强钢筋，补强钢筋伸入墙内锚固长度 l_{aE}
矩形洞宽和洞高均大于800mm	洞口上下补强暗梁配筋按设计标注。当洞口上边或下边为剪力墙连梁时，不再重复设置补强暗梁。洞口竖向两侧设置剪力墙边缘构件，详见剪力墙墙柱设计	在洞口上、下设置补强暗梁，暗梁高400mm，暗梁配筋按设计标注，暗梁纵筋伸入墙内锚固长度 l_{aE}
圆洞直径 $D \leqslant 300mm$	洞口每侧补强钢筋按设计注写值	洞口每侧设补强钢筋，补强钢筋伸入墙内锚固长度 l_{aE}

续表

适用情况	构造详图	构造要点
圆洞：300mm<D≤800mm	洞口每侧补强钢筋按设计注写值　环形加强钢筋　环形加强钢筋　$300<D≤800$　l_{aE}　且≥300　墙体分布钢筋　1-1	1. 洞口每侧设补强钢筋，补强钢筋伸入墙内锚固长度 l_{aE}； 2. 沿洞口四周设环形加强钢筋，其闭合搭接长度为 l_{aE} 且≥300mm
圆洞直径 D>800mm	墙体分布钢筋延伸至洞口边弯折　400　洞口上下补强暗梁配筋按设计标注。当洞口上边或下边为剪力墙连梁时，不再重复设置补强暗梁。洞口竖向两侧设置剪力墙边缘构件，详见剪力墙墙柱设计　环形加强钢筋　且≥300　环形加强钢筋　400　l_{aE}　>800　l_{aE}　墙体分布钢筋　1-1	1. 在洞口上、下设补强暗梁，暗梁高400mm，暗梁配筋按设计标注，暗梁纵筋伸入墙内锚固长度 l_{aE}； 2. 沿洞口四周设环形加强钢筋，其闭合搭接长度为 l_{aE} 且≥300mm 5-17　模型 圆形大洞口补强构造
连梁中部圆形洞口 D≤300mm，$h/3$	≥200　≥$h/3$　h　D≥200　≥$h/3$　洞口每侧补强纵筋与补强箍筋按设计注写值　l_{aE}　l_{aE}　D≤300，$h/3$	洞口上下水平设置的每边补强纵筋与箍筋按设计注写值；补强纵筋伸入连梁锚固长度 l_{aE} 5-18　模型 连梁中部圆形洞口补强构造

【实例5-9】　结合剪力墙洞口补强构造，识读图5-6中 YD1 的信息。

YD1　200

2层：−0.800　3层：−0.700　其他层：−0.500

2⌀16　⌀10@100（2）

【解析】

1号圆形洞口，直径200mm；2层洞口中心低于本结构层楼面800mm，3层洞口中心低于本结构层楼面700mm，其他层洞口中心低于所在结构层楼面500mm；洞口上下每边设2⌀16补强钢筋，补强箍筋为⌀10@100的双肢箍。

总说明　柱　梁　板　剪力墙　楼梯　独立基础　条形基础　筏形基础　桩基础

任务3 剪力墙平法识图技能训练

1. 剪力墙平法识图知识体系

剪力墙的平法识图知识体系，如图 5-26 所示。

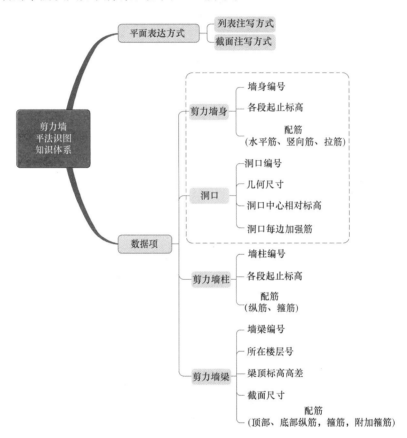

图 5-26 剪力墙平法识图知识体系

2. 剪力墙列表注写知识体系

剪力墙的列表注写知识体系，如图 5-27 所示。

3. 剪力墙组成及钢筋设置

剪力墙的组成及钢筋设置，如图 5-28 所示。

4. 剪力墙钢筋构造体系

剪力墙的钢筋构造体系，如图 5-29 所示。

5. 剪力墙平法施工图的识读步骤

剪力墙平法施工图识读步骤如下：

（1）查看图名、比例。

（2）校核轴线编号及其间距尺寸，应与建筑施工图、基础平面图保持一致。

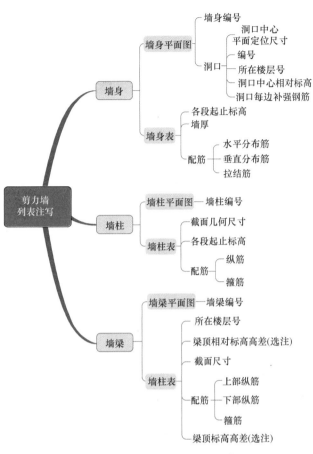

图 5-27　剪力墙列表注写知识体系

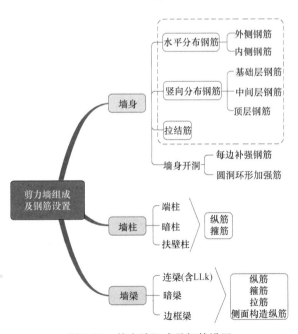

图 5-28　剪力墙组成及钢筋设置

总说明

柱

梁

板

剪力墙

楼梯

独立基础

条形基础

筏形基础

桩基础

总说明
柱
梁
板
剪力墙
楼梯
独立基础
条形基础
筏形基础
桩基础

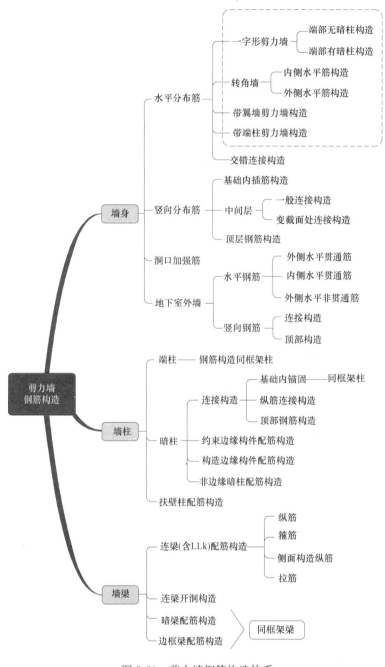

图 5-29　剪力墙钢筋构造体系

（3）阅读结构设计总说明或图纸说明，明确剪力墙的混凝土强度等级。

（4）对于一、二级抗震设计的剪力墙结构，查看"结构层与楼面标高表"中标注的底部加强部位。

（5）明确各段剪力墙柱的编号、数量、位置；查阅剪力墙柱表或图中截面标注等，明确墙柱的截面尺寸、配筋形式、标高、纵筋和箍筋情况。再根据抗震等级与设计要求，查阅平法标准构造详图，确定纵向钢筋和箍筋构造，以及墙柱在基础中的锚固构造。

（6）明确各洞口上方连梁的编号、数量和位置；通过对照连梁表与结构层高标高表，明确连梁的标高；查阅剪力墙梁表或图中截面标注等，明确连梁的截面尺寸、上部纵筋、下部纵筋和箍筋情况。再根据抗震等级与设计要求，查阅平法标准构造详图，确定连梁的侧面构造钢筋、纵向钢筋伸入剪力墙内的锚固要求、箍筋构造等。

（7）明确各段剪力墙身的编号，墙身与墙柱及墙梁的位置关系；查阅剪力墙身表或图中截面标注等，明确各层各段剪力墙的厚度、水平分布钢筋、垂直分布钢筋和拉筋。再根据抗震等级与设计要求，查阅平法标准构造详图，确定剪力墙身水平钢筋、竖向钢筋的连接和锚固构造，以及墙身在基础中的锚固构造。

（8）明确图纸说明中的其他要求，包括暗梁的设置要求等。

6. 识图案例

【**实例 5-10**】某工程为框架-剪力墙结构，12.270～30.270m 剪力墙平法施工图局部（局部）如图 5-30 所示。

对图中 GBZ1、Q2 和 LL4 三种构件的平法标注内容进行识图分析。

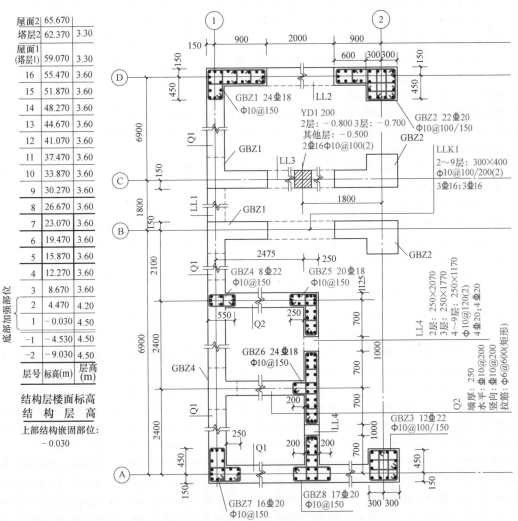

图 5-30　12.270～30.270 剪力墙平法施工图（局部）

总说明

柱

梁

板

剪力墙

楼梯

独立基础

条形基础

筏形基础

桩基础

【案例解析】

(1) GBZ1、Q2 和 LL4

序号为 1 的构造边缘柱,该段墙柱高度从 12.270～30.270m 处。

该墙柱截面形状为 L 形,各边具体尺寸如图 5-31 所示。

纵筋为 24 根直径 18mm 的 HRB400 钢筋;箍筋为直径 10mm 的 HPB300 钢筋,间距 150mm,沿该段墙柱全高设置。

(2) Q2

序号为 2 的剪力墙,该段墙身高度从 12.270～30.270m 处。

如图 5-32 所示,该段墙厚为 250mm,墙身水平分布筋和竖向分布筋均为双排,采用直径 10mm 的 HRB400 级钢筋,间距 20mm。

拉结筋采用直径 6mm 的 HPB300 钢筋,间距 600mm,矩形布置。

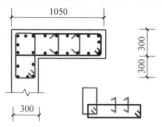

图 5-31　GBZ1 截面几何尺寸及箍筋

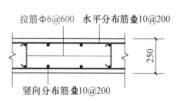

图 5-32　Q2 截面配筋示意图

(3) LL4

序号为 4 的连梁,该连梁梁顶标高为各楼层结构标高,在 4～9 层的截面尺寸为:宽 250mm(同墙厚),高 1170mm。

上部纵筋为 4Φ20,下部纵筋为 4Φ20,箍筋为 Φ10@120 双肢箍。

【实例 5-11】　某综合办公楼,地下二层,地上十六层,环境类别为一类,抗震等级为三级,采用 C30 混凝土,−0.300～12.270m 剪力墙平法施工图如图 5-4 所示。

解读图中 LL1 的平法标注内容,对照标准构造详图,绘制 LL1 的立面及截面配筋详图并进行钢筋构造分析。

【案例解析】

LL1 为序号为 1 的连梁,梁顶标高在 2～16 层高于楼面结构层标高 800mm,在屋面为屋面结构标高。

连梁宽同墙厚,2～9 层厚 300mm,10～16 层及屋面厚 250mm。

2～9 层 LL1 配筋及构造:上部纵筋 4Φ25,下部纵筋 4Φ25;箍筋为直径 10mm 的 HPB300 钢筋,双肢箍,在洞口范围内间距为 100mm,第一道箍筋距洞边 50mm。

根据剪力墙梁构造详图,上、下部纵筋伸入两侧边缘构件的长度为 $\max(l_{aE}, 600)$。

C30 混凝土、三级抗震、直径 25mm 的 HRB400 钢筋,$l_{aE} = 37d = 37 \times 25 = 925mm > 600mm$,故 2～9 层 LL1 纵筋伸入两侧边缘构件的长度为 925mm。

总说明

柱

梁

板

剪力墙

楼梯

独立基础

条形基础

筏形基础

桩基础

10～16 层 LL1 配筋及构造：上部纵筋 4Φ22，下部纵筋 4Φ22；箍筋为直径 10mm 的 HPB300 钢筋，双肢箍，在洞口范围内间距为 100mm，第一道箍筋距洞边 50mm。

C30 混凝土、三级抗震、直径 22mm 的 HRB400 钢筋，$l_{aE} = 37d = 37 \times 22 = 814mm > 600mm$，故 10～16 层 LL1 纵筋伸入两侧边缘构件的长度为 814mm。

屋面 LL1 配筋及构造：上部纵筋 4Φ20，下部纵筋 4Φ20；箍筋为直径 10mm 的 HPB300 钢筋，双肢箍，在洞口范围内间距为 100mm，第一道箍筋距洞边 50mm。

C30 混凝土、三级抗震、直径 20mm 的 HRB400 钢筋，$l_{aE} = 37d = 37 \times 20 = 740mm > 600mm$，故屋面 LL1 纵筋伸入两侧边缘构件的长度为 740mm。16 层～屋面 LL1 的立面配筋详图如图 5-33（a）所示。

LL1 侧面纵筋：设计未注写时，用墙身 Q1 水平分布筋作为连梁的侧面纵筋在连梁范围内拉通连续布置。由"图 5-3 中的剪力墙身表"可知，−0.030～30.270m 标高范围内，连梁侧面纵筋为Φ12@200，拉筋为Φ6，间距为 600mm，矩形布置；30.270～59.070m 标高范围内，连梁侧面纵筋为Φ10@200，拉筋为Φ6，间距为 600mm，矩形布置。10～16 层 LL1 的截面配筋构造如图 5-33（b）所示。

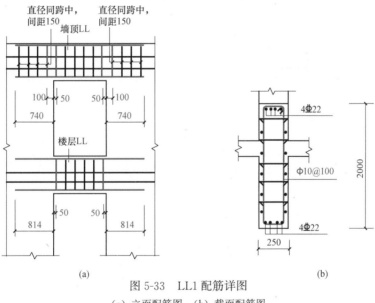

图 5-33　LL1 配筋详图
（a）立面配筋图；（b）截面配筋图

06

项目6

板式楼梯平法施工图识读

【学习目标】

 知识目标

1. 掌握板式楼梯平法施工图的制图规则；

2. 掌握典型板式楼梯的适用条件，AT 型、BT 型和 CT 型板式楼梯标准构造详图中钢筋在支座内的锚固、支座上部纵筋伸入跨内长度、板折角处的配筋处理等配筋构造；

3. 熟悉 ATc 型楼梯适用条件及梯板钢筋构造。

 能力目标

1. 能够正确运用 16G101-2 图集中板式楼梯平法施工图制图规则，准确读取楼梯的位置、梯板水平及竖向尺寸、梯板厚度及配筋等信息；

2. 能够根据板式楼梯平法施工图，结合楼梯标准构造详图，绘制指定楼梯梯板的配筋构造详图。

 素质目标

1. 培养学生的规范意识和法律观念；

2. 培养学生严格按照制图规则绘制施工图的意识；

3. 培养学生科学严谨的态度；

4. 培养学生空间思维能力。

课程思政要点

思政元素	思政切入点	思政目标
1. 脚踏实地 2. 敬畏自然 3. 责任担当	1. 楼梯是由一个个台阶组成的，人生也有很多阶梯。每一项技能都是我们通往职业岗位的阶梯。通往成功的道路没有捷径，厚积才能薄发。 2. 结合 ATc 型楼梯的抗震构造措施，让学生了解，虽然我们无法精确预判地震的来临，但可以通过减震、抗震等措施来减轻地震带来的损失。	1. 树立踏踏实实学好技能，朝着既定目标不断迈进的信念。 2. 引导学生敬畏自然、敬畏生命。 3. 培养学生用专业知识和技能造福人民的责任担当意识。

任务1　板式楼梯平法制图规则认知

楼梯是一种建筑垂直交通设施，用于楼层之间和楼层高差较大时的交通联系。高层建筑尽管采用电梯作为主要垂直交通工具，但是仍要保留楼梯供紧急情况时逃生之用。

楼梯由连续梯级的梯段（又称梯跑）、楼层平台（又称休息平台）等组成。梯段是楼层之间的倾斜构件，同时也是楼梯的主要使用和承重部分。楼梯平台是指楼梯梯段与楼面连接的水平段或连接两个梯段之间的水平段，供楼梯转折或使用者略作休息之用。

 ## 子任务1　楼梯分类及特点

1. 楼梯分类

钢筋混凝土楼梯按结构形式不同可分为板式楼梯、梁式楼梯、悬挑楼梯、螺旋楼梯等，16G101-2 图集适用于抗震设防烈度为 6～9 度的现浇钢筋混凝土板式楼梯。

16G101-2 图集将现浇板式楼梯分为 12 种类型，见表 6-1。

6-1　微课
楼梯分类及特点

板式楼梯类型及构成　　　　　　　　　　　　　　表 6-1

梯板代号	梯板构成						适用范围		是否参与结构整体抗震计算
	踏步段	低端平板	高端平板	中位平板	层间平板	梯段形式	抗震构造措施	适用结构	
AT	√					单跑	无	剪力墙、砌体结构	不参与
BT	√	√							
CT	√		√				无		
DT	√	√	√						
ET	√			√			无		
FT	√				√	双跑			
GT	√				√		无		
ATa	√					单跑	有	框架结构、框剪结构中框架部分	
ATb	√								

总说明

柱

梁

板

剪力墙

楼梯

独立基础

条形基础

筏形基础

桩基础

续表

梯板代号	梯板构成					梯段形式	适用范围		是否参与结构整体抗震计算
	踏步段	低端平板	高端平板	中位平板	层间平板		抗震构造措施	适用结构	
ATc	√					单跑	有	框架结构、框剪结构中框架部分	参与
CTa	√		√				有		不参与
CTb	√		√						

2. 各类型板式楼梯特征

AT~ET 型板式楼梯每个代号代表一段带上下支座的梯板。梯板的主体为踏步段，除踏步段之外，梯板可包括低端平板、高端平板以及中位平板。AT~ET 型梯板的两端分别以（低端和高端）梯梁为支座。楼梯截面形状与支座位置示意如图 6-1～图 6-3 所示。

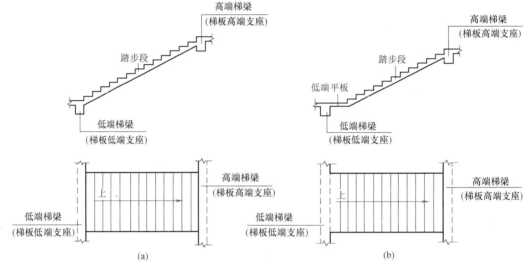

图 6-1　AT、BT 型楼梯截面形状与支座位置示意
（a）AT 型；（b）BT 型

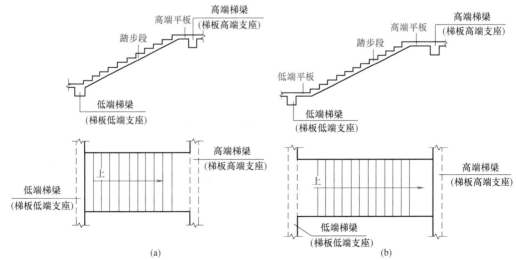

图 6-2　CT、DT 型楼梯截面形状与支座位置示意
（a）CT 型；（b）DT 型

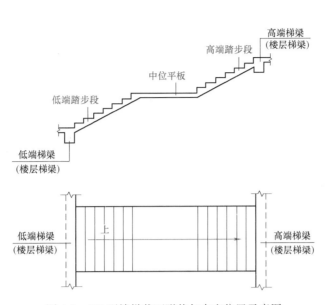

图 6-3　ET 型楼梯截面形状与支座位置示意图

FT、GT 型板式楼梯，每个代号代表两跑踏步段和连接它们的楼层平板及层间平板。

FT、GT 型梯板的支承方式见表 6-2，截面形状与支座位置示意分别如图 6-4 和图 6-5 所示。

FT、GT 型梯板支承方式　　　　　　　　　　　　表 6-2

梯板类型	层间平板端	踏步段端（楼层处）	楼层平板端
FT	三边支承	—	三边支承
GT	三边支承	单边支承（梯梁上）	—

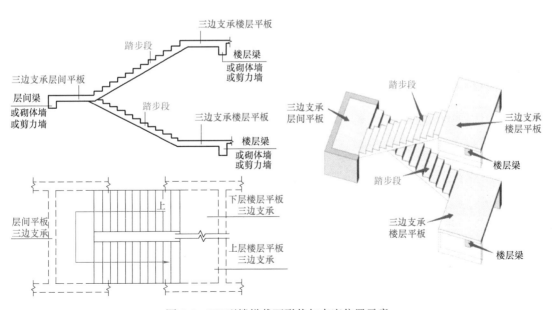

图 6-4　FT 型楼梯截面形状与支座位置示意

总说明

柱

梁

板

剪力墙

楼梯

独立基础

条形基础

筏形基础

桩基础

总说明

柱

梁

板

剪力墙

楼梯

独立基础

条形基础

筏形基础

桩基础

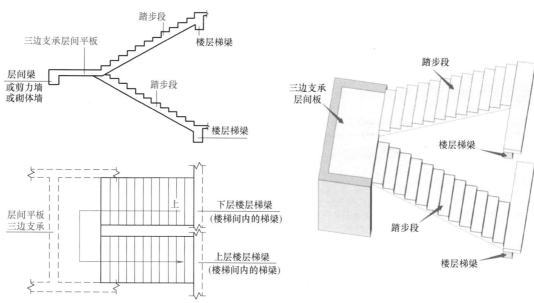

图 6-5　GT 型楼梯截面形状与支座位置示意

ATa、ATb、ATc、CTa、CTb 型楼梯用于抗震设计，其中，ATc 型楼梯参与结构整体抗震计算。ATa、ATb、ATc 型板式楼梯截面形状与支座位置示意如图 6-6 所示。

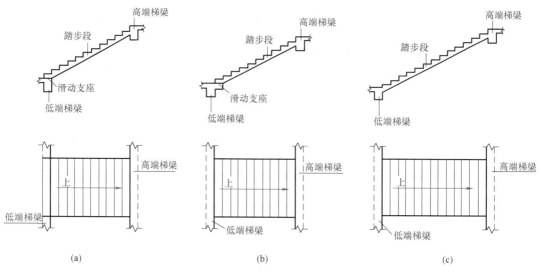

图 6-6　ATa、ATb、ATc 型楼梯截面形状与支座位置示意
(a) ATa 型；(b) ATb 型；(c) ATc 型

6-2　微课　楼梯平面注写方式

子任务 2　平面注写方式

板式楼梯平面表达方式有：平面注写方式、剖面注写方式和列表注写方式。

平面注写方式，系在楼梯平面布置图上注写截面尺寸和配筋具体数值的方式来表达楼梯施工图。平面注写内容包括集中标注和外围标注，以 AT 型楼梯为例，平面注写方式如图 6-7 所示。

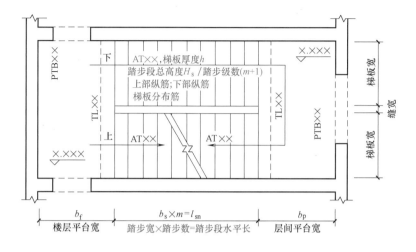

标高×.×××～标高×.×××楼梯平面图

(a)

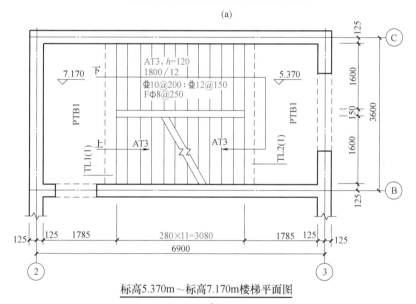

标高5.370m～标高7.170m楼梯平面图

(b)

图 6-7　AT 型板式楼梯平面注写方式

（a）注写方式；（b）设计示例

（1）楼梯集中标注内容

1）梯板类型代号与序号，如 AT××；

2）梯板厚度，注写为 $h = ×××$。当为带平板的梯段且梯段板厚度和平板厚度不同时，可在梯段板厚度后面括号内以字母 P 打头注写平板厚度；

3）踏步段总高度和踏步级数，之间以"/"分隔；

4）梯板支座上部纵筋，下部纵筋，之间以"；"分隔；

5）梯板分布筋，以 F 打头注写分布钢筋具体数值，该项也可在图中统一说明。

总说明

柱

梁

板

剪力墙

楼梯

独立基础

条形基础

筏形基础

桩基础

总说明

柱

梁

板

剪力墙

楼梯

独立基础

条形基础

筏形基础

桩基础

特别提示

对于 ATc 型楼梯，尚应注明梯板两侧边缘构件纵向钢筋及箍筋。

【实例 6-1】 $h = 120$ （P150）

【解析】

表示梯段板厚度 120mm，楼梯平板厚度 150mm。

【实例 6-2】 识读图 6-7（b）的 AT 型板式楼梯平法施工图。

【解析】

AT3，$h = 120$	3 号 AT 型楼梯，梯板板厚 120mm
1800/12	踏步段总高度 1800mm，踏步级数 12 级
⊈10@200；⊈12@150	梯板支座上部纵筋⊈10@200；下部纵筋⊈12@15
FΦ8@250	梯板分布筋Φ8@250

（2）楼梯外围标注的内容

包括楼梯间的平面尺寸、楼层结构标高、层间结构标高、楼梯的上下方向、梯板的平面几何尺寸、平台板配筋、梯梁及梯柱配筋等，如图 6-7 所示。

特别提示

1. 平台板、梯梁及梯柱的平法注写参见 16G101-1 相关内容；

2. 梯梁支承在梯柱上时，其构造应符合 16G101-1 中框架梁 KL 的构造做法，箍筋宜全长加密。

6-3 微课

楼梯剖面注写方式

子任务 3 剖面注写方式

现浇混凝土板式楼梯的剖面注写方式需在楼梯平法施工图中绘制楼梯平面布置图和楼梯剖面图，注写方式分平面注写和剖面注写，如图 6-8 所示。

1. 楼梯平面布置图注写内容

包括楼梯间的平面尺寸、楼层结构标高、层间结构标高、楼梯的上下方向、梯板的平面几何尺寸、梯板类型及编号、平台板配筋、梯梁及梯柱配筋等。

2. 楼梯剖面图注写内容

包括梯板集中标注、梯梁梯柱编号、梯板水平及竖向尺寸、楼层结构标高、层间结构标高等。

梯板集中标注的内容：

（1）梯板类型代号与序号，如 AT××；

（2）梯板厚度，注写为 $h = ×××$，当梯板由踏步段和平板构成，且踏步段梯板厚度和平板厚度不同时，可在梯板厚度后面括号内以字母 P 打头注写平板厚度；

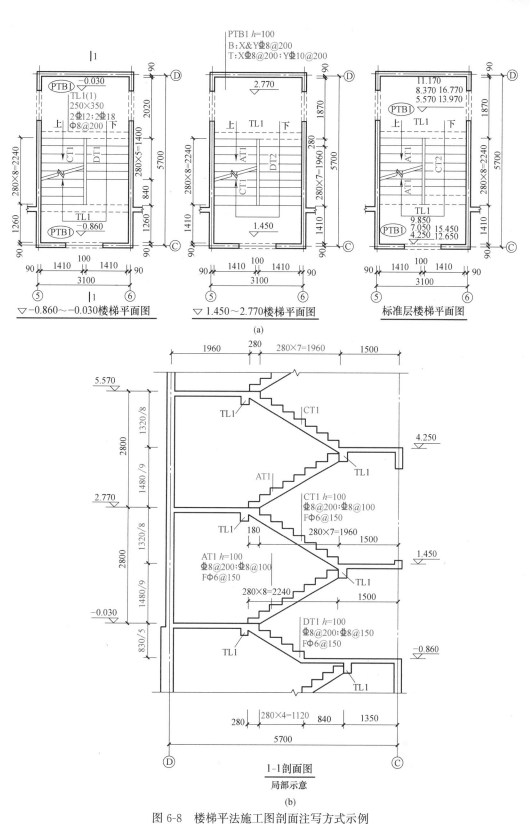

图 6-8 楼梯平法施工图剖面注写方式示例

（a）平面图；（b）剖面图

总说明

柱

梁

板

剪力墙

楼梯

独立基础

条形基础

筏形基础

桩基础

总说明

柱

梁

板

剪力墙

楼梯

独立基础

条形基础

筏形基础

桩基础

（3）梯板配筋。梯板上部纵筋，下部纵筋，之间以"；"分隔；

（4）梯板分布筋，以F打头注写分布钢筋具体数值，该项也可在图中统一说明；

（5）对于ATc型楼梯尚应注明梯板两侧边缘构件纵向钢筋及箍筋。

【实例6-3】 读取图6-8（b）所示的楼梯平法施工图中AT1集中标注部分的信息。

【解析】

AT1 $h=100$　　　　　　1号AT型梯板，梯板板厚120mm

$\Phi8@200$；$\Phi8@100$　　上部纵筋$\Phi8@200$；下部纵筋$\Phi8@100$

$F\phi6@150$　　　　　　梯板分布筋$\phi6@150$（可统一说明）

6-4 微课
楼梯列表注写方式

子任务4　列表注写方式

列表注写方式，是用列表方式注写梯板截面尺寸和配筋具体数值的方式来表达楼梯施工图。

列表注写方式的具体要求同剖面注写方式，仅将剖面注写方式中的第3条梯板配筋改为列表注写项即可。

梯板列表格式见表6-3。

列表注写方式　　　　　　　　　　　　　　　表6-3

梯板编号	踏步段总高度/踏步级数	板厚 h	上部纵向钢筋	下部纵向钢筋	分布筋
AT2	1500/10	120	$\Phi10@200$	$\Phi12@150$	$F\phi8@250$

注：对于ATc型楼梯尚应注明梯板两侧边缘构件纵向钢筋及箍筋。

 特别提示

层间平台梁板配筋在楼梯平面图中绘制；楼层平台梁板配筋可在楼梯平面图中，也可在各层梁板配筋图中绘制。

任务2　典型板式楼梯钢筋构造

6-5 微课
AT~CT型楼梯配筋构造

子任务1　AT型板式楼梯钢筋构造

AT型板式楼梯是一种常见的梯段形式，广泛应用于住宅建筑中。

AT型板式楼梯包括下部纵筋、上部纵筋、梯板分布筋等，如图6-9所示。

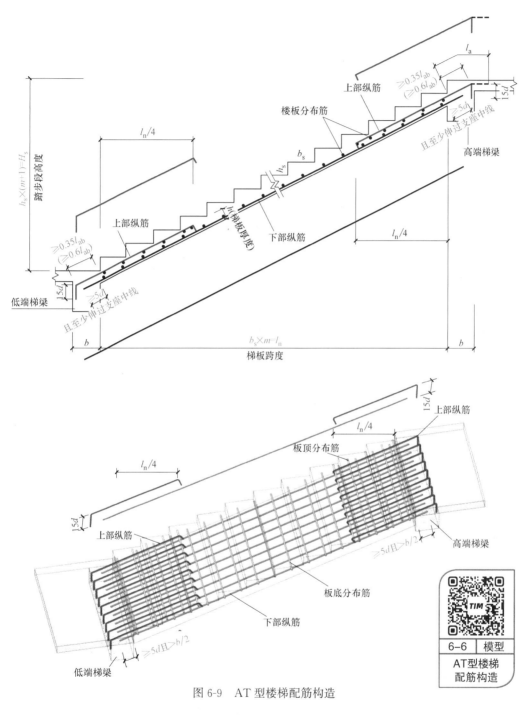

图 6-9　AT 型楼梯配筋构造

（1）上部纵向钢筋

1）上部纵向钢筋支座内锚固长度 $0.35l_{ab}$ 用于设计按铰接的情况，括号内数值 $0.6l_{ab}$ 用于设计考虑充分发挥钢筋抗拉强度的情况，具体工程中设计应指明采用何种情况。

2）上部纵向钢筋需伸至支座对边再向下弯折 $15d$，当有条件时可直接伸入平台板内锚固，从支座内边算起总锚固长度不小于 l_a，如图 6-9 中虚线所示。

总说明

柱

梁

板

剪力墙

楼梯

独立基础

条形基础

筏形基础

桩基础

6-7 | 动画

楼梯的钢筋绑扎

3）上部纵向钢筋向跨内的水平延伸长度为 $l_n/4$。

（2）下部纵向钢筋

下部纵向钢筋在支座的锚固长度≥5d 且至少伸过支座中线。

（3）分布钢筋

下层分布钢筋设置在下部纵向钢筋的内侧；上层分布钢筋设置在上部纵向钢筋的内侧。

 子任务 2　BT 型板式楼梯钢筋构造

BT 型板式楼梯梯板的配筋构造，如图 6-10 所示。

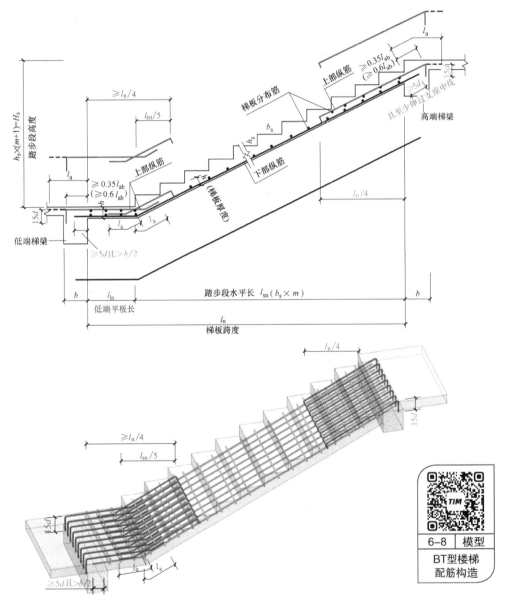

6-8 | 模型

BT型楼梯配筋构造

图 6-10　BT 型楼梯梯板配筋构造

BT 型楼梯梯板配筋构造与 AT 型楼梯梯板的区别仅在于踏步段与低端平板相连处钢筋的构造。

在踏步段与低端平板相连处，下部纵向钢筋连通设置，在支座的锚固长度≥5d 且至少伸过支座中线；上部纵向钢筋伸至板底分布钢筋内侧后弯锚，锚入板内长度 l_a。

子任务 3　CT 型板式楼梯钢筋构造

CT 型板式楼梯梯板的配筋构造，如图 6-11 所示。

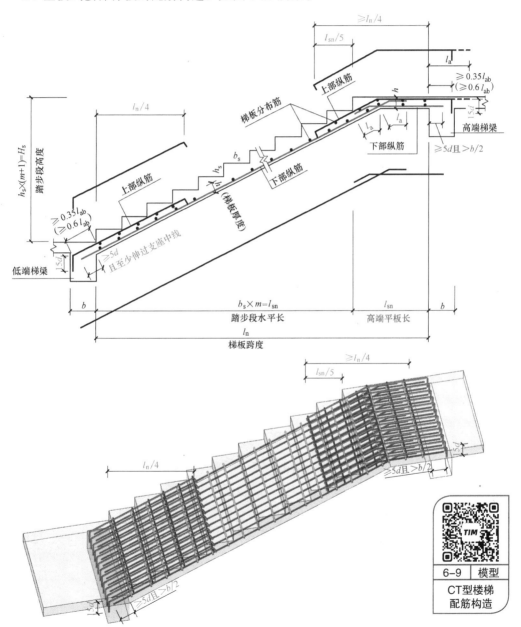

图 6-11　CT 型楼梯梯板配筋构造

总说明

柱

梁

板

剪力墙

楼梯

独立基础

条形基础

筏形基础

桩基础

　　CT 型楼梯梯板配筋构造与 AT 型楼梯梯板的区别仅在于踏步段与高端平板相连处钢筋的构造。

　　在踏步段与高端平板相连处，下部纵向钢筋连通设置，两端锚固长度同 AT 型楼梯；下部纵向钢筋伸至板顶分布钢筋内侧后弯锚，锚入板内长度 l_a。

子任务 4　ATc 型板式楼梯钢筋构造

　　ATc 型板式楼梯梯段的外观形状与 AT 型楼梯完全相同，但梯段内部配筋却不一样。由于 ATc 型楼梯用于抗震建筑中，并考虑了楼梯梯段作为斜支撑参与抗震计算，因此梯段上下两层钢筋均贯通，而且梯段两侧边设置边缘暗梁，中间板钢筋之间设置拉筋，如图 6-12 所示。

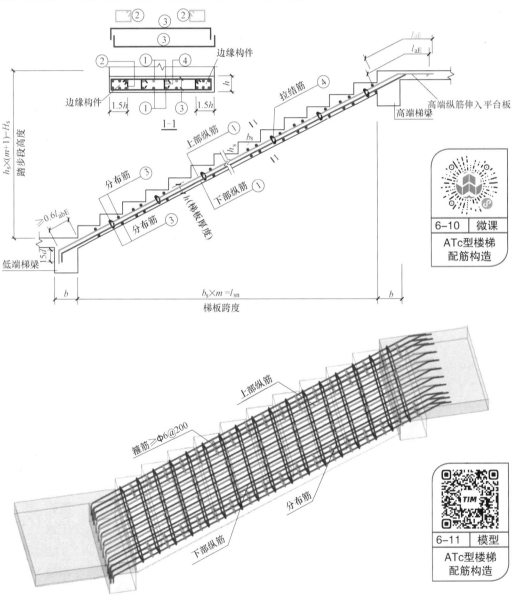

图 6-12　ATc 型楼梯梯板配筋构造

梯板下部纵筋、上部纵筋需伸至低端支座对边再向下弯折 $15d$，弯折前伸入支座直线长度 $\geqslant l_{abE}$；梯板下部纵筋、上部纵筋在高端伸入支座锚固长度自梯梁边算起 $\geqslant l_{abE}$。

梯板上部分布筋两端向下弯折，梯板下部分布筋两端向上弯折，如图 6-12 中 1-1 截面所示。梯板拉结筋 $\phi 6@600$。

ATc 型楼梯梯板两侧设置边缘构件（暗梁），边缘构件宽度取 1.5 倍板厚；边缘构件纵筋数量，当抗震等级为一、二级时不少于 6 根，当抗震等级为三、四级时不少于 4 根；纵筋直径不小于 12mm 且不小于梯板纵向受力钢筋的直径；箍筋直径不小于 6mm，间距不大于 200mm。

ATc 型楼梯平台板按双层双向配筋。

其他类型楼梯钢筋构造见 16G101-2 图集相关内容，此处不再赘述。

 子任务 5　各型楼梯第一跑与基础的连接构造

各型楼梯第一跑与基础的连接构造如图 6-13 所示。

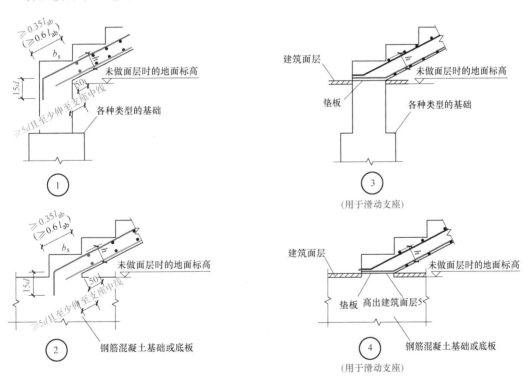

图 6-13　各型楼梯第一跑与基础连接构造
（括号中数值用于设计考虑充分发挥钢筋抗拉强度的情况）

图中上部纵筋锚固长度 $0.35 l_{ab}$ 用于设计按铰接的情况，括号内数据 $0.6 l_{ab}$ 用于设计考虑充分发挥钢筋抗拉强度的情况，具体工程中设计应指明采用何种情况。

当梯板型号为 ATc 时，①、②图中应改为分布筋在纵筋外侧，l_{ab} 应改为 l_{abE}，下部纵筋锚固要求同上部纵筋，且平直段长度应不小于 $0.6 l_{abE}$。

总说明

柱

梁

板

剪力墙

楼梯

独立基础

条形基础

筏形基础

桩基础

总说明

柱

梁

板

剪力墙

楼梯

独立基础

条形基础

筏形基础

桩基础

滑动支座垫板做法见 16G101-2 图集第 41 页相关内容。

任务3 板式楼梯平法施工图识读技能训练

1. 板式楼梯平法识图知识体系

板式楼梯的平法识图知识体系，如图 6-14 所示。

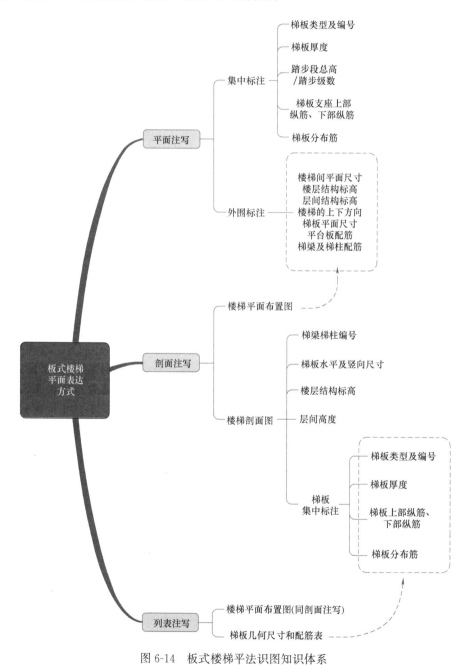

图 6-14　板式楼梯平法识图知识体系

2. AT～ET 型板式楼梯钢筋构造体系

AT～ET 型板式楼梯的钢筋构造体系，如图 6-15 所示。

3. 板式楼梯平法施工图的识读步骤

板式楼梯平法施工图识读步骤如下：

（1）查看图名、比例。

（2）校核楼梯间轴线编号及间距尺寸，是否与建筑施工图、基础平面图一致。

（3）阅读结构设计总说明或有关说明，明确楼梯的混凝土强度等级。

（4）明确各楼梯的类型、编号、数量和位置。

（5）通过楼梯平面布置图读取楼梯间平面尺寸、楼层结构标高、层间结构标高、楼梯的上下方向、梯板平面尺寸、平台板配筋、梯梁及梯柱配筋等信息。

（6）通过楼梯剖面图明确梯段竖向尺寸，并校核与平面图中标注是否一致。

（7）读取梯板集中标注或梯板配筋表中梯板厚度及配筋信息。

（8）根据抗震等级、设计要求和标准构造详图，确定受力钢筋和分布筋的构造要求，需特别注意梯板在折角处的配筋处理。

（9）图纸说明中的其他有关要求。

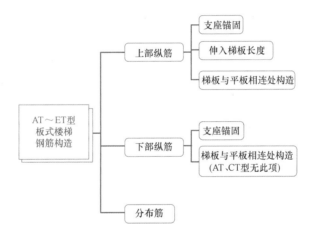

图 6-15　AT～ET 型板式楼梯的钢筋构造体系

4. 识图案例

【实例 6-4】　某工程混凝土强度等级为 C30，受力筋采用 HRB400 钢筋，分布筋采用 HPB300 钢筋，标准层板式楼梯平法施工图如图 6-16 所示，其中 TL1、TL2 截面尺寸均为 250mm×500mm。

要求：在读懂楼梯几何尺寸和配筋信息的基础上，绘制梯板剖面钢筋布置详图。

【案例解析】

1. 绘图准备

（1）查看楼梯平面布置图的外围标注，识读 CT3 梯段的基本尺寸数据：

梯板净宽度 $l_n = 2520 + 560 = 3080$mm

踏步宽度 $b_s = 280$mm

总说明

柱

梁

板

剪力墙

楼梯

独立基础

条形基础

筏形基础

桩基础

总说明

柱

梁

板

剪力墙

楼梯

独立基础

条形基础

筏形基础

桩基础

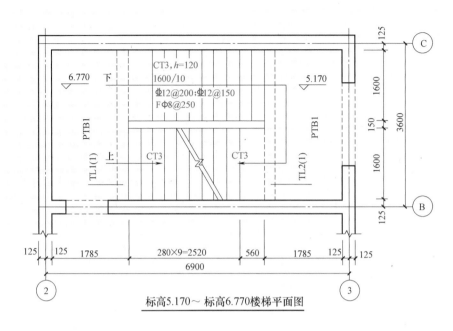

标高5.170～标高6.770楼梯平面图

图 6-16　板式楼梯平法施工图

（2）查看梯板集中标注，识读梯板厚度及配筋等信息：

梯板厚 120mm

踏步总高度 1600mm，共 10 级

梯板上部纵筋Φ12@200，下部纵筋Φ12@150

分布筋Φ8@250

（3）计算钢筋构造长度

上部纵筋向跨内的水平延伸长度 $l_n/4 = 3080/4 = 770$mm

高端上部纵筋在支座的锚固长度 $l_a = 35d = 35 \times 12 = 420$mm

高端上部纵筋由高端平板向跨内的水平延伸长度 $l_{sn}/5 = 1600/5 = 320$mm

低端上部纵筋伸至支座对边后向下弯折长度 $15d = 15 \times 12 = 180$mm

下部纵筋伸入支座长度 $\geq \max(5d, 支座宽/2) = \max(5 \times 12, 250/2) = 125$mm

下部纵筋在高端平板与梯板连接处的锚固长度 $l_a = 35d = 35 \times 12 = 420$mm

2. 梯板剖面钢筋布置详图绘制步骤

（1）按比例绘制 CT3 的踏步段剖面外轮廓线以及高低梯梁与平板的轮廓线，并标注支座宽度、踏步段水平长度、高端平板长度和梯板宽度，梯板厚度、高端平板厚度、踏步段高度。

（2）对照 CT 型楼梯板配筋构造，在梯板外轮廓线内绘制下部纵筋、上部纵筋及分布筋的钢筋布置示意图。

（3）按照钢筋构造长度绘制纵筋细部构造，并在图中标注出来。

CT3 梯板剖面钢筋布置详图如图 6-17 所示。

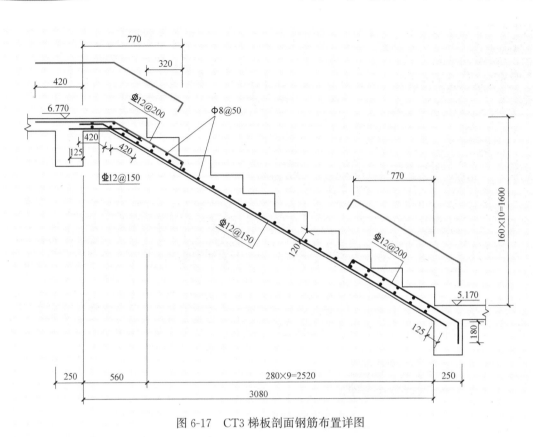

图 6-17　CT3 梯板剖面钢筋布置详图

项目7

独立基础平法施工图识读

【学习目标】

　知识目标

1. 掌握独立基础平法施工图的制图规则；
2. 熟悉独立基础构件标准构造详图中底板配筋长度、配筋位置等构造要求。

　能力目标

1. 能够正确运用 16G101-3 图集中独立基础平法施工图制图规则，准确识读独立基础平法施工图中包含的信息，并绘制指定独立基础底板配筋图；
2. 能够根据独立基础构造详图描述独立基础中钢筋的配置，准确计算底板配筋长度、根数，在此基础上正确绘制独立基础节点详图。

　素质目标

1. 培养学生的规范意识和法律观念；
2. 培养学生严格按照制图规则绘制施工图的意识；
3. 培养学生科学严谨的态度，认真细致的工作作风；
4. 培养学生空间思维能力。

课程思政要点

思政元素	思政切入点	思政目标
1. 脚踏实地 2. 团队合作 3. 工匠精神 4. 职业素养	1. 建筑物地面以上建得越高,地表以下的基础就要埋得越深。映射人只有具有深厚的基础,才能担当重任,成就人生的高度。 2. 学习小组成员共同完成基础底板钢筋缩微模型制作的过程,需要小组成员分工合作,认真计算、精心绑扎。爱护公共设施,实训后物归原处,保持环境整洁。	1. 培养学生脚踏实地、埋头苦干的精神。 2. 培养学生团队合作、发挥所长的意识。 3. 培养学生做事认真细致、一丝不苟的工匠精神。 4. 职业素养的养成训练。

任务1　独立基础平法制图规则认知

子任务1　基础概念及基础底面基准标高

基础是建筑物最下部的组成部分,埋于地面以下,负责将建筑物的全部荷载传递给地基。

基础按构造形式可分为独立基础、条形基础、筏形基础和桩基础。

(1) 独立基础种类

当建筑物上部结构采用框架结构或单层排架结构承重时,柱下常采用独立基础。

独立基础可分为普通独立基础(DJ)和杯口独立基础(BJ)。杯口基础一般只用于排架结构的单层工业厂房,故本部分只介绍普通独立基础。

独立基础底板截面形状有阶形和坡形两种,分别以下标"J"和"P"表示。16G101-3中独立基础的编号见表7-1。

独立基础编号　　　　　　　　　　表7-1

类型	基础底板截面形状	示意图	代号	序号
普通独立基础	阶形		DJ_J	××
	坡形		DJ_P	××

总说明

柱

梁

板

剪力墙

楼梯

独立基础

条形基础

筏形基础

桩基础

总说明

柱

梁

板

剪力墙

楼梯

独立基础

条形基础

筏形基础

桩基础

续表

类型	基础底板 截面形状	示意图	代号	序号
杯口独立基础	阶形		BJ_J	××
	坡形		BJ_P	××

（2）基础底面基准标高

绘制基础平法施工图时，应采用表格或其他方式注明基础底面基准标高、±0.000 的绝对标高。

当具体工程的全部基础底面标高相同时，基础底面基准标高即为基础底面标高。当基础底面标高不同时，应取多数相同的底面标高为基础底面基准标高。对其他少数不同标高者，应标明范围并注明标高。

 子任务 2　平面注写方式

独立基础平法施工图，有平面注写与截面注写两种表达方式，设计者可根据具体工程情况选择其中一种，或两种方法相结合进行独立基础的施工图设计。

独立基础的平面注写方式，又分为集中标注和原位标注两部分内容。

1. 集中标注

集中标注，是在基础平面图上集中引注：基础编号、截面竖向尺寸、配筋三项必注内容，以及基础底面标高（与基础底面基准标高不同时）和必要的文字注解两项选注内容。

（1）注写基础编号（必注内容）：独立基础编号按表 7-1 规定。

（2）注写独立基础竖向尺寸（必注内容）。普通独立基础，注写 $h_1/h_2/\cdots$，当基础为阶形时如图 7-1 所示，h_1、h_2、$\cdots$ 为基础截面自下而上的各阶或坡的尺寸，用"/"分隔。

 特别提示

1. 绘制独立基础平面布置图时，应将独立基础平面与基础所支承的柱一起绘制。

2. 当基础为单阶时，竖向尺寸仅为一个且为基础总高度；当基础为坡形基础时，竖向尺寸注写为 h_1/h_2。

（3）注写独立基础配筋（必注内容）。注写独立基础底板配筋：以 B 代表各种独立基础底板的底部配筋。X 向配筋以 X 打头、Y 向配筋以 Y 打头注写；当两向配筋相同时，则以 X&Y 打头注写。

当独立基础埋深较大，设置短柱时，端柱配筋应注写在独立基础中，此时需注写普通独立基础带短柱竖向尺寸及钢筋。以 DZ 代表普通独立基础短柱；先注写短柱纵筋，再注写箍筋，最后注写短柱标高范围。注写为：角筋/长边中部筋/短边中部筋，箍筋，短柱标高范围。如图 7-2 所示。

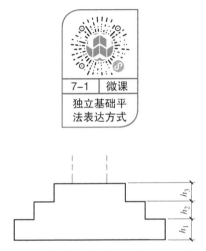

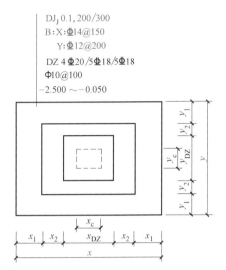

$DJ_J\,0.1,\,200/300$
B：X：$\Phi14@150$
　　Y：$\Phi12@200$
DZ $4\Phi20/5\Phi18/5\Phi18$
$\Phi10@100$
$-2.500\sim-0.050$

图 7-1　阶形截面普通独立基础竖向尺寸　　　图 7-2　普通独立基础（带短柱）平面注写方式示意

【实例 7-1】　读取图 7-2 中集中标注部分的信息。

【解析】

该基础为编号 01 的阶形独立基础，自下而上的各阶的高度分别为 200mm、300mm；基础底部配筋：X 向配置$\Phi14@150$，Y 向配置$\Phi12@200$。

独立基础端柱配筋：角筋为 $4\Phi25$，长边中部筋 $5\Phi18$，短边中部筋 $5\Phi18$；箍筋为 $\Phi10@100$；独立基础短柱设置在$-2.500\sim-0.050$m 高度范围内。

（4）注写基础底面标高（选注内容）。当独立基础的底面标高与基础底面基准标高不同时，应将独立基础底面标高直接注写在"（　）"内。

（5）必要的文字注解（选注内容）。当独立基础的设计有特殊要求时，宜增加必要的文字注解。例如，基础底板配筋长度是否采用减短方式等，可在该项内注明。

2. 原位标注

独立基础的原位标注，系在基础平面布置图上标注独立基础的平面尺寸。

对相同编号的基础，可选择一个进行原位标注，其他相同编号者仅注编号。当平面图形较小时，可将所选定进行原位标注的基础按比例适当放大。

 子任务3　截面注写方式

独立基础截面注写方式，分为截面标注和列表注写（结合截面示意图）两种表达方式。

总说明

柱

梁

板

剪力墙

楼梯

独立基础

条形基础

筏形基础

桩基础

对单个基础进行截面标注的内容和形式，与传统"单构件正投影表示方法"基本相同。

对多个同类基础，可采用列表注写（结合截面示意图）的方式进行集中表达。普通独立基础列表格式见表7-2。

普通独立基础几何尺寸和配筋表　　　　　　　　　　表 7-2

基础编号/ 截面号	截面几何尺寸				底部配筋（B）	
	x、y	x_c、y_c	x_i、y_i	$h_1/h_2/\cdots\cdots$	X 向	Y 向

表7-2可根据实际情况增加栏目。例如：当基础底面标高与基础底面基准标高不同时，加注基础底面标高；当设置短柱时，增加短柱尺寸及配筋等。

任务2　独立基础标准构造详图识读

 子任务1　独立基础底板配筋构造

1. 单柱底板双向交叉钢筋长向设置在下，短向设置在上，如图7-3和图7-4所示。图中 s 为 y 向配筋的间距；s' 为 x 向配筋的间距；h_1、h_2 为独立基础竖向尺寸。

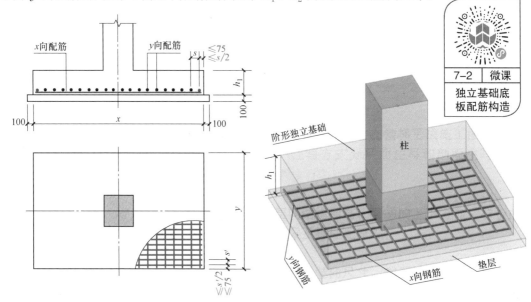

图 7-3　阶形独立基础钢筋布置图

2. 对于双柱底板双向交叉钢筋，则根据基础两个方向从柱外缘至基础的外边缘的伸出长度及 e_x 和 e_y 的大小，较大者方向的钢筋放在下面，如图7-5所示。

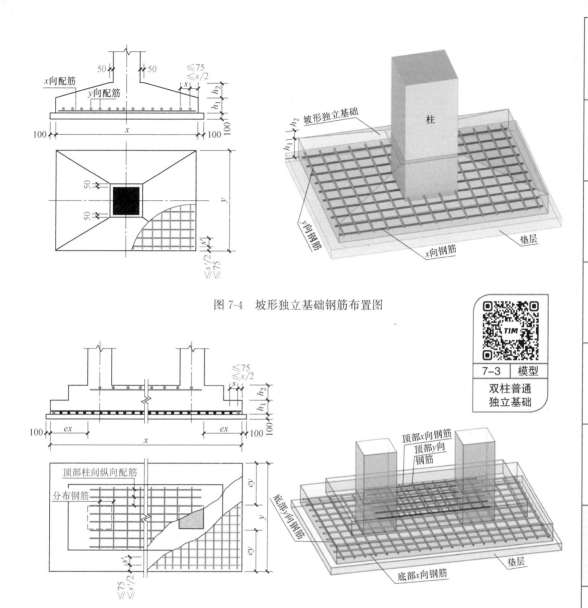

图 7-4　坡形独立基础钢筋布置图

7-3　模型
双柱普通
独立基础

图 7-5　双柱普通独立基础配筋构造

3. 对于双柱底板设有基础梁时，底板短向钢筋设置在基础梁纵筋之下，与基础梁箍筋的下水平段位于同一层面。基础梁宽度宜比柱截面宽 100mm，否则应采用梁包柱侧腋的形式，如图 7-6 所示。

4. 独立基础底板配筋长度减短 10% 构造

（1）对称独立基础底板，当独立基础底板长度≥2500mm 时，除各边最外侧钢筋外，底板配筋长度可取相应方向底板长度的 9/10 倍，交错放置，如图 7-7 所示。

（2）当非对称独立基础底板长度≥2500mm，但基础某侧从柱中心至基础底板边缘的距离小于 1250mm 时，钢筋在该侧不减短，如图 7-8 所示。

总说明

柱

梁

板

剪力墙

楼梯

独立基础

条形基础

筏形基础

桩基础

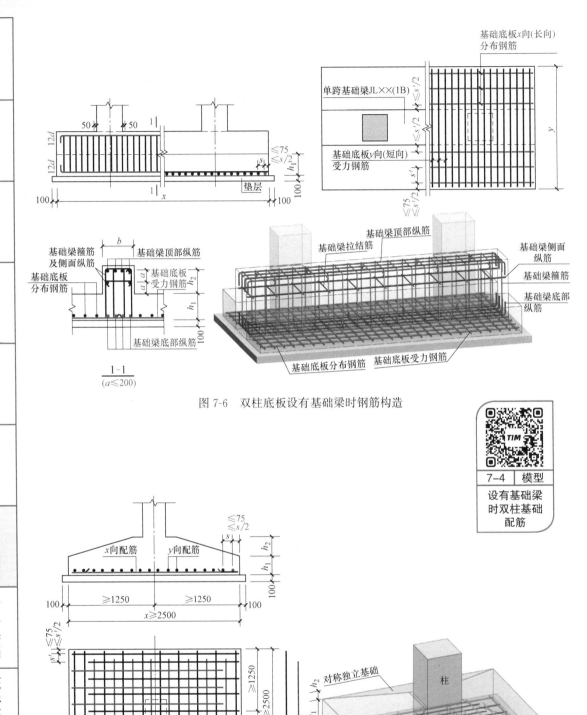

图 7-6　双柱底板设有基础梁时钢筋构造

7-4　模型
设有基础梁
时双柱基础
配筋

图 7-7　对称独立基础底板配筋长度减短 10％构造

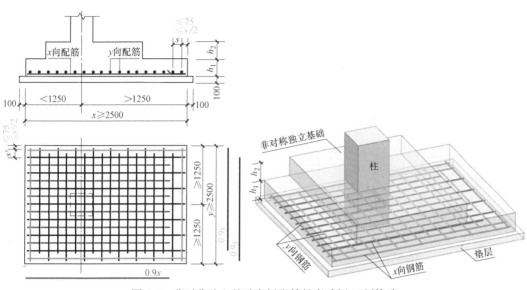

图 7-8　非对称独立基础底板配筋长度减短 10% 构造

 子任务2　普通独立深基础短柱配筋构造

采用独立基础的建筑，如果基础持力层比较深，或者某区域内柱子基底比较深时，为减小底层柱计算高度可采用独立深基础短柱。

短柱作为上部柱的嵌固端，其箍筋间距与柱相同，纵向钢筋伸入基础中长度按柱插筋处理，四角及每隔 1000mm 伸至基底钢筋网片上，弯折 $6d$ 且不小于 150mm，其他钢筋伸入基础长度不小于 l_{aE}（l_a），如图 7-9 所示。

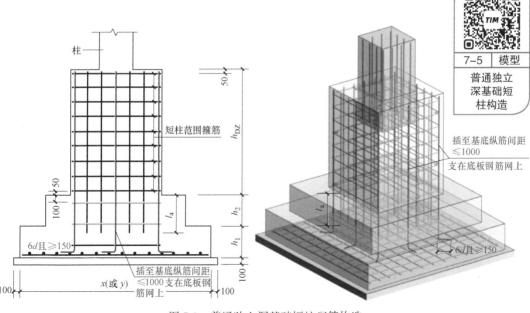

图 7-9　普通独立深基础短柱配筋构造

总说明

柱

梁

板

剪力墙

楼梯

独立基础

条形基础

筏形基础

桩基础

总说明

柱

梁

板

剪力墙

楼梯

独立基础

条形基础

筏形基础

桩基础

任务3 独立基础平法施工图识读技能训练

1. 独立基础平法识图知识体系

独立基础的平法识图知识体系，如图 7-10 所示。

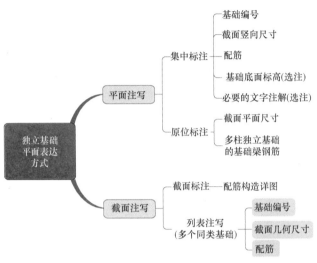

图 7-10 独立基础平法识图知识体系

2. 独立基础钢筋构造体系

独立基础的钢筋构造体系，如图 7-11 所示。

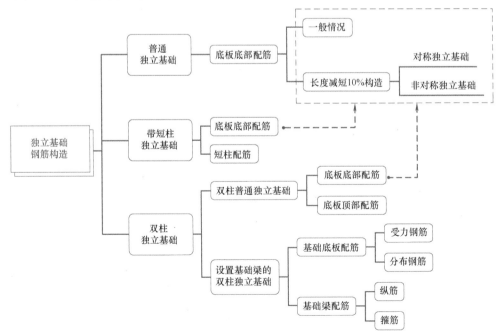

图 7-11 独立基础钢筋构造体系

3. 独立基础平法施工图的识读步骤

独立基础平法施工图（以平面注写方式为例）识读步骤如下：

（1）查看图名、比例。

（2）阅读结构设计总说明或有关说明，明确独立基础的混凝土强度等级。

（3）明确独立基础的类型、编号、数量和位置。

（4）通过集中标注读取截面竖向尺寸、基础底板配筋、基础底面标高等信息；通过原位标注读取独立基础平面尺寸以及多柱独立基础的基础梁配筋信息；结合建筑施工图，校核底层建筑墙体基础做法。

（5）根据独立基础边长，确定基础底板长度是否缩减10％以及如何排布。

（6）图纸说明中的其他有关要求。

4. 识图案例

【实例7-2】　在某综合楼工程施工图中截取了DJ_p2的平法施工图，如图7-12所示。该工程环境类别一类，采用C30混凝土，保护层厚度40mm。

要求：（1）识读独立基础DJ_p2的截面尺寸及配筋信息；

（2）根据独立基础底板配筋构造，计算基础底板钢筋长度及根数。

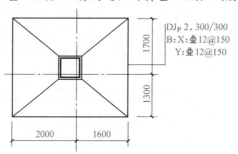

图7-12　某工程DJ_p2独立基础施工图

【案例解析】

（1）平法识图

由图中集中标注可知：该独立基础是3号坡形独立基础；基础底板端部高度300mm，柱子边缘处基础底板高度为300＋300＝600mm；基础底板X向配筋为Φ12@150，Y向配筋也是Φ12@150。

（2）钢筋计算

判断长度是否满足钢筋减短10％的条件

长边长度2000＋1600＝3600mm＞2500mm

短边长度1300＋1700＝3000m＞2500m

该基础是对称独立基础，所以基础底板钢筋四边均可以减短10％。

1）X向钢筋

X向外侧（不减短）钢筋长度＝X边长－2c＝3600-2×40＝3520mm

X向外侧钢筋根数＝2根（一侧各一根）

X向其余钢筋（减短10％钢筋）长度＝0.9×基础边长＝0.9×3600＝3240mm

总说明

柱

梁

板

剪力墙

楼梯

独立基础

条形基础

筏形基础

桩基础

总说明

柱

梁

板

剪力墙

楼梯

独立基础

条形基础

筏形基础

桩基础

X向其余钢筋根数＝[3000−min(150/2,75)×2]/150−1＝18根

2）Y向钢筋

Y向外侧（不减短）钢筋长度＝Y边长−$2c$＝3000−2×40＝2920mm

Y向外侧钢筋根数＝2根（一侧各一根）

Y向其余钢筋（减短10％钢筋）长度＝0.9×基础边长＝0.9×3000＝2700mm

Y向其余钢筋根数＝[3600−min(150/2,75)×2]/150−1＝22根

【实例7-3】　某工程DJ$_P$3的平法施工图如图7-13所示。该工程环境类别一类，采用C30混凝土，保护层厚度40mm。

要求：根据独立基础底板配筋构造，计算基础底板X向钢筋长度及根数。

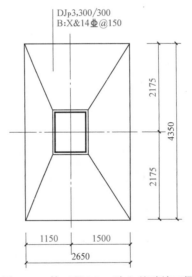

DJ$_P$3,300/300
B:X&14Φ@150

2175

4350

2175

1150　1500

2650

图7-13　某工程DJ$_P$3独立基础施工图

【案例解析】

（1）平法识图

由图中集中标注可知：该独立基础是2号坡形独立基础；基础底板端部高度300mm，柱子边缘处基础底板高度为300＋300＝600mm；基础底板X向和Y向配筋均为Φ14@150。

（2）钢筋计算

判断长度是否满足钢筋减短10％的条件

X向基础底板长度2650mm＞2500mm

柱子中心至基础底板左侧边缘的长度1150mm＜1250mm，该侧钢筋不减短。

柱子中心至基础底板左侧边缘的长度1500mm＞1250mm，该侧钢筋减短10％。

1）X向外侧（不减短）钢筋

X向外侧（不减短）钢筋长度＝X边长−$2c$＝2650−2×40＝2570mm

X向外侧钢筋根数＝2根（一侧各一根）

2）X向其余不减短钢筋

X向其余不减短钢筋长度＝X向外侧钢筋长度＝2570mm

X向其余不减短钢筋根数＝（布置范围-两端起步距离）/间距＋1－2

$$=[4350-2×\min(75,150/2)]/(2×150)+1-2$$

$$=13 根$$

3）X向减短10％钢筋

X向减短10％钢筋长度＝0.9×基础边长＝0.9×2650＝2385mm

X向减短10％钢筋根数＝X向其余不减短钢筋根数－1＝（13＋2）－1＝14根

DJ$_P$3基础底板X向钢筋布置如图7-14所示。

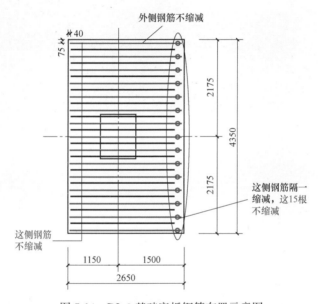

图7-14 DJ$_P$3基础底板钢筋布置示意图

总说明

柱

梁

板

剪力墙

楼梯

独立基础

条形基础

筏形基础

桩基础

项目8

条形基础平法施工图识读

【学习目标】

 知识目标

1. 掌握条形基础平法施工图的制图规则;

2. 熟悉条形基础构件标准构造详图中基础梁配筋构造、底板配筋构造等要求。

 能力目标

1. 能够正确运用 16G101-3 图集中条形基础平法施工图制图规则,准确识读条形基础平法施工图中基础梁、基础底板的信息;

2. 能够根据条形基础构造详图,描述条形基础中基础梁、基础底板的钢筋配置,准确计算底板配筋长度、根数,在此基础上正确绘制条形基础底板配筋图。

 素质目标

1. 培养学生的规范意识和法律观念;

2. 培养学生严格按照制图规则绘制施工图的意识;

3. 培养学生科学严谨的态度,认真细致的工作作风;

4. 培养学生空间思维能力。

课程思政要点

思政元素	思政切入点	思政目标
1. 辩证思维 2. 担当意识 3. 工匠精神	1. 通过比较条形基础与独立基础底板的区别与联系,映射看问题要透过现象看本质。 2. 条形基础宽度越大、底板越厚、配筋量越大,能够承受的荷载也越大。引申到,青年学生要认真钻研、勤于实践,为将来能够担当重任打下宽厚的基础。	1. 培养学生透过现象看本质的辩证思维能力。 2. 培养学生做事认真钻研、积极进取的工匠精神。

任务1 条形基础平法制图规则认知

条形基础是指基础长度远远大于宽度的一种基础形式,整体上可分为梁板式条形基础和板式条形基础。条形基础常采用坡形截面或单阶形截面。

梁板式条形基础适用于钢筋混凝土框架结构、框架-剪力墙结构、部分框支剪力墙结构和钢结构,板式条形基础适用于钢筋混凝土剪力墙结构和砌体结构。

条形基础平法施工图,有平面注写与截面注写两种表达方式。梁板式条形基础平法施工图分解为基础梁和条形基础底板分别进行表达,板式条形基础平法施工图仅表达条形基础底板。

子任务1 基础梁的平面注写方式

基础梁的平面注写方式包含集中标注和原位标注两部分内容。

1. 基础梁的集中标注

包括基础梁编号、截面尺寸、配筋三项必注内容,以及基础梁底面标高(与基础底面基准标高不同时)和必要的文字注解两项选注内容。具体规定如下:

(1)注写基础梁编号(必注内容),16G101-3 图集中对条形基础梁及底板编号规定见表 8-1。

8-1 微课

条形基础基础梁的集中标注

条形基础梁及底板编号 表 8-1

类型		代号	序号	跨数及有无外伸
基础		JL	××	(××)端部无外伸
条形基础底板	坡形	TJB_p	××	(××A)一端有外伸
	阶形	TJB_J	××	(××B)两端有外伸

(2)注写基础梁截面尺寸(必注内容)。注写 $b \times h$,表示梁截面宽度与高度。当为竖向加腋梁时,用 $b \times h Y c_1 \times c_2$ 表示,其中 c_1 为腋长,c_2 为腋高。

(3)注写基础梁配筋(必注内容)

总说明

柱

梁

板

剪力墙

楼梯

独立基础

条形基础

筏形基础

桩基础

1）注写基础梁箍筋

当具体设计仅采用一种箍筋间距时，注写钢筋级别、直径、间距与肢数（箍筋肢数写在括号内）。当采用两种箍筋时，用"/"分隔不同箍筋，按照从基础梁两端向跨中的顺序注写。先注写第一段箍筋（在前面加注箍筋道数），在斜线后再注写第 2 段箍筋（不再加注箍筋道数）。

【实例 8-1】　9 $\underline{\Phi}$ 16@100/$\underline{\Phi}$ 16@200（6）

【解析】

表示配置两种间距的 HRB400 级箍筋，直径为 16mm，从梁两端起向跨内按箍筋间距 100 每端各设置 9 道，梁其余部位的箍筋间距为 200mm，均为 6 肢箍。

特别提示

施工时应注意，在两向基础相交的柱下区域，应有一向截面较高的基础梁箍筋贯通设置；当两向基础梁高度相同时，任选一项基础梁箍筋贯通设置。

2）注写基础梁底部、顶部及侧面纵向钢筋

① 以 B 打头，注写梁底部贯通纵筋（不应少于梁底部受力钢筋总截面面积的 1/3）。当跨中所注根数少于箍筋肢数时，需要在跨中增设梁底部架立筋以固定箍筋，采用"＋"将贯通纵筋与架立筋相联，架立筋注写在加号后面的括号内。

② 以 T 打头，注写梁顶部贯通纵筋。注写时用分号"；"将底部与顶部贯通纵筋分隔开，如有个别跨与其不同者按本任务的子任务 2 原位标注的规定处理。

③ 当梁底部或顶部贯通纵筋多于一排时，用"/"将各排纵筋自上而下分开。

【实例 8-2】　B：4 $\underline{\Phi}$ 25；T：12 $\underline{\Phi}$ 25 7/5

【解析】

表示梁底部配置贯通纵筋为 4 $\underline{\Phi}$ 25；梁顶部配置两排贯通纵筋，上一排为 7 $\underline{\Phi}$ 25，下一排为 5 $\underline{\Phi}$ 25，共 12 $\underline{\Phi}$ 25。

④ 以大写字母 G 打头注写梁两侧面对称设置的纵向构造钢筋的总配筋值（当梁腹板高度 h_w 不小于 450mm 时，根据需要配置）。

【实例 8-3】　G8 $\underline{\Phi}$ 14

【解析】

表示梁每个侧面配置纵向构造钢筋 4 $\underline{\Phi}$ 14，共配置 8 $\underline{\Phi}$ 14。

⑤ 当需要配置抗扭纵向钢筋时，梁两个侧面设置的抗扭纵向钢筋以 N 打头。

【实例 8-4】　N8 $\underline{\Phi}$ 16

【解析】

表示梁的两个侧面共配置 8 $\underline{\Phi}$ 16 的纵向抗扭钢筋，每个侧面 4 $\underline{\Phi}$ 16 沿截面周边均匀对称设置。

总说明

柱

梁

板

剪力墙

楼梯

独立基础

条形基础

筏形基础

桩基础

> **特别提示**
>
> 1. 当为梁侧面构造钢筋时，其搭接与锚固长度可取为 $15d$。
> 2. 当为梁侧面受扭纵向钢筋时，其锚固长度为 l_a，搭接长度为 l_l；其锚固方式同基础梁上部纵筋。

（4）注写基础梁底面标高（选注内容）。当条形基础的底面标高与基础底面基准标高不同时，将条形基础底面标高注写在"（　）"内。

（5）必要的文字注解（选注内容）。当基础梁的设计有特殊要求时，宜增加必要的文字注解。

2. 基础梁的原位标注

（1）基础梁支座的底部纵筋，系指包含贯通纵筋与非贯通纵筋在内的所有纵筋：

1）当底部纵筋多于一排时，用"/"将各排纵筋自上而下分开。

2）当同排纵筋有两种直径时，用"＋"将两种直径的纵筋相连。

3）当梁支座两边的底部纵筋配置不同时，需在支座两边分别标注；当梁支座两边的底部纵筋相同时，可仅在支座的一边标注。

8-2　微课
条形基础基础梁的原位标注

4）当梁支座底部全部纵筋与集中注写过的底部贯通纵筋相同时，可不再重复做原位标注。

5）竖向加腋梁加腋部位钢筋，需在设置加腋的支座处以 Y 打头注写在括号内。

【实例 8-5】 竖向加腋梁端（支座）处注写为 Y4⏚25

【解析】

表示竖向加腋部位斜纵筋为 4⏚25。

> **特别注意**
>
> 当底部贯通纵筋经原位注写修正，出现两种不同配置的底部贯通纵筋时，应在两毗邻跨中配置较小一跨的跨中连接区域进行连接（即配置较大一跨的底部贯通纵筋需伸出至毗邻跨的跨中连接区域）。

（2）原位注写基础梁的附加箍筋或（反扣）吊筋。当两向基础梁十字交叉，但交叉位置无柱时，应根据需要设置附加箍筋或（反扣）吊筋。

将附加箍筋或（反扣）吊筋直接画在平面图中条形基础主梁上，原位直接引注总配筋值（附加箍筋的肢数注在括号内）。当多数附加箍筋或（反扣）吊筋相同时，可在条形基础平法施工图上统一注明。少数与统一注明值不同时，再原位直接引注。

（3）原位注写基础梁外伸部位的变截面高度尺寸。当基础梁外伸部位采用变截面高度时，在该部位原位注写 $b \times h_1/h_2$，h_1 为根部截面高度，h_2 为尽端截面高度。

（4）原位注写修正内容。当在基础梁上集中标注的某项内容（如截面尺寸、箍筋、底部与顶部贯通纵筋或架立筋、梁侧面纵向构造钢筋、梁底面标高等）不适用于某跨或某外伸部位时，将其修正内容原位标注在该跨或该外伸部位，施工时原位标注取值优先。

当在多跨基础梁的集中标注中已注明竖向加腋，而该梁某跨根部不需要竖向加腋时，则应在该跨原位标注无 $Yc_1 \times c_2$ 的 $b \times h$，以修正集中标注中的竖向加腋要求。

子任务2 条形基础底板的平面注写方式

条形基础底板的平面注写方式，包含集中标注和原位标注两部分内容。

1. 条形基础底板的集中标注

条形基础底板的集中标注内容包括：条形基础底板编号、截面竖向尺寸、配筋三项必注内容，以及条形基础底板底面标高（与基础底面基准标高不同时）和必要的文字注解两项选注内容。

8-3　微课
条形基础底板的平面注写方式

（1）注写条形基础底板编号（必注内容），见表8-1。

（2）注写条形基础底板截面竖向尺寸（必注内容）。自下而上注写 h_1/h_2，如图8-1所示。

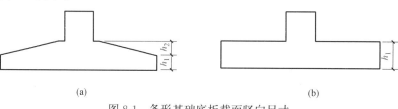

（a）   （b）

图8-1 条形基础底板截面竖向尺寸
（a）坡形；（b）阶形

【**实例8-6**】 TJB_p2 截面竖向尺寸注写为 300/250

【**解析**】

表示：2号坡形条形基础底板，竖向截面尺寸 $h_1 = 300mm$，$h_2 = 250mm$，基础底板根部总高为 550mm。

（3）注写条形基础底板底部及顶部配筋（必注内容）。以B打头，注写条形基础底板底部的横向受力钢筋；以T打头，注写条形基础底板顶部的横向受力钢筋；注写时，用"/"分隔条形基础底板的横向受力钢筋与纵向分布钢筋，如图8-2和图8-3所示。

（4）条形基础底板底面标高（选注内容）。当条形基础底板的底面标高与条形基础底面基准标高不同时，应将条形基础底面标高注写在"（ ）"内。

（5）必要的文字注解（选注内容）。当条形基础底板有特殊要求时，应增加必要的文字注解。

【**实例8-7**】 图8-2（a）中 B：$\Phi 14@150/\Phi 8@250$

【**解析**】

表示条形基础底板底部配置 HRB400 级横向受力钢筋，直径为 14mm，间距 150mm；配置 HPB300 级纵向分布钢筋，直径为 8mm，间距 250mm。

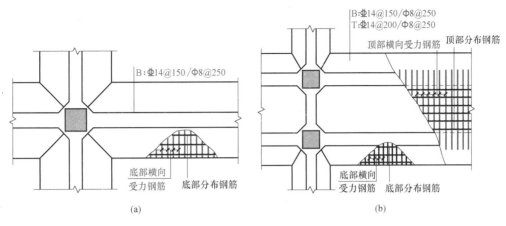

图 8-2　条形基础底板配筋示意

（a）普通条形基础；（b）双梁条形基础

2. 条形基础底板的原位标注

（1）原位注写条形基础底板的平面尺寸。原位标注 b、b_i，$i=1$，2，……。其中，b 为基础底板总宽度，b_i 为基础底板台阶的宽度。当基础底板采用对称于基础梁的坡形截面或单阶形截面时，b_i 可不注。对于相同编号的条形基础底板，可仅选一个进行标注。

（2）原位注写修正内容。当在条形基础底板上集中标注的某项内容，如底板截面竖向尺寸、底板配筋、底板底面标高等，不适用于条形基础底板的某跨或某外伸部分时，可将其修正内容原位标注在该跨或该外伸部位。施工时原位标注取值优先。

图 8-3 为采用平面注写方式表达的条形基础设计施工图示意。

（3）截面注写方式

条形基础截面注写方式，又分为截面标注和列表注写（结合截面示意图）两种表达方式。

对条形基础进行截面标注的内容和形式，与传统"单构件正投影表示方法"基本相同。

对多个条形基础，可采用列表注写（结合截面示意图）的方式进行集中表达。

基础梁列表格式见表 8-2，条形基础底板列表格式见表 8-3，可根据实际情况增加栏目，如增加基础梁底面标高等。

基础梁几何尺寸和配筋表　　　　　　　　　　　　　　　　表 8-2

基础梁编号/截面号	截面几何尺寸		配筋	
	$b \times h$	$c_1 \times c_2$	底部贯通纵筋 +非部贯通纵筋， 顶部贯通纵筋	第一种箍筋/ 第二种箍筋

注：表中可根据实际情况增加栏目，如增加上部配筋、基础底板底面标高（与基础底板底面基准标高不一致时）等。

总说明

柱

梁

板

剪力墙

楼梯

独立基础

条形基础

筏形基础

桩基础

179

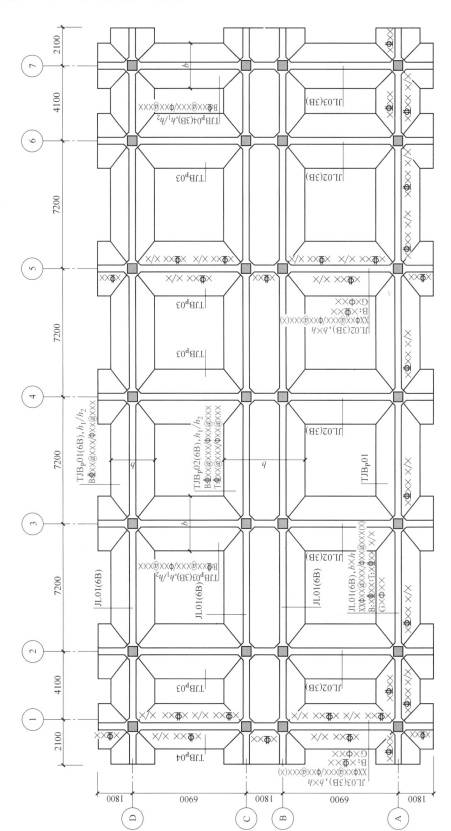

图 8-3 采用平面注写方式表达的条形基础设计施工图示意

注：±0.000的绝对标高(m)：×××× ，××××：基础底面标高(m)： -×. ×××。

总说明

柱

梁

板

剪力墙

楼梯

独立基础

条形基础

筏形基础

桩基础

条形基础底板几何尺寸和配筋表　　　　　表 8-3

基础梁编号/截面号	截面几何尺寸		配筋	
	$b \times h$	$c_1 \times c_2$	底部贯通纵筋＋非部贯通纵筋，顶部贯通纵筋	第一种箍筋/第二种箍筋

任务2　条形基础标准构造详图识读

8-4　动画
条形基础
流水施工

子任务 1　条形基础底板配筋构造

1. 基础底板交接处钢筋构造。除梁板端（无延伸）外，其余基础底板交接处受力筋均为一方向梁受力筋全部通过，另一方向梁受力筋伸进该梁底板宽 1/4 范围内布置。在两向受力筋交接处的网状部位，分布钢筋与同向受力筋的构造搭接长度为 150mm，如图 8-4 和图 8-5 所示。当有基础梁时，基础底板的分布筋在梁宽范围内不设置。

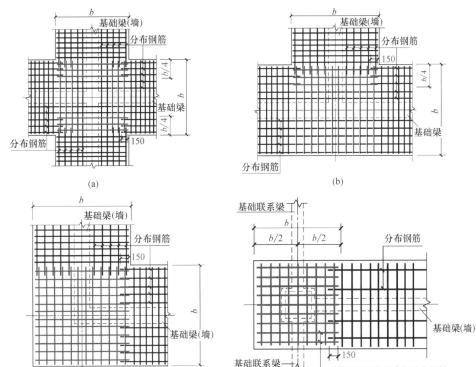

图 8-4　条形基础底板配筋构造（一）

（a）十字交接基础底板，也可用于转角梁板端部均有纵向延伸；（b）丁字交接基础板；

（c）转角梁板端部无纵向延伸；（d）条形基础无交接底板端部构造

总说明

柱

梁

板

剪力墙

楼梯

独立基础

条形基础

筏形基础

桩基础

总说明

柱

梁

板

剪力墙

楼梯

独立基础

条形基础

筏形基础

桩基础

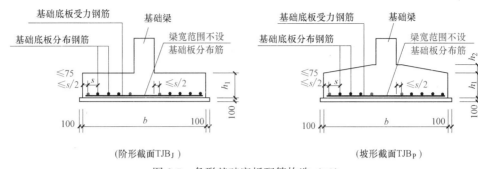

（阶形截面TJB_J）　　　　（坡形截面TJB_P）

图 8-5　条形基础底板配筋构造（二）

2. 条形基础底板配筋长度减短 10% 构造。如图 8-6 所示，当条形基础宽度 $b \geqslant 2500 \text{mm}$

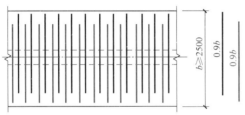

图 8-6　条形基础底板配筋长度减短 10% 构造

时，基础底板相邻横向钢筋在底板两边交替缩短 10%。板底交接区的受力钢筋和底板端部的第一根钢筋不应减短。

3. 条形基础板底不平构造。折角处分布钢筋转换为受力钢筋，锚固长度均为 l_a，如图 8-7 所示。

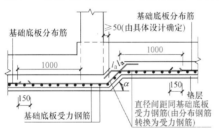

柱下条形基础底板板底不平构造
（板底高差坡度 α 取45°或按设计）

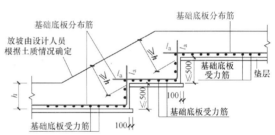

墙下条形基础底板板底不平构造

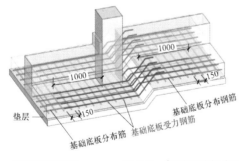

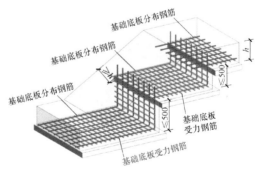

图 8-7　条形基础板底不平构造图（板式条形基础）

8-5　模型

墙下条形基础底板板底不平构造

子任务 2　基础梁配筋构造

1. 基础梁纵筋

基础梁顶部贯通纵筋连接区为柱宽范围加支座两边各 $l_n/4$，底部贯通

纵筋连接区为跨中 $l_n/3$，如图 8-8 所示；底部非贯通筋伸入跨内长度一、二排均为 $l_n/3$，其中 l_n 为中间支座左右净跨的较大值，边跨边支座为本跨的净跨长度值。梁交接处的箍筋按截面高度较大的基础梁设置。底部贯通筋配置不同时，较大一跨的底部贯通纵筋伸至较小一跨的跨中连接区进行连接。

顶部贯通纵筋在连接区内采用搭接、机械连接或焊接。同一连接区段内接头面积百分率不宜大于50%。当钢筋长度可穿过一连接区到下一连接区并满足连接要求时，宜穿越设置

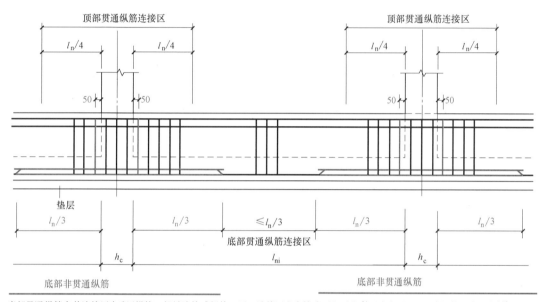

底部贯通纵筋在其连接区内采用搭接、机械连接或焊接。同一连接区段内接头面积百分率不宜大于50%。当钢筋长度可穿过一连接区到下一连接区并满足连接要求时，宜穿越设置

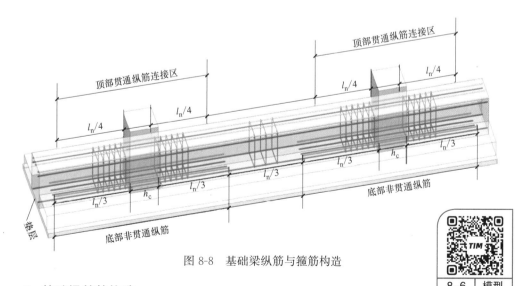

图 8-8　基础梁纵筋与箍筋构造

2. 基础梁箍筋构造

每跨第一道箍筋距柱边 50mm，如图 8-8 所示。

节点内箍筋按梁端箍筋设置。梁相互交叉宽度内的箍筋按截面高度

右侧栏目：总说明　柱　梁　板　剪力墙　楼梯　独立基础　条形基础　筏形基础　桩基础

8-6｜模型
基础梁配筋构造

较大的基础梁设置。同跨箍筋有两种时，各自设置范围按具体设计注写。

3. 附加箍筋、吊筋构造（图 8-9）

设置在基础主次梁相交处的主梁内，配筋值由设计标注。

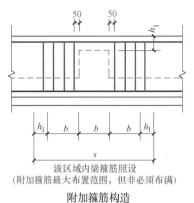

该区域内梁箍筋照设
（附加箍筋最大布置范围，但非必须布满）

附加箍筋构造

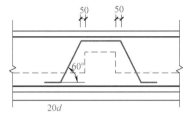

附加（反扣）吊筋构造

（吊筋高度应根据基础梁高度推算，
吊筋顶部直段与基础梁顶部纵筋
净距应满足规范要求，当净距不足
时应置于下一排）

图 8-9　基础梁附加箍筋、吊筋构造

4. 基础梁端部与外伸部位钢筋构造（图 8-10）

下部钢筋伸至尽端后弯折，从柱内侧算起平直段长度不小于 l_a 时，弯折段长度 $12d$；从柱内侧算起平直段长度小于 l_a 时，从柱内侧算起平直段长度应不小于 $0.6l_{ab}$，弯折段长度 $15d$。

上部钢筋无需全部伸至尽端，施工单位可根据设计施工图的平法标注进行施工。连续通过的钢筋伸至外伸尽端后弯折 $12d$；第二排钢筋在支座处截断，从柱内侧算起水平段长度应不小于 l_a。

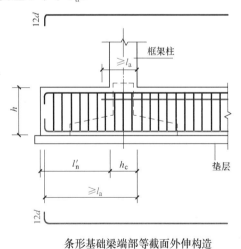

条形基础梁端部等截面外伸构造

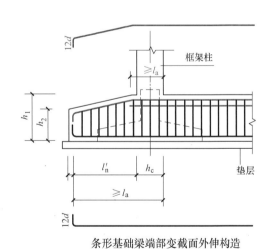

条形基础梁端部变截面外伸构造

图 8-10　基础梁端部外伸构造

5. 基础梁侧面纵筋和拉筋构造（图 8-11）

（1）基础梁侧面纵筋竖向间距 $a \leqslant 200$mm。

（2）基础梁侧面纵向构造钢筋搭接长度和锚固长度均为 $15d$。

（3）基础梁侧面受扭钢筋搭接长度为 l_l，锚固长度为 l_a。

（4）梁侧钢筋的拉筋直径除注明外均为 8mm，间距为箍筋间距的 2 倍。设有多排拉筋时，上下两排拉筋在竖向错开布置。

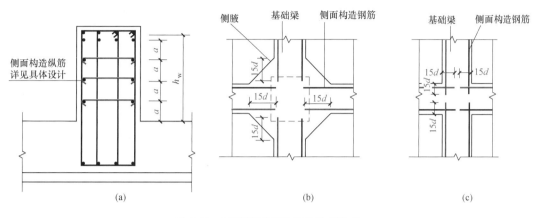

图 8-11　基础梁侧面纵筋和拉筋构造

6. 基础梁与柱结合部侧腋构造（图 8-12）

除基础梁比柱宽且完全形成梁包柱的情况外，所有基础梁与柱结合部位均应按图 8-12 所示加腋。其构造要点如下：

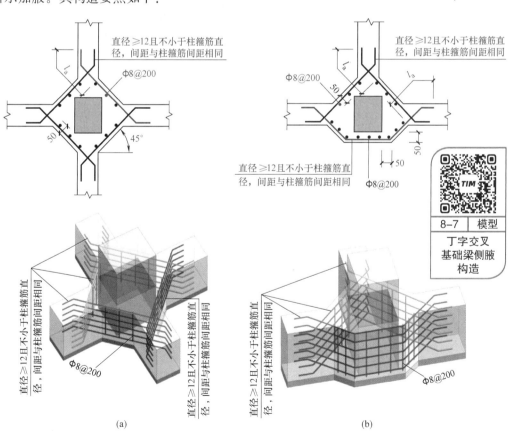

图 8-12　基础梁与柱结合部侧腋构造（一）

（a）十字交叉基础梁；（b）丁字交叉基础梁

总说明

柱

梁

板

剪力墙

楼梯

独立基础

条形基础

筏形基础

桩基础

总说明

柱

梁

板

剪力墙

楼梯

独立基础

条形基础

筏形基础

桩基础

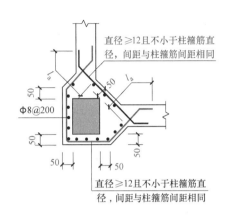

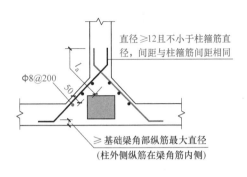

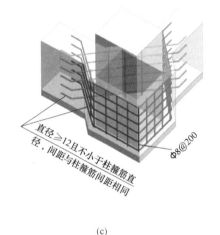

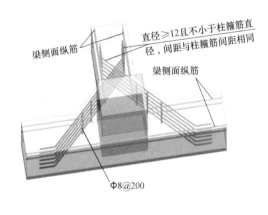

（c）　　　　　　　　　　　　　　　　（d）

图 8-12　基础梁与柱结合部侧腋构造（二）

（c）转角处（无外伸）基础梁；（d）基础梁偏向穿柱

（1）各边侧腋边线与基础梁边线成 45°交线，距柱边最小宽出尺寸为 50mm，各边侧腋宽出尺寸均相同。

（2）基础梁与柱结合部位加腋钢筋由加腋筋及其分布筋组成。加腋筋直径≥12mm 且不小于柱箍筋直径，间距与柱箍筋间距相同。加腋筋长度为侧腋边长加两端锚固长度 l_a，分布筋为 $\phi 8@200$。

（3）当基础梁与柱等宽，或柱与梁的某一侧面相平时，存在因梁纵筋与柱纵筋同在一个平面内导致直通交叉遇阻情况，此时应适当调整基础梁宽度使柱纵筋直通锚固。

（4）当柱与基础梁结合部位的梁顶面高度不同时，梁包柱侧腋顶面应与较高基础梁的梁顶面一平（即在同一平面上），侧腋顶面至较低梁顶面高差内的侧腋，可参照角柱或丁字交叉基础梁包柱侧腋的构造进行施工。

7. 基础梁梁底不平和变截面部位钢筋构造

基础梁梁底不平和变截面部位的钢筋构造，见表 8-4。

基础梁梁底不平和变截面部位钢筋构造 表 8-4

适用情况	构造详图	构造要点
梁底有高差	顶部贯通纵筋连接区 $l_n/4$ $l_n/4$ 50 50 l_a α 垫层 $l_n/3$ h_c ≥50(由具体设计确定) l_a	1. 梁底纵筋在梁底标高变化处断开锚固,锚固长度 l_a; 2. 梁底高差坡度 α 根据场地实际情况可取 30°、45°或 60°
梁顶有高差	l_a 顶部第二排筋伸至尽端钢筋内侧弯折15d;当直段长度≥l_a时可不弯折 50 50 50 l_a 垫层 $l_n/3$ h_c $l_n/3$	1. 梁顶标高较低一侧的梁顶纵筋伸入较高一侧梁直锚,直锚长度 l_a 自柱边算起; 2. 梁顶标高较高一侧的梁顶纵筋,第一排筋伸至梁端后向下弯锚,锚固长度 l_a 自较低一侧梁的梁顶算起;第二排筋伸至尽端钢筋内侧弯折 15d
梁底、梁顶均有高差	l_a 顶部第二排筋伸至尽端钢筋内侧弯折15d;当直段长度≥l_a时可不弯折 侧腋 50 50 50 l_a l_a α 垫层 ≥50(由具体设计确定) $l_n/3$ h_c $l_n/3$ l_a	1. 梁底纵筋构造同"梁底有高差"情形; 2. 梁顶纵筋构造同"梁顶有高差"情形
梁底、梁顶均有高差,一侧梁底高于另一侧梁顶	l_a 顶部第二排筋伸至尽端钢筋内侧弯折15d;当直段长度≥l_a时可不弯折 50 50 50 l_a l_a α 垫层 $l_n/3$ h_c ≥50(由具体设计确定) 直筋伸至柱边且≥l_a	1. 较低一侧梁梁顶纵筋和较高一侧梁底纵筋伸至柱边且≥l_a; 2. 较低一侧梁梁顶纵筋构造同"梁底有高差"情形; 3. 较高一侧梁梁底纵筋构造同"梁顶有高差"情形; 4. 此构造仅用于条形基础梁

总说明

柱

梁

板

剪力墙

楼梯

独立基础

条形基础

筏形基础

桩基础

187

总说明

柱

梁

板

剪力墙

楼梯

独立基础

条形基础

筏形基础

桩基础

续表

适用情况	构造详图	构造要点
柱两边梁宽不同	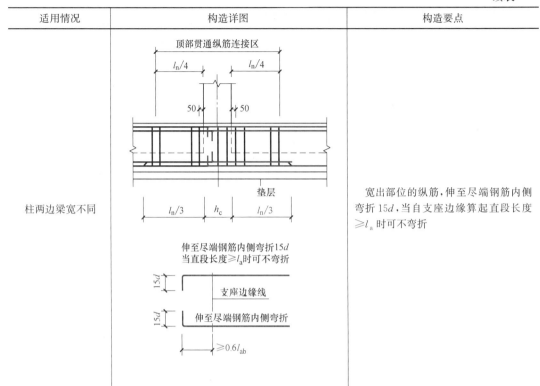	宽出部位的纵筋，伸至尽端钢筋内侧弯折 15d，当自支座边缘算起直段长度 ≥l_a 时可不弯折

任务3 独立基础平法施工图识读技能训练

1. 条形基础平法识图知识体系

条形基础的平法识图知识体系，如图 8-13 所示。

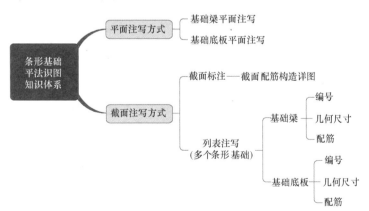

图 8-13　条形基础平法识图知识体系

2. 条形基础基础梁平面注写知识体系

条形基础基础梁的平面注写知识体系，如图 8-14 所示。

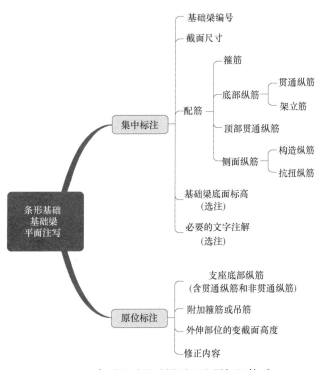

图 8-14 条形基础基础梁平面注写知识体系

3. 条形基础基础底板平面注写知识体系

条形基础基础底板的平面注写知识体系，如图 8-15 所示。

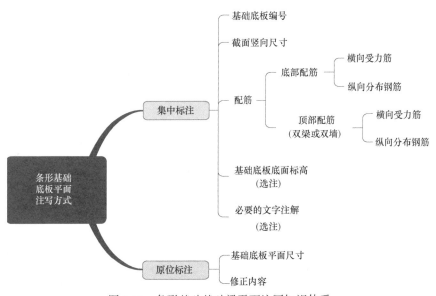

图 8-15 条形基础基础梁平面注写知识体系

4. 条形基础的钢筋构造体系

条形基础的钢筋构造体系，如图 8-16 所示。

总说明

柱

梁

板

剪力墙

楼梯

独立基础

条形基础

筏形基础

桩基础

总说明

柱

梁

板

剪力墙

楼梯

独立基础

条形基础

筏形基础

桩基础

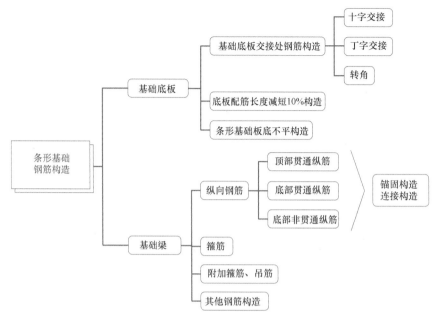

图 8-16　条形基础钢筋构造体系

5. 条形基础平法施工图的识读步骤

条形基础平法施工图识读步骤如下：

（1）查看图名、比例。

（2）校核基础轴线编号及间距尺寸，是否与建筑施工图一致。

（3）阅读结构设计总说明或有关说明，明确条形基础的混凝土强度等级。

（4）明确条形基础各构件的类型、编号、数量和位置。

（5）分别读取基础梁和基础底板的截面尺寸、配筋、底面标高等信息；结合建筑施工图，校核底层建筑墙体基础做法。

（6）根据条形基础标准构造要求，确定基础底板长度是否缩减 10% 以及如何排布，基础梁纵向钢筋及箍筋的构造等。

（7）图纸说明中的其他有关要求。

6. 识图案例

【实例 8-8】　在某综合楼工程施工图中截取部分条形基础施工图，如图 8-17 所示。

要求：分别读取图中基础梁和基础板的几何尺寸及配筋等信息。

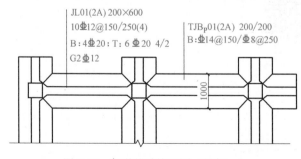

图 8-17　条形基础施工图（局部一）

【案例解析】

（1）基础梁

01号基础梁，两跨、一端外伸，截面宽200mm，截面高600mm。

基础梁箍筋：两端向跨内先各布置10根Φ12@150的箍筋，中间布置Φ12@250的箍筋，均为四肢箍。

基础梁纵筋：梁底配置4Φ20的贯通筋；梁顶配置6Φ20的贯通筋，分两排布置，上排4根，下排2根。

梁侧面纵筋：梁侧面共配置2Φ12的纵向构造钢筋，每侧各1根。

（2）基础底板

01号坡形条基底板，两跨、一端外伸。

竖向截面尺寸：基础底板端部高200mm，基础底板梁边高度200＋200＝400mm

钢筋配置：条形基础底板底部横向受力筋为Φ14@150mm，纵向分布筋为Φ8@250。

宽度：条形基础底板总宽度为1000mm。

【实例8-9】 某条形基础施工图（局部），如图8-18所示。

要求：读取图中TJB_p02的几何尺寸及配筋等信息。

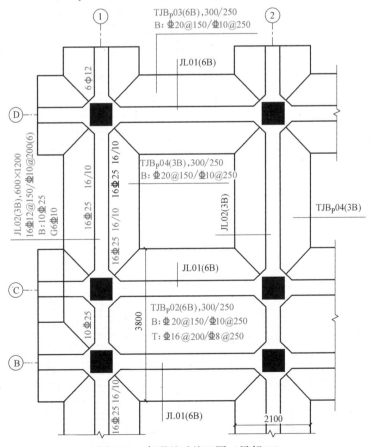

图8-18 条形基础施工图（局部二）

总说明

柱

梁

板

剪力墙

楼梯

独立基础

条形基础

筏形基础

桩基础

总说明

柱

梁

板

剪力墙

楼梯

独立基础

条形基础

筏形基础

桩基础

【案例解析】

02 号坡形条基底板，六跨、两端外伸。

竖向截面尺寸：基础底板端部高 300mm，基础底板梁边高度 300＋250＝550mm

该底板为双梁条形基础底板，除在底板底部配置钢筋外，在两根梁之间的底板顶部也配有钢筋。

底部钢筋：条形基础底板底部横向受力筋为 Φ20@150mm，纵向分布筋为 Φ10@250。

顶部钢筋：条形基础底板顶部横向受力筋为 Φ16@200mm，纵向分布筋为 Φ8@250。

宽度：条形基础底板总宽度为 3800mm。

【实例 8-10】　某条形基础平面图，如图 8-19 所示。该工程基础底面标高为－1.800mm，素混凝土垫层厚 100mm，基础梁截面尺寸为 400mm×1000mm。

要求：准确读取图中 TJB$_p$01 的几何尺寸及配筋等信息，在此基础上绘制 1-1 截面配筋图。

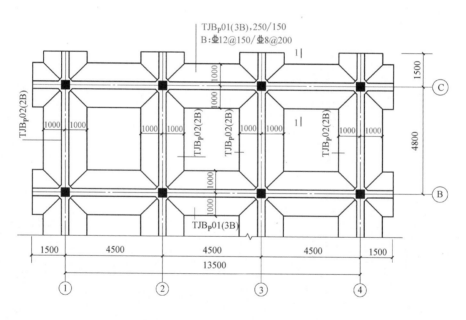

图 8-19　条形基础平面图（局部）

【案例解析】

1. 平法识图

01 号坡形条基底板，三跨、两端外伸。

竖向截面尺寸：基础底板端部高 250mm，基础底板梁边高度 250＋150mm＝400mm

底部钢筋：条形基础底板底部横向受力筋为 Φ12@150mm，纵向分布筋为 Φ8@200。

宽度：条形基础底板总宽度为 2000mm。

2. 1-1 截面配筋图绘制步骤

（1）按比例绘制条形基础外轮廓线以及混凝土垫层的轮廓线，并标注条形基础底板宽度及基础截面竖向尺寸 h_1、h_2。

（2）对照条形基础底板配筋构造，在基础外轮廓线内绘制底板横向受力钢筋及纵向分布筋布置示意图，并对钢筋进行标注。

1-1 截面配筋图如图 8-20 所示。

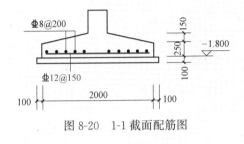

图 8-20　1-1 截面配筋图

注意：①条形基础底板横向受力钢筋应放置在纵向分布筋之下；②基础底板的分布筋在梁宽范围内不设置。

总说明

柱

梁

板

剪力墙

楼梯

独立基础

条形基础

筏形基础

桩基础

09

项目9

梁板式筏形基础平法施工图识读

 知识目标

1. 掌握梁板式筏形基础平法施工图的制图规则；

2. 熟悉梁板式筏形基础构件标准构造详图中基础梁纵向钢筋的锚固与连接、基础平板配筋长度及位置等构造要求。

 能力目标

1. 能够正确运用16G101-3图集中梁板式筏形基础平法施工图制图规则，准确识读梁板式筏形基础平法施工图中包含的信息；

2. 能够根据梁板式筏形基础构造详图描述梁板式筏形基础平板中钢筋的配置，准确计算基础梁箍筋根数及纵向钢筋的搭接位置、搭接长度、在支座内的锚固长度，在此基础上正确绘制基础梁配筋图。

🏆 **素质目标**

1. 培养学生的规范意识和法律观念；

2. 培养学生严格按照制图规则绘制施工图的意识；

3. 培养学生科学严谨的态度，认真细致的工作作风；

4. 培养学生空间思维能力。

总说明

柱

梁

板

剪力墙

楼梯

独立基础

条形基础

筏形基础

桩基础

课程思政要点

思政元素	思政切入点	思政目标
1. 安全意识 2. 责任担当 3. 积极进取	由 2009 年 6 月上海发生的一起基础问题引起的工程事故案例，引出高层建筑只有按规定在地表以下有足够的基础埋深，才能保证整个建筑的安全。人也是一样，只有基础扎实，才能担当重任，成就人生的高度。现在的学习就是在为将来胜任工作、报效祖国打牢基础。	1. 引导学生牢固树立安全意识和责任意识。 2. 培养学生认真学习、积极进取的思想。

任务1　梁板式筏形基础平法制图规则认知

梁板式筏形基础平法施工图，是在基础平面布置图上采用平面注写方式进行表达。由基础主梁、基础次梁、基础平板等构成，按表 9-1 的规定编号。

梁板式筏形基础构件编号　　　　　　　　　　　　　表 9-1

构件类型	代号	序号	跨数及有无外伸
基础主梁（柱下）	JL	××	(××)或(××A)或(××B)
基础次梁	JCL	××	(××)或(××A)或(××B)
梁板筏基础平板	LPB	××	

注：梁板式筏形基础平板跨数及是否有外伸，分别在 X、Y 两向的贯通筋之后表达。

子任务1　基础主梁与基础次梁的平面注写方式

基础主梁 JL 与基础次梁 JCL 的平面注写方式，分集中标注和原位标注两部分内容。

1. 基础主梁 JL 与基础次梁 JCL 的集中标注

集中标注内容包括：基础梁编号、截面尺寸、配筋三项必注内容，以及基础梁底面标高高差（相对于筏形基础平板底面标高）一项选注内容。

（1）注写基础梁的编号，见表 9-1。

（2）注写基础梁的截面尺寸

$b×h$ 表示梁截面宽度与高度；当为竖向加腋梁时，用 $b×h$　$Yc_1×c_2$ 表示，其中 c_1 为腋长，c_2 为腋高。

9-1 | 微课

梁板式筏形基础基础梁平面注写方式

（3）注写基础梁的配筋

基础梁配筋表示方法与框架梁配筋相同，参见项目 3 任务 1 中相关内容，此处不再赘述。

（4）注写基础梁底面标高高差（系相对于筏形基础平板底面标高的高差值），该项为选注值。

总说明

柱

梁

板

剪力墙

楼梯

独立基础

条形基础

筏形基础

桩基础

2. 基础主梁与基础次梁的原位标注

（1）注写梁支座的底部纵筋（包含贯通纵筋与非贯通纵筋在内的所有纵筋），注写方式同框架梁支座纵筋。

（2）注写基础梁的附加箍筋或（反扣）吊筋。将其直接画在平面图中的主梁上，用线引注总配筋值（附加箍筋的肢数注在括号内）。

（3）当基础梁外伸部位变截面高度时，在该部位原位注写 $b \times h_1/h_2$，h_1 为根部截面高度，h_2 为尽端截面高度。

（4）注写修正内容。

基础主梁与基础次梁平面注写表达方式，如图 9-1 和表 9-2 所示。

基础主梁与基础次梁标注说明　　　　　　　　　　表 9-2

集中标注说明:集中标注应在第一跨引出

注写形式	表达内容	附加说明
JL××(×B)或 JCL××(×B)	基础主梁 JL 或基础次梁 JCL 编号,具体包括:代号、序号、(跨数及外伸情况)	(×A):一端有外伸;(×B):两端均有外伸;无外伸则仅注跨数(×)
$b \times h$	截面尺寸,梁宽×梁高	当加腋时,用 $b \times h$　$Yc_1 \times c_2$ 表示,其中 c_1 为腋长,c_2 为腋高
××φ××@××××/ φ××@××××(×)	第一种箍筋箍筋道数、强度等级、直径、间距/第二种箍筋(肢数)	φ—HPB300,Φ—HRB335,Φ—HRB400,Φ^R—RRB400,下同
B×Φ××;T×Φ××	底部(B)贯通纵筋根数、强度等级、直径;顶部(T)贯通纵筋根数、强度等级、直径	底部纵筋应有不少于 1/3 贯通全跨顶部纵筋全部连通
G×Φ××	梁侧面纵向构造钢筋根数、强度等级、直径	为梁两个侧面构造纵筋的总根数
(×,×××)	梁底面相对于筏板基础平板标高的高差	高者前加"+",低者前加"−",无高差不注

原位标注(含贯通钢筋)的说明:

注写形式	表达内容	附加说明
×Φ×× ×/×	基础主梁柱下与基础次梁支座区域底部纵筋根数、强度等级、直径,以及用"/"分隔的各排筋根数	为该区域底部包括贯通筋与非贯通筋在内的全部纵筋
×φ××(×)	附加箍筋总根数(两侧均分)、强度级别、直径及肢数	在主次梁相交处的主梁上引出
其他原位标注	某部位与集中标注不同的内容	原位标注取值优先

注：相同的基础主梁或次梁只标注一根，其他仅注写编号。有关标注的其他规定详见制图规则。在基础梁相交处位于同一层面的纵筋相交叉时，设计应注明何梁纵筋在下，何梁纵筋在上。

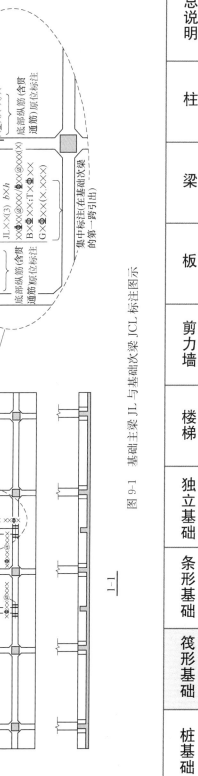

图 9-1 基础主梁 JL 与基础次梁 JCL 标注图示

总说明

柱

梁

板

剪力墙

楼梯

独立基础

条形基础

筏形基础

桩基础

子任务2 梁板式筏形基础平板的平面注写方式

梁板式筏形基础平板 LPB 的平面注写，分为集中标注和原位标注两部分内容。

1. 集中标注

梁板式筏形基础平板 LPB 贯通纵筋的集中标注，应在所表达的板区双向均为第一跨（X 与 Y 双向首跨）的板上引出。

板区划分条件：板厚相同、基础平板底部与顶部贯通纵筋配置相同的区域为同一板区。

（1）注写基础底板的编号，见表 9-1。

（2）注写基础平板的截面尺寸。注写 $h = \times \times \times$，表示板厚。

（3）注写基础平板的底部与顶部贯通纵筋及其跨数及外伸情况。先注写 X 向底部（B 打头）贯通纵筋与顶部（T 打头）贯通纵筋及纵向长度范围；再注写 Y 向底部（B 打头）贯通纵筋与顶部（T 打头）贯通纵筋及其跨数及外伸情况。

贯通纵筋的跨数及外伸情况注写在括号中，注写方式为"跨数及有无外伸"。

 特别说明

基础平板的跨数以构成柱网的主轴线为准；两主轴线之间无论有几道辅助轴线，均可按一跨考虑。

【实例 9-1】

LPB 02 $h = 400$

X：B Φ 22@150；T Φ 20@150；（6B）

Y：B Φ 22@200；T Φ 18@200；（5A）

【解析】

表示 02 号梁板式筏形基础平板，板厚 400mm。

X 向底部配置 Φ 22 间距 150mm 的贯通纵筋；顶部配置 Φ 20 间距 150mm 的贯通纵筋，共 6 跨两端有外伸。

Y 向底部配置 Φ 22 间距 200mm 的贯通纵筋，顶部配置 Φ 18 间距 200mm 的贯通纵筋，共 5 跨一端有外伸。

2. 原位标注

梁板式筏形基础平板 LPB 的原位标注，主要表达板底部附加非贯通纵筋。

（1）原位注写板底部附加非贯通纵筋

板底部附加非贯通纵筋，应在配置相同跨的第一跨表达（当在基础梁悬挑部位单独配置时则在原位表达）。

（2）注写修正内容

梁板式筏形基础平板 LPB 的平面注写方式，如图 9-2 和表 9-3 所示。

9-2 微课

梁板式筏形基础平板平面注写方式

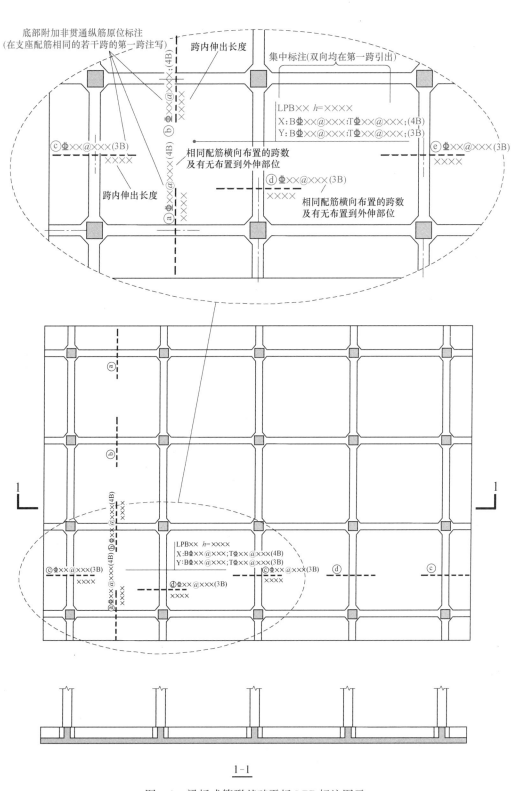

图 9-2 梁板式筏形基础平板 LPB 标注图示

总说明

柱

梁

板

剪力墙

楼梯

独立基础

条形基础

筏形基础

桩基础

总说明

柱

梁

板

剪力墙

楼梯

独立基础

条形基础

筏形基础

桩基础

梁板式筏形基础平板 LPB 标注说明　　　　　　　　　表 9-3

集中标注说明：集中标注应在双向均为第一跨引出

注写形式	表达内容	附加说明
LPB××	基础平板编号，包括代号和序号	为梁板式基础的基础平板
$h = \times\times\times\times$	基础平板厚度	
X:BΦ××@×××; TΦ××@×××;(×、×A、×B) Y:BΦ××@×××; TΦ××@×××;(×、×A、×B)	X 向底部与顶部贯通纵筋强度等级、直径、间距(总长度:跨数及有无外伸) Y 向底部与顶部贯通纵筋强度等级、直径、间距(总长度:跨数及有无外伸)	底部纵筋应有不少于 1/3 贯通全跨,注意与非贯通纵筋组合设置的具体要求,详见制图规范。顶部纵筋应全跨连通。用 B 引导底部贯通纵筋,用 T 引导顶部贯通纵筋。 (×A):一端有外伸;(×B):两端均有外伸;无外伸则仅注跨数(×)。图面从左到右为 X 向,从下到上为 Y 向

板底部附加非贯通筋的原位标注说明：原位标注应在基础梁下相同配筋跨的第一跨下注写

注写形式	表达内容	附加说明
	底部附加非贯通纵筋编号、强度等级、直径、间距(相同配筋横向布置的跨数及有无布置到外伸部位);自梁中心线分别向两边跨内的伸出长度值	当向两侧对称伸出时,可以只在一侧伸出长度值。外伸部位一侧的伸出长度与方式按标准构造,设计不注。相同非贯通纵筋只可注写一处,其他仅在中粗虚线上注写编号。与贯通纵筋组合设置时的具体要求详见相应制图规则
修正内容原位标注	某部位与集中标注不同的内容	原位标注的修正内容取值优先

任务2　梁板式筏形基础标准构造详图识读

梁板式筏形基础平板的受力情况如同地基净反力作用下倒置的连续板，跨中顶部受拉，支座底部受拉。

子任务 1　梁板式筏形基础平板钢筋构造

9-3　微课
梁板式筏形基础平板钢筋构造

梁板式筏形基础平板 LPB 钢筋构造分柱下区域和跨中区域。

1. 柱下区域

梁板式筏形基础平板 LPB 钢筋构造（柱下区域），如图 9-3 所示。其中 l_n 为左右相邻两跨净跨长的较大值；顶部贯通纵筋连接区为柱两边 $l_n/4$ 再加柱宽范围；底部贯通纵筋连接区为本跨跨中的 $l_n/3$ 范围；底部附加非贯通筋自支座中线向跨内伸出长度见设计标注。

顶部贯通纵筋在连接区内采用搭接、机械连接或焊接。同一连接区段内接头面积百分比率不宜大于50%，当钢筋长度可穿过一连接区到下一连接区并满足要求时，宜穿越设置

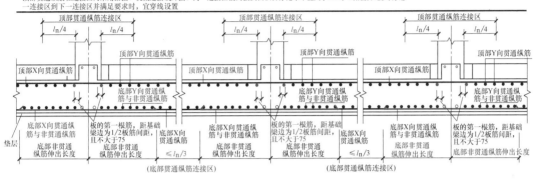

图 9-3 梁板式筏形基础平板 LPB 钢筋构造（柱下区域）

2. 跨中区域

梁板式筏形基础平板 LPB 钢筋构造（跨中区域），如图 9-4 所示。筏基平板（跨中区域）没有底部非贯通纵筋，顶部贯通纵筋连接区为梁两边 $l_n/4$ 再加梁宽范围，底部贯通纵筋连接区为本跨跨中的 $l_n/3$ 范围。

9-4 | 模型

梁板式筏形基础平板上部配筋

顶部贯通纵筋在连接区内采用搭接、机械连接或焊接，同一连接区段内接头面积百分比率不宜大于50%，当钢筋长度可穿过一连接区到下一连接区并满足要求时，宜穿越设置

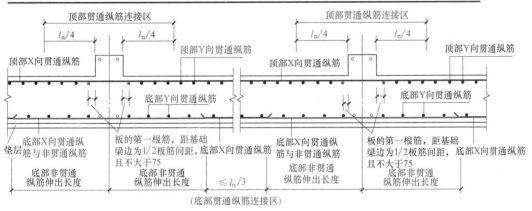

图 9-4 梁板式筏形基础平板 LPB 钢筋构造（跨中区域）

子任务 2 梁板式筏形基础平板端部与外伸部位钢筋构造

1. 梁板式筏形基础平板（有外伸和无外伸）端部构造

上部钢筋伸入梁内不小于 $12d$ 且至少到梁中线，板的第一根钢筋距离基础梁边为 1/2 板筋间距且不大于 75mm。端部等（变截面）外伸构造中，当从支座内边算起至外伸端头大于 l_a 时，基础平板下部钢筋伸至端部后，弯折 $12d$，如图 9-5 所示；不大于 l_a 时，基础平板下部钢筋伸至端部后，弯折 $15d$，且从支座内边缘算起应 $\geq 0.6l_{ab}$。端部有外伸板外边缘应封边。

9-5 | 模型

梁板式筏形基础平板下部配筋

右侧边栏：总说明 | 柱 | 梁 | 板 | 剪力墙 | 楼梯 | 独立基础 | 条形基础 | 筏形基础 | 桩基础

总说明

柱

梁

板

剪力墙

楼梯

独立基础

条形基础

筏形基础

桩基础

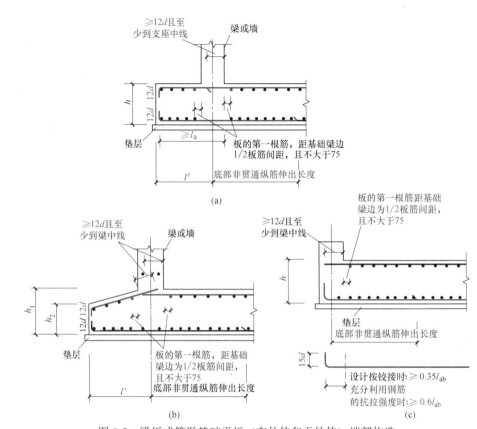

图 9-5 梁板式筏形基础平板（有外伸和无外伸）端部构造

（a）端部等截面外伸；（b）端部变截面外伸；（c）端部无外伸

2. 梁板式筏形基础平板变截面部位构造

底部钢筋从变截面钢筋交接处伸长 l_a；高变截面处顶部钢筋伸到尽端钢筋内侧弯折 15d，另一截面顶部纵筋则至少伸到梁中线，且不小于 l_a，如图 9-6 所示。

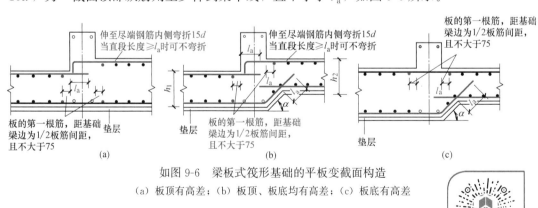

如图 9-6 梁板式筏形基础的平板变截面构造

（a）板顶有高差；（b）板顶、板底均有高差；（c）板底有高差

子任务3 梁板式筏形基础基础次梁钢筋构造

基础次梁相当于倒置的非框架梁。

9-6 微课

基础次梁
钢筋构造

（1）基础次梁 JCL 纵筋构造

基础次梁上部纵筋伸入基础主梁内长度不小于 $12d$ 且至少到梁中线；下部纵筋伸入基础梁内水平段长度，设计按铰接时小于 $0.35l_{ab}$，充分利用钢筋的抗拉强度时不小于 $0.6l_{ab}$，弯折长度 $15d$，如图 9-7 所示。

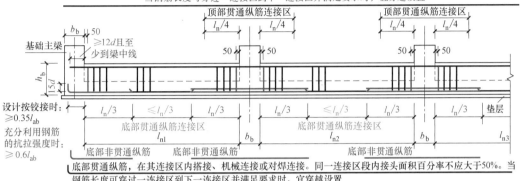

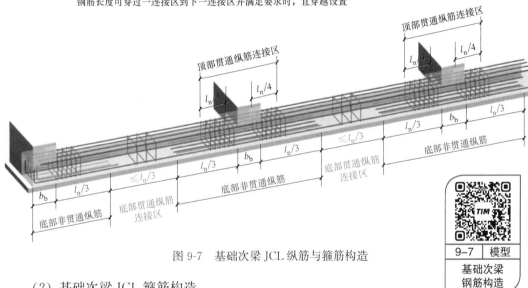

图 9-7　基础次梁 JCL 纵筋与箍筋构造

9-7　模型
基础次梁
钢筋构造

（2）基础次梁 JCL 箍筋构造

每跨第一道箍筋距柱边 50mm，如图 9-8 所示。

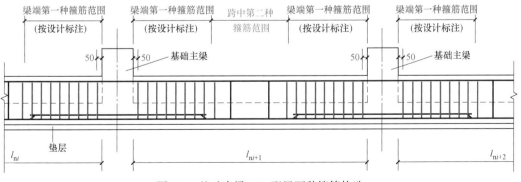

图 9-8　基础次梁 JCL 配置两种箍筋构造

总说明

柱

梁

板

剪力墙

楼梯

独立基础

条形基础

筏形基础

桩基础

总说明

柱

梁

板

剪力墙

楼梯

独立基础

条形基础

筏形基础

桩基础

节点内箍筋按梁端箍筋设置，梁相互交叉宽度内的箍筋按截面高度较大的基础梁设置。

同跨箍筋有两种时，各自设置范围按具体设计注写，如图9-8所示。当具体设计未注明时，基础次梁的外伸部位，按梁端第一种箍筋设置。

（3）基础次梁JCL端部钢筋构造

1）当端部无外伸时，如图9-7所示，下部钢筋全部伸至尽端后弯折$15d$；从支座内侧算起的直段长度，当按铰接时应大于$0.35l_{ab}$，当充分利用钢筋抗拉强度时应大于$0.6l_{ab}$。上部钢筋伸入支座内$12d$，且至少过支座中线。

2）当端部有外伸时，如图9-9所示。上部钢筋伸至外伸尽端后弯折$12d$。下部钢筋伸至尽端后弯折，从支座内侧算起直段长度不小于l_a时，弯折段长度$12d$；从支座内侧算起直段长度小于l_a时，当按铰接时直段长度应大于$0.35l_{ab}$，当充分利用钢筋抗拉强度时应大于$0.6l_{ab}$，弯折段长度$15d$。

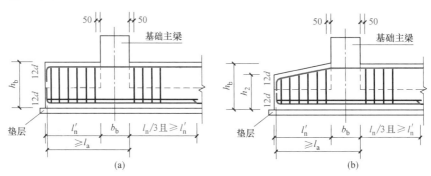

图9-9 基础次梁JCL端部外伸钢筋构造

（a）端部等截面外伸构造；（b）端部变截面外伸构造

（4）基础次梁JCL竖向加腋钢筋构造

基础次梁JCL竖向加腋钢筋构造，如图9-10所示。基础次梁竖向加腋部位的钢筋见

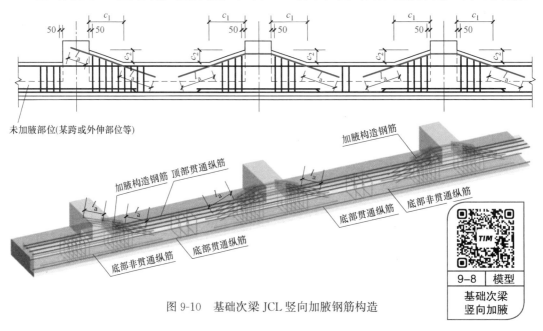

图9-10 基础次梁JCL竖向加腋钢筋构造

设计标注。加腋范围的箍筋与基础次梁的箍筋配置相同，仅箍筋高度为变值。

（5）基础次梁 JCL 梁底不平和变截面部位钢筋构造

基础次梁 JCL 梁底不平和变截面部位的钢筋构造，见表 9-4。

基础次梁梁底不平和变截面部位钢筋构造　　　　　　　　　　表 9-4

适用情况	构造详图	构造要点
梁底有高差	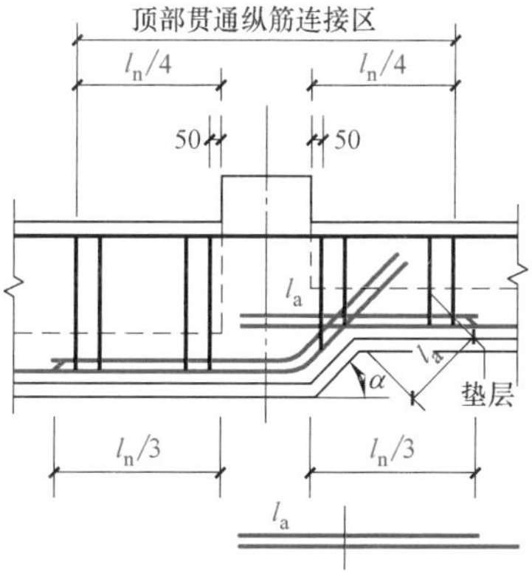	1. 梁底纵筋在梁底标高变化处断开锚固，锚固长度 l_a； 2. 基础次梁底高差坡度 α 可取 45°或 60°
梁顶有高差	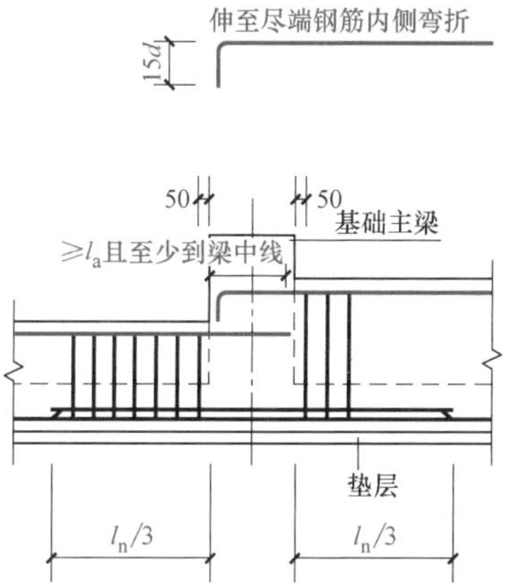	1. 梁顶标高较低一侧的梁顶纵筋伸入较高一侧梁直锚，至少伸到梁中线，直锚长度 l_a 自柱边算起； 2. 梁顶标高较高一侧的梁顶纵筋，伸至尽端钢筋内侧弯折 15d
梁底、梁顶均有高差	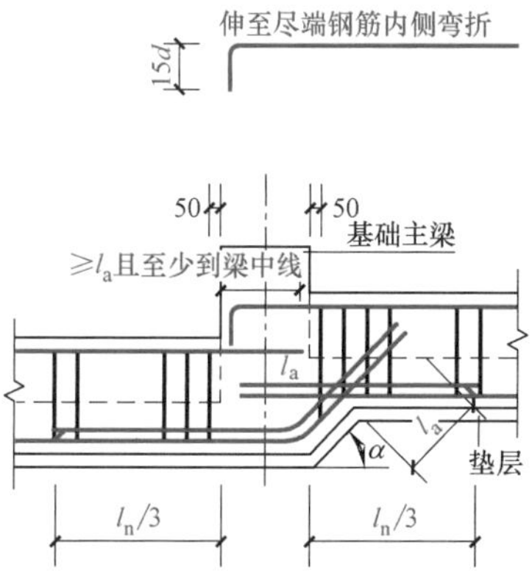	1. 梁底纵筋构造同"梁底有高差"情形； 2. 梁顶纵筋构造同"梁顶有高差"情形

总说明

柱

梁

板

剪力墙

楼梯

独立基础

条形基础

筏形基础

桩基础

左侧竖排导航栏：总说明　柱　梁　板　剪力墙　楼梯　独立基础　条形基础　筏形基础　桩基础

续表

适用情况	构造详图	构造要点
支座两边梁宽不同	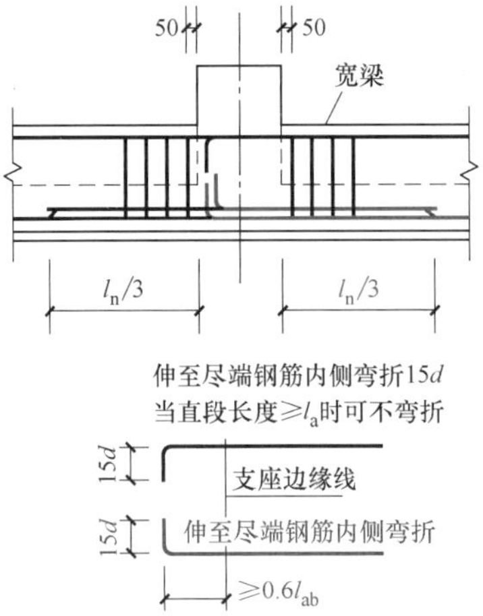	宽出部位的纵筋，伸至尽端钢筋内侧弯折 15d，当自支座边缘算起直段长度≥l_a 时可不弯折

梁板式筏形基础基础主梁 JL 的钢筋构造，与条形基础基础梁钢筋构造相同，参见项目 8 任务 2 相关内容，此处不再赘述。

任务3　梁板式筏形基础平法施工图识读技能训练

1. 梁板式筏形基础平法识图知识体系

梁板式筏形基础的平法识图知识体系，如图 9-11 所示。

2. 梁板式筏形基础钢筋构造体系

梁板式筏形基础的钢筋构造体系，如图 9-12 所示。

3. 梁板式筏形基础平法施工图的识读步骤

梁板式筏形基础平法施工图识读步骤如下：

（1）查看图名、比例。

（2）校核基础轴线编号及间距尺寸，是否与建筑施工图一致。

（3）阅读结构设计总说明或有关说明，明确梁板式筏形基础的混凝土强度等级。

（4）明确梁板式筏形基础各构件的类型、编号、数量和位置。

（5）分别读取基础主梁、基础次梁和基础底板的截面尺寸、配筋、底面标高等信息。

（6）根据梁板式筏形基础标准构造要求，确定基础底板钢筋如何排布，基础梁纵向钢筋及箍筋的构造等。

（7）图纸说明中的其他有关要求。

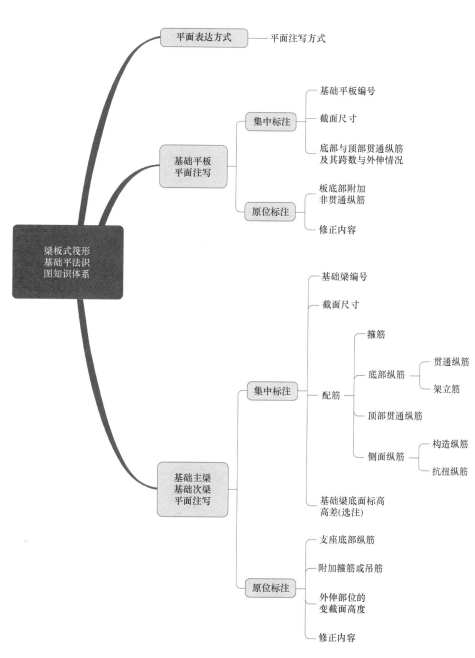

图 9-11 梁板式筏形基础平法识图知识体系

总说明

柱

梁

板

剪力墙

楼梯

独立基础

条形基础

筏形基础

桩基础

总说明

柱

梁

板

剪力墙

楼梯

独立基础

条形基础

筏形基础

桩基础

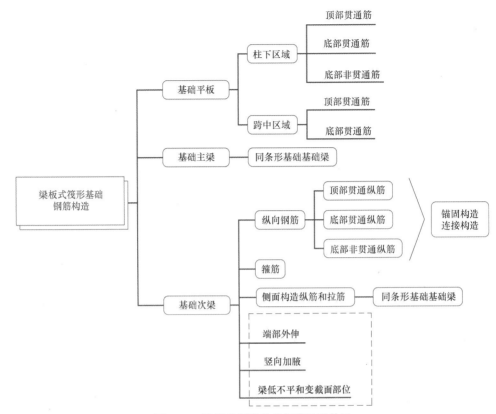

图 9-12　梁板式筏形基础钢筋构造体系

4. 识图案例

【**实例 9-2**】　某工程梁板式筏形基础平面图（局部），如图 9-13 所示。

要求：读取图中基础平板 LPB1 几何尺寸及配筋等信息。

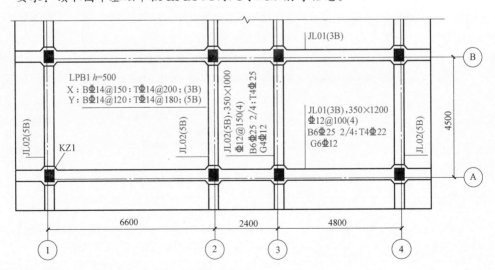

图 9-13　梁板式筏形基础施工图（局部一）

【案例解析】

由图9-13可知，1号梁板式筏形基础平板，板厚500mm。

X向底部配置Φ14间距150mm的贯通纵筋；顶部配置Φ14间距200mm的贯通纵筋，共3跨，两端有外伸。

Y向底部配置Φ14间距120mm的贯通纵筋；顶部配置Φ14间距180mm的贯通纵筋，共5跨，两端有外伸。

【实例9-3】　在某综合楼工程施工图中截取部分梁板式筏形基础施工图，如图9-14所示。请读取图中基础梁JL01的几何尺寸及配筋等信息。

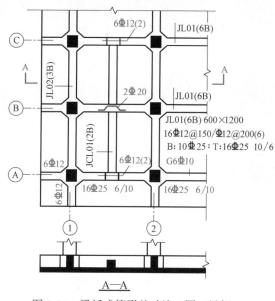

图9-14　梁板式筏形基础施工图（局部二）

【案例解析】

（1）对照图9-14可知，基础梁JL01为基础主梁，JCL01为基础次梁。

（2）JL01集中标注内容释义

01号基础主梁，六跨、两端外伸，截面宽600mm，截面高1200mm。

箍筋配置：该梁有两种箍筋间距，两端向跨内先各布置12根Φ12@150的箍筋，中间其余位置布置Φ12@200的箍筋，均为六肢箍。

纵筋配置：梁底配置一排10Φ25的贯通筋；梁顶配置16Φ25的贯通筋，分两排布置，上排10根，下排6根。

梁侧面纵筋：梁侧面共配置6Φ10的纵向构造钢筋，每侧各3根。

（3）JL01原位标注内容释义（从左至右）

该基础主梁左端有外伸，外伸端顶部配置6Φ25通长筋。

①轴和②轴支座处，梁底部纵筋共16Φ25，分两排布置，上排6根，下排10根。

基础主梁JL01与基础次梁JCL01相交位置，在基础主梁JL01内共配置6Φ12附加箍筋，次梁两侧各3Φ12附加箍筋。

总说明

柱

梁

板

剪力墙

楼梯

独立基础

条形基础

筏形基础

桩基础

项目10

桩基础平法施工图识读

 知识目标

1. 掌握灌注桩及桩基承台的平法施工图制图规则；

2. 熟悉桩承台配筋构造、灌注桩配筋构造以及灌注桩桩顶与承台连接构造等构造要求。

 能力目标

1. 能够正确运用16G101-3图集中桩基础平法施工图制图规则，准确识读桩基础平法施工图中灌注桩及承台的信息；

2. 能够根据桩基础构造详图，描述桩基础、桩基承台的钢筋配置，在此基础上正确绘制灌注桩及桩基承台配筋图。

 素质目标

1. 培养学生的规范意识和法律观念；

2. 培养学生严格按照制图规则绘制施工图的意识；

3. 培养学生科学严谨的态度，认真细致的工作作风；

4. 培养学生空间思维能力。

课程思政要点

思政元素	思政切入点	思政目标
1. 爱国情怀 2. 工匠精神 3. 团结合作	课前观看《超级工程》第二集——上海中心大厦,课上学生谈体会。 1. 这样超级工程的建成,靠的是千千万万个鲁班传人精益求精、追求极致、创新进取、不断超越自我的工匠精神。 2. 基础采用955根长达86m的基桩负担起主楼80万吨的重量——团结就是力量。	1. 激发学生强烈的爱国主义情怀,增强作为中国人和建筑人的自豪感,坚定"四个自信"。 2. 培养学生做事积极进取、不断超越自我的工匠精神。 3. 培养学生团结一心干大事的意识。

任务1 桩基础平法制图规则认知

桩基础平法施工图包括灌注桩和桩承台两部分内容。

子任务1 灌注桩平法施工图表示方法

灌注桩平法施工图是在灌注桩平面布置图上采用列表注写方式或平面注写方式进行表达。灌注桩主要采用列表注写方式。

1. 灌注桩列表注写方式

灌注桩列表注写方式,是在灌注桩平面布置图上,分别标注定位尺寸;在桩表中注写桩编号、桩尺寸、纵筋、螺旋箍筋、桩顶标高、单桩竖向承载力特征值。

10-1 微课
灌注桩平法表达方式

灌注桩表 表10-1

桩号	桩径 D×桩长 L （mm×m）	通常等截面配筋 全部纵筋	箍筋	桩顶标高 /m	单桩竖向承载力特征值 /kN
GZH1	800×16.700	10 Φ 18	LΦ8@100/200	-3.400	2400

灌注桩列表注写的格式见表10-1。桩表注写内容规定如下:

(1) 注写桩编号,桩编号由类型和序号组成,见表10-2。

桩编号 表10-2

类型	代号	序号
灌注桩	GZH	××
扩底灌注桩	GZH_K	××

(2) 注写桩尺寸,包括桩径 D×桩长 L,当为扩底灌注桩时,还应在括号内注写扩底端尺寸 $D_0/h_b/h_c$ 或 $D_0/h_b/h_{c1}/h_{c2}$。其中 D_0 表示扩底端直径,h_b 表示扩底端锅底形矢高,h_c 表示扩底端高度,如图10-1所示。

总说明

柱

梁

板

剪力墙

楼梯

独立基础

条形基础

筏形基础

桩基础

总说明

柱

梁

板

剪力墙

楼梯

独立基础

条形基础

筏形基础

桩基础

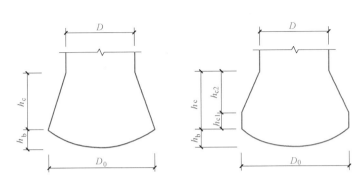

图 10-1　扩底灌注桩扩底端示意图

（3）注写桩纵筋，包括桩周均布的纵筋根数、钢筋强度级别、从桩顶起算的纵筋配置长度。

1）通长等截面配筋：注写全部纵筋，如××Φ××。

2）部分长度配筋：注写桩纵筋，如××Φ××/L1，共中 L1 表示从桩顶起算的入桩长度。

3）通长变截面配筋：注写桩纵筋，包括通长纵筋××Φ××和非通长纵筋××Φ××/L1，其中 L1 表示从桩顶起算的入桩长度。通长纵筋与非通长纵筋沿桩周间隔均匀布置。

【实例 10-1】　注写桩纵筋 15Φ20，15Φ18/6000

【解析】

表示桩通长纵筋为 15Φ20；桩非通长纵筋为 15Φ18，从桩顶起算的入桩长度为 6000mm。实际桩上段纵筋为 15Φ20＋15Φ18，通长纵筋与非通长纵筋间隔均匀布置于桩周。

（4）以大写字母 L 打头，注写桩螺旋筋，包括钢筋强度级别、直径与间距。

用斜线"/"区分桩顶箍筋加密区与桩身箍筋非加密区长度范围内箍筋的间距。16G101-3 图集中箍筋加密区为桩顶以下 5D（D 为桩身直径），若与实际工程情况不同，需设计者在图中注明。

当桩身位于液化土层范围内时，箍筋加密区长度应由设计者根据具体工程情况注明，或者箍筋全长加密。

（5）注写桩顶标高。

（6）注写单桩竖向承载力特征值。

2. 灌注桩平面注写方式

灌注桩平面注写方式的规则同列表注写方式，将灌注桩表中内容除单桩竖向承载力特征值以外集中标注在灌注桩上，如图 10-2 所示。

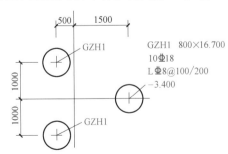

图 10-2　灌注桩平面注写

【实例10-2】　读取图10-2中集中标注部分的信息。

【解析】

编号1的灌注桩GZH1，桩径800mm，桩长16.700m；配置通长纵筋10Φ18；配置直径8mm的HRB400螺旋筋，桩顶箍筋加密区间距100mm，非加密区长度范围内箍筋间距200mm。

 子任务2　桩基承台平法施工图表示方法

桩基承台平法施工图，有平面注写与截面注写两种表达方式，设计者可根据具体工程情况选择一种，或将两种方式相结合进行桩基承台施工图设计。

桩基承台平面图一般将承台、承台下的桩位和承台所支承的柱、墙一起绘制。当桩基承台的柱中心线或墙中心线与建筑定位轴线不重合时，应标注其定位尺寸。

1. 桩基承台编号

桩基承台分为独立承台和承台梁，分别按表10-3和表10-4的规定编号。

独立承台编号表　　　　表10-3

类型	独立承台截面形状	代号	序号	说明
独立承台	阶形	CT_J	××	单阶截面即为平板式独立承台
	坡形	CT_P	××	

承台梁编号表　　　　表10-4

类型	代号	序号	说明
承台梁	CTL	××	（××）端部无外伸 （××A）一端有外伸 （××B）两端有外伸

2. 独立承台的平面注写方式

独立承台的平面注写方式，分可为集中标注和原位标注两部分内容。

（1）集中标注

集中标注表达的内容包括独立承台编号、截面竖向尺寸、配筋三项必注内容，以及承台板底面标高（与承台底面基准标高不同时）和必要的文字注解两项选注内容。

1）注写独立承台编号，见表10-1。

2）注写独立承台截面竖向尺寸。

① 当独立承台为阶形截面时，如图10-3所示，各阶尺寸自下而上用"/"分隔顺写。

② 当独立承台为坡形截面时，如图10-4所示，截面竖向尺寸注写为 h_1/h_2。

3）注写独立承台配筋

底部与顶部双向配筋应分别注写，顶部配筋仅用于双柱或四柱等独立承台。当独立承台顶部无配筋时则不注顶部。注写规定如下：

总说明

柱

梁

板

剪力墙

楼梯

独立基础

条形基础

筏形基础

桩基础

总说明

柱

梁

板

剪力墙

楼梯

独立基础

条形基础

筏形基础

桩基础

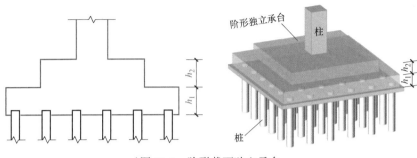

图 10-3　阶形截面独立承台

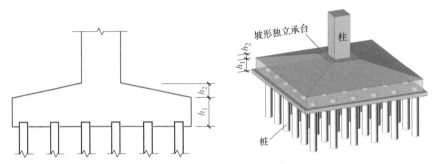

图 10-4　坡形截面独立承台

① 以 B 打头注写底部配筋，以 T 打头注写顶部配筋。

② 矩形承台 X 向配筋以 X 打头，Y 向配筋以 Y 打头；当两向配筋相同时，则以 X&Y 打头。

③ 当为等边三桩承台时，以"△"打头，注写三角布置的各边受力钢筋（注明根数并在配筋值后注写"×3"），在"/"后注写分布钢筋，不设分布钢筋时可不注写。

④ 当为等腰三桩承台时，以"△"打头注写等腰三角形底边的受力钢筋＋两对称斜边的受力钢筋（注明根数并在两对称配筋值后注写"×2"），在"/"后注写分布钢筋，不设分布钢筋时可不注写。

⑤ 两桩承台可按承台梁进行标注。

【实例 10-3】　CTp01 200/300 △6 Φ 14@200＋5 Φ 12@200×2/Φ 10@250

【解析】

所表达的内容为：

1）独立承台编号：序号 01 的坡形承台。

2）独立承台截面竖向尺寸：h_1＝200mm，h_2＝300mm。

3）独立承台配筋：该承台配筋形式为等腰三桩承台，底边的受力钢筋为 6 Φ 14@200，两对称斜边（腰）的受力钢筋为 5 Φ 12@200，三边的分布钢筋为 Φ 10@250。

（2）原位标注

独立承台的原位标注，系在桩基承台平面布置图上标注独立承台的平面尺寸，如图 10-5～图 10-7 所示。

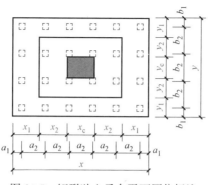

图 10-5　矩形独立承台平面原位标注

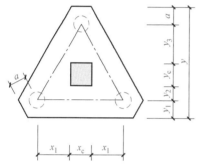

图 10-6　等边三桩独立承台平面原位标注

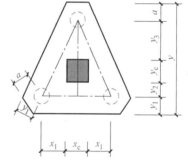

图 10-7　等边三桩独立承台平面原位标注

3. 承台梁的平面注写方式

承台梁的平面注写方式包括集中标注和原位标注两部分内容。

（1）集中标注

承台梁集中标注内容包括承台梁编号、截面尺寸、配筋三项必注内容，以及承台梁底面标高（与承台底面基准标高不同时）、必要的文字注解两项选注内容。

【实例 10-4】　CTL01(3B)300×500

　　　　　　　　 ⊈10@150

　　　　　　　　 B：4⊈14；

　　　　　　　　 T：4⊈12；

　　　　　　　　 G4⊈14

【解析】

其中所表达的内容为：

1）承台梁编号：序号 01 的承台梁，三跨，两端有外伸。

2）承台梁截面尺寸：宽度 300mm，高度 500mm。

3）承台梁箍筋：⊈10@150。

4）承台梁底部纵向钢筋：4⊈14。

5）承台梁顶部纵向钢筋：4⊈12。

6）承台梁侧面构造钢筋：4⊈14。

总说明

柱

梁

板

剪力墙

楼梯

独立基础

条形基础

筏形基础

桩基础

（2）原位标注

承台梁原位标注内容包括承台梁的附加箍筋或（反扣）吊筋、承台梁外伸部位的变截面高度尺寸，其注写方式同基础梁。

任务2　桩基础标准构造详图识读

 ### 子任务1　桩承台配筋构造

1. 桩基承台配筋构造基本要求

（1）当桩直径或桩截面边长＜800mm 时，桩顶嵌入承台 50mm；当桩直径或桩截面边长≥800mm 时，桩顶嵌入承台 100mm。如图 10-8 所示。

（2）桩中纵向钢筋伸入承台或承台梁内的长度不宜小于 35 倍钢筋直径，且不小于 l_a，如图 10-9 所示。

（3）当柱下采用大直径的单桩且柱的截面小于桩的截面时，也可以取消承台，将柱中的纵向受力钢筋锚固在大直径桩内。

2. 矩形承台配筋构造（图 10-8）

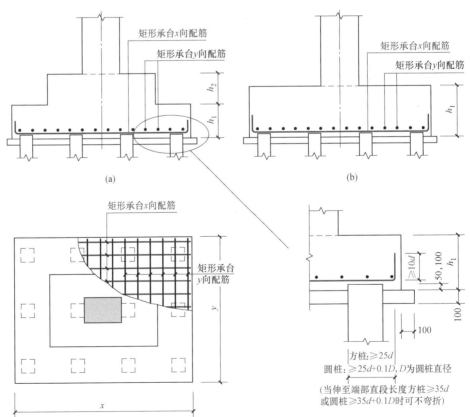

图 10-8　矩形承台配筋构造（一）

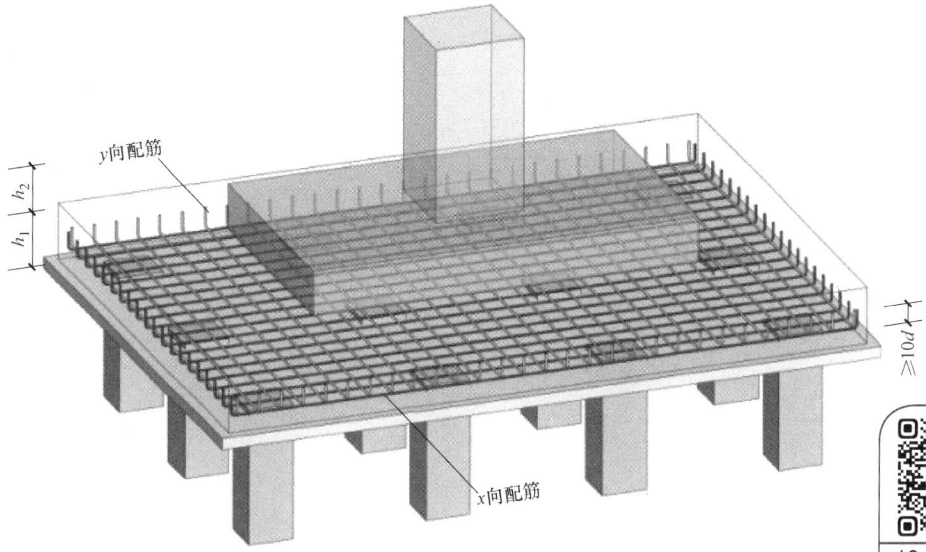

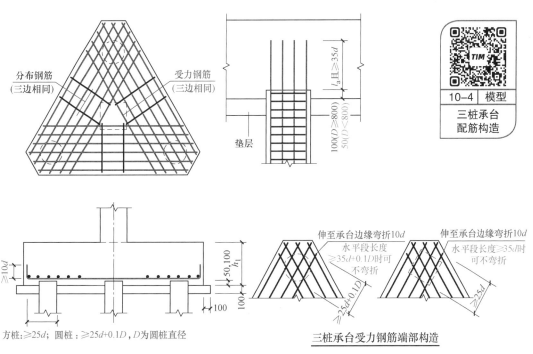

图 10-8　矩形承台配筋构造（二）

3. 三桩承台配筋构造

以等边三桩承台为例，受力钢筋按三向板带均匀布置，钢筋按三向咬合布置，如图 10-9 所示，最里面的三根钢筋应在柱截面范围内。承台纵向受力钢筋直径不宜小于 12mm，间距不宜大于 200mm，其最小配筋率≥0.15%，板带上宜布置分布钢筋，施工按设计文件标注的钢筋进行施工。

图 10-9　三桩承台钢筋布置（一）

总说明

柱

梁

板

剪力墙

楼梯

独立基础

条形基础

筏形基础

桩基础

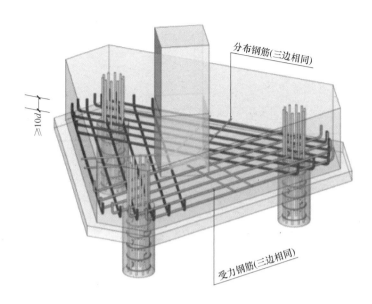

图 10-9　三桩承台钢筋布置（二）

4. 墙下单排桩承台梁配筋构造（图 10-10）

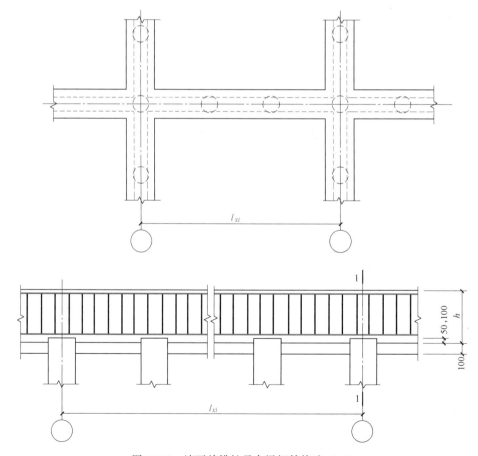

图 10-10　墙下单排桩承台梁钢筋构造（一）

承台梁端部钢筋构造

图 10-10　墙下单排桩承台梁钢筋构造（二）

（1）当承台梁纵筋伸至端部直线段长度方桩$\geqslant 35d$ 或圆桩$\geqslant 35d+0.1D$ 时，可不弯折。

（2）拉筋直径为 8mm，间距为箍筋的 2 倍。当设有多排拉筋时，上下两排拉筋竖向错开设置。

子任务 2　灌注桩配筋构造

1. 桩顶进入承台高度 h 如图 10-11 所示，桩径<800mm 时取 50mm，桩径$\geqslant 800$mm 时取 100mm。

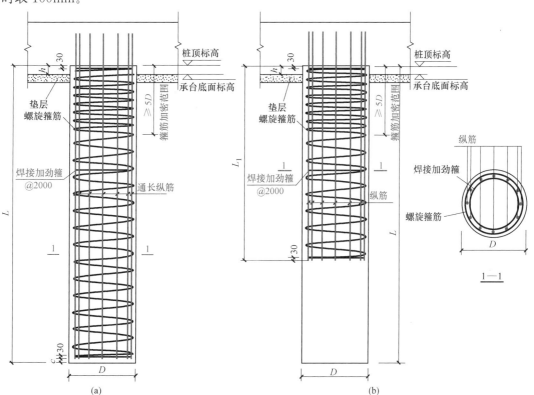

图 10-11　灌注桩配筋构造

（a）灌注桩通长等截面配筋构造；（b）灌注桩部分长度配筋构造

总说明

柱

梁

板

剪力墙

楼梯

独立基础

条形基础

筏形基础

桩基础

总说明

柱

梁

板

剪力墙

楼梯

独立基础

条形基础

筏形基础

桩基础

220

2. 灌注桩顶箍筋加密范围≥5D（D 为灌注桩直径）；纵筋锚入承台做法见表 10-5。

3. 焊接加劲箍间距 2000mm，直径和强度等级见设计标注，当设计未注明时，加劲箍直径为 12，强度等级不低于 HRB400。

子任务3　灌注桩桩顶与承台连接构造

灌注桩桩顶与承台的连接构造，见表 10-5。

灌注桩桩顶与承台连接构造　　　　　　　　　表 10-5

适用条件	构造详图	构造要点
承台高度满足灌注桩纵筋直锚要求	承台 桩顶标高 承台底面标高 垫层　桩身纵筋 $\geqslant l_a$且$\geqslant 35d$ h	1. 桩顶进入承台高度 h：桩径＜800mm 时取 50mm，桩径≥800mm 时取 100mm。 2. 桩身纵筋直锚入承台，自桩顶标高算起锚入承台长度≥l_a且≥$35d$
承台高度满足灌注桩纵筋直锚要求	承台 桩顶标高 承台底面标高 ≥75° 垫层　桩身纵筋 $\geqslant l_a$且$\geqslant 35d$ h	1. 桩顶进入承台高度 h 同上。 2. 桩身纵筋自桩顶标高按≥75°角斜锚入承台，长度≥l_a且≥$35d$
承台高度不满足灌注桩纵筋直锚要求	≥15d ≥0.6l_{ab} ≥20d 桩顶标高 承台底面标高 承台 垫层　桩身纵筋 h	1. 桩顶进入承台高度 h 同上。 2. 桩身纵筋伸至承台顶后弯锚 15d，纵筋在承台内竖向长度≥0.6l_{ab}且≥20d

总说明

柱

梁

板

剪力墙

楼梯

独立基础

条形基础

筏形基础

桩基础

任务3 **桩基础平法施工图识读技能训练**

1. 桩基础平法识图知识体系

桩基础的平法识图知识体系，如图 10-12 所示。

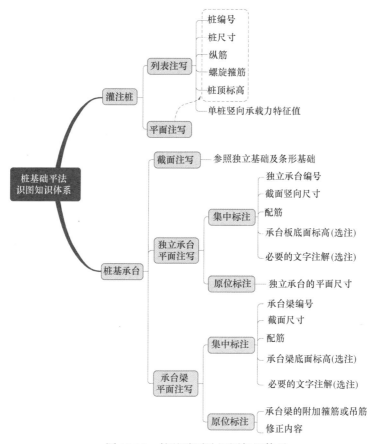

图 10-12 桩基础平法识图知识体系

2. 桩基础钢筋构造体系

桩基础的钢筋构造体系，如图 10-13 所示。

3. 桩基础平法施工图的识读步骤

桩基础平法施工图识读步骤如下：

（1）查看图名、比例。

（2）与首层建筑平面图对照，校核定位轴线编号及间距尺寸是否与之一致。

（3）阅读结构设计总说明或有关说明，明确桩基础的混凝土强度等级、施工方法、桩身的入土深度及控制、桩的构造要求；垫层的材料、强度等级和厚度。

（4）通过桩位平面布置图结合设计说明或桩详图，读取桩的类型、编号、数量、桩顶标高和分布位置。

总说明

柱

梁

板

剪力墙

楼梯

独立基础

条形基础

筏形基础

桩基础

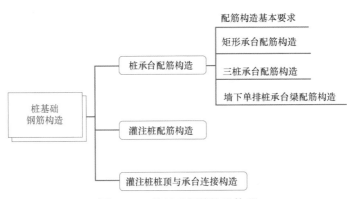

图 10-13　桩基础钢筋构造体系

（5）识读承台详图和基础梁的剖面图，明确各个承台的剖面形式、几何尺寸、标高、材料和配筋等，校核桩进入承台深度。

（6）根据桩基础标准构造要求，确定灌注桩构造、桩基承台钢筋构造以及承台与桩连接构造。

（7）图纸说明中的其他有关要求。

4. 识图案例

【**实例 10-5**】　某工程桩承台平面布置图，如图 10-14 所示。

要求：读取图中承台数量、分布位置等信息。

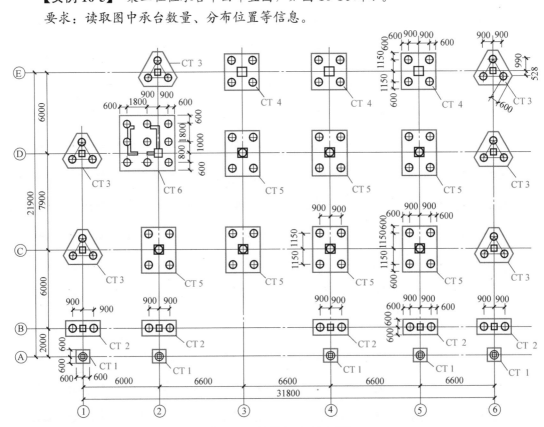

图 10-14　桩承台平面布置图

【案例解析】　CT5

该工程使用了六种承台，按承台种类的不同，分别进行了编号。

CT1：属单桩承台，为1200mm×1200mm正方形独立承台；数量5个，分别位于①、②、④、⑤、⑥轴与Ⓐ轴相交处。

CT2：属两桩承台，为3000mm×1200mm矩形独立承台；数量5个，分别位于①、②、④、⑤、⑥轴与Ⓑ轴相交处。

CT3：属等边三桩承台，桩中心距切角边缘距离为600mm，柱中心至位于顶角的桩中心距离990mm，柱中心至位于底边的桩中心距离528mm；数量6个，分别位于①轴与Ⓓ轴相交处，①轴与Ⓔ轴相交处，①轴与Ⓒ、Ⓓ、Ⓔ轴相交处。

CT4：属四桩承台，为3000mm×3000mm正方形独立承台；数量3个，分别位于③、④、⑤轴与Ⓔ轴相交处。

CT5：属五桩承台，为3500mm×3000mm矩形独立承台；数量7个，分别位于②、③、④、⑤轴与Ⓒ轴相交处，③、④、⑤轴与Ⓓ轴相交处。

CT6：属群桩承台，为4800mm×4800mm正方形独立承台；数量1个，位于②轴与Ⓓ轴相交的电梯井处。

【实例10-6】　某工程桩承台CT_J1详图，如图10-15所示。

要求：读取图中承台几何尺寸、配筋等信息。

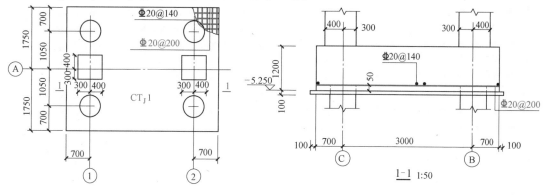

图10-15　桩承台CT_J1详图

【案例解析】

该承台为等边四桩阶形独立承台，承台CT_J1平面尺寸为4800mm×3500mm、高1200mm，承台底标高为−5.250m；桩顶伸入承台50mm；承台垫层厚100mm。

CT_J1承台底部，沿X向配置了Φ20@200的受力钢筋，沿Y向配置了Φ20@140的受力钢筋。

总说明

柱

梁

板

剪力墙

楼梯

独立基础

条形基础

筏形基础

桩基础

参 考 文 献

[1] 中国建筑标准设计研究院. 混凝土结构施工图平面整体表示方法制图规则和构造详图（现浇混凝土框架、剪力墙、梁、板）：16G101-1［S］. 北京：中国计划出版社，2016.

[2] 中国建筑标准设计研究院. 混凝土结构施工图平面整体表示方法制图规则和构造详图（现浇混凝土板式楼梯）：16G101-2［S］. 北京：中国计划出版社，2016.

[3] 中国建筑标准设计研究院. 混凝土结构施工图平面整体表示方法制图规则和构造详图（独立基础、条形基础、筏形基础、桩基础）：16G101-3［S］. 北京：中国计划出版社，2016.

[4] 中国建筑标准设计研究院. 混凝土结构施工钢筋排布规则与构造详图（现浇混凝土框架、剪力墙、梁、板）：18G901-1［S］. 北京：中国计划出版社，2018.

[5] 中国建筑标准设计研究院. 混凝土结构施工钢筋排布规则与构造详图（现浇混凝土板式楼梯）：18G901-2［S］. 北京：中国计划出版社，2018.

[6] 中国建筑标准设计研究院. 混凝土结构施工钢筋排布规则与构造详图（独立基础、条形基础、筏形基础、桩基础）：18G901-3［S］. 北京：中国计划出版社，2018.

[7] 中国建筑科学研究院. 混凝土结构设计规范（2015 年版）：GB 50010—2010. 北京：中国建筑工业出版社，2010.

[8] 中国建筑科学研究院. 建筑抗震设计规范（2016 年版）：GB 50011—2010.［S］北京：中国建筑工业出版社，2010.

[9] 中国建筑标准设计研究院. 建筑结构制图标准：GB/T 50105—2010［S］. 北京：中国建筑工业出版社，2010.

[10] 上官子昌. 16G101 图集应用——平法钢筋图识读［M］. 北京：中国建筑工业出版社，2016.

[11] 上官子昌. 16G101 图集应用——平法钢筋图算量［M］. 北京：中国建筑工业出版社，2016.

[12] 赵华玮. 建筑结构［M］. 2 版. 武汉：武汉理工大学出版社，2012.

[13] 黄朝广. 混凝土结构平法施工图识读［M］. 武汉：华中科技大学出版社，2016.

[14] 胡敏. 平法识图与钢筋翻样［M］. 北京：高等教育出版社，2017.

[15] 肖明和，姜利妍，关永冰. G101 平法识图与钢筋计算［M］. 2 版. 北京：北京理工大学出版社，2018.

[16] 王松军，孙学礼. 混凝土结构施工图平法识读［M］. 北京：机械工业出版社，2019.

混凝土结构平法三维识图

技能训练手册

姓名 _____

学号 _____

班级 _____

小组成员 _____

_____

中国建筑工业出版社

目　　录

使 用 说 明

1. 本技能训练手册与《混凝土结构平法三维识图》教材配套使用，通过技能训练巩固所学知识，并转化为识图技能。

2. 综合实操训练部分以学习小组的形式完成，各项目学习效果评价由学生自评、学生互评（以学习小组为单位）和教师综合评价三部分组成。

3. 学生进行自我评价，并将结果填入表1中；学习小组成员间进行互评，并将结果填入表2中；教师对学生工作过程及结果进行评价，并将评价结果填入表3中。

4. 学生自评表、学生互评表、教师综合评价表内容可随教师课件下载后，根据本校实际情况（如：是否开展钢筋骨架制作）对表中内容及分值分配进行适当调整。

姓名: 　　　　　　学号: 　　　　　　班级:

学习项目			
评价项目	评价标准	分值	得分
基本知识	理解构件分类,熟悉构件中钢筋的种类	5	
制图规则	能正确读取构件平法标注的信息	20	
钢筋构造	能正确理解构件中钢筋在支座、节点处的构造要求,以及钢筋的连接要求	20	
钢筋骨架制作(综合实操)	钢筋根数及长度符合要求,绑扎位置正确、规范,成品牢固、美观	20	
工作态度	无迟到、早退、缺勤现象,态度端正,积极发言	10	
协调能力	主动参与小组学习,与小组成员合作交流、协调工作	5	
职业素养	爱护公共设施,实训后物归原处,保持环境整洁	5	
表达能力	能条理清晰地表达自己的思想	5	
学习报告	能对本项目学习内容、心得进行总结,形成学习报告	5	
创新意识	能运用所学知识解决学习过程遇到的问题	5	
		100	

小组：		班级：				
学习项目						
评价项目	分值	评价对象得分				
基本知识	5					
制图规则	20					
钢筋构造	20					
钢筋骨架制作（综合实操）	20					
工作态度	10					
协调能力	5					
职业素养	5					
表达能力	5					
学习报告	5					
创新意识	5					
合计	100					

姓名：　　　　　　　　学号：　　　　　　　　班级：

学习项目			
评价项目	评价标准	分值	得分
基本知识	理解构件分类,熟悉构件中钢筋的种类	5	
制图规则	能正确读取构件平法标注的信息	20	
钢筋构造	能正确理解构件中钢筋在支座、节点处的构造要求,以及钢筋的连接要求	20	
钢筋骨架制作（综合实操）	钢筋根数及长度符合要求,绑扎位置正确、成品牢固、美观	20	
工作态度	无迟到、早退、缺勤现象,态度端正,积极发言	10	
协调能力	主动参与小组学习,与小组成员合作交流、协调工作	5	
职业素养	爱护公共设施,实训后物归原处,保持环境整洁	5	
表达能力	能条理清晰地表达自己的思想	5	
学习报告	能对本项目学习内容、心得进行总结,形成学习报告	5	
创新意识	能运用所学知识解决学习过程遇到的问题	5	
合计		100	

综合评价	自评(25%)	互评(25%)	教师评价(50%)	综合得分

项目1 结构设计总说明识读

一、填空题

1. 混凝土保护层厚度指_____钢筋外边缘至_____表面的距离。

2. 室内正常环境下，混凝土强度等级为 C30 的梁的保护层最小厚度为_____mm。

3. 基础底面钢筋的保护厚度，有混凝土垫层时，应从_____算起，且不应小于_____mm。

4. 纵向受拉钢筋的锚固长度与_____、_____、_____和_____有关。

5. 当混凝土强度等级为 C35、受拉钢筋为 HRB400、直径 $d \leqslant 25$mm 时，该受拉钢筋锚固长度 l_a 为_____，三级抗震锚固长度为 l_{aE} 为_____。

6. 直径 $d \geqslant 28$mm 的受力钢筋连接应采用机械连接接头相互错开，其连接区段的长度为_____。

7. 焊接连接接头相互错开，其连接区段长度为_____，且不小于_____mm。

二、选择题

1. 室内正常环境下，强度等级 C35 的钢筋混凝土框架柱，其混凝土保护层最小厚度为（   ）mm。

A. 20   B. 25   C. 30   D. 40

2. 纵向受拉钢筋锚固长度任何情况下不得小于（   ）mm。

A. 200   B. 250   C. 350   D. 400

3. 当钢筋直径大于 25mm 时，锚固长度需要乘上系数（   ）。

A. 0.7   B. 0.8   C. 1.1   D. 1.25

4. 16G101 系列图集，适用于抗震设防烈度为（   ）度地区的现浇钢筋混凝土结构。

A. 6～8   B. 6～9   C. 1～8   D. 1～9

5. （   ）抗震时，$l_{aE} = l_a$。

A. 一级   B. 二级   C. 三级   D. 四级

6. 直径 20mm 的钢筋与直径 22mm 的钢筋搭接，搭接长度 $49d$，此处 d 为（   ）mm。

A. 20   B. 22   C. 21   D. 42

7. 直径 20mm 的钢筋与直径 22mm 的钢筋搭接，搭接区段内箍筋直径不小于 $d/4$，此处 d 为（   ）mm。

A. 20   B. 22   C. 21   D. 42

三、简答题

1. 一般的混凝土结构教学楼属于哪种环境类别？

2. 普通的混凝土结构住宅楼设计使用年限是多少？

3. 每一次地震有几个震级？同一次地震，不同地区的地震烈度是否相同？为什么？

4. 教学楼抗震设防为哪一类？医院建筑抗震设防为哪一类？

5. 钢筋的混凝土保护层有哪些作用？

6. 一类环境中，设计使用年限为 100 年的混凝土柱，其保护层最小厚度为多少？

7. 什么是钢筋的锚固？受拉钢筋的锚固长度如何确定？

8. 钢筋连接有哪些类型？优先选用什么连接方式？

9. 什么是钢筋连接区段？钢筋焊接接头连接区段的长度有何规定？

项目 2　柱平法施工图识读

一、单项选择题

1. 在柱根部，柱的第一道箍筋到基础顶面的距离为（　　）。

A. 50mm

B. 100mm

C. 3d（d 为箍筋直径）

D. 5d（d 为箍筋直径）

2. 当插筋保护层厚度大于 5d 时，柱箍筋在基础内设置不少于（　　）道，间距不大于（　　）m。

A. 2，400　　　B. 2，500　　　C. 3，400　　　D. 3，500

3. 嵌固部位在基础顶面时，框架柱底层柱根箍筋加密区范围是（　　）。

A. 500mm　　　B. 600mm　　　C. $H_n/3$　　　D. $H_n/6$

4. 关于框架柱首层 H_n 的取值，说法正确的是（　　）。

A. 为首层净高

B. 为嵌固部位至首层节点底的高度

C. 为首层高度

D. 无地下室时，H_n 为基础顶面至首层节点底的高度

5. 柱箍筋加密范围不包括（　　）。

A. 节点范围

B. 底层刚性地面上下 500mm

C. 搭接范围

D. 基础顶面嵌固部位向下 $H_n/6$

6. 中柱顶层节点纵向钢筋能直锚时，其直锚长度为（　　）。

A. 12d　　　B. l_{aE}　　　C. 伸至柱顶　　　D. 伸至柱顶且≥l_{aE}

7. 中柱顶层节点纵向钢筋当需要伸至柱顶弯锚时，其弯折长度为（　　）。

A. 12d　　　B. l_{aE}　　　C. 15d　　　D. 12d 且≥l_{aE}

8. 某三层框架柱截面尺寸为 300m×600mm，柱净高为 3.6m，该柱在楼面处的箍筋加密区高度应为（　　）mm。

A. 400　　　B. 500　　　C. 600　　　D. 700

9. 下柱钢筋比上柱钢筋多时，下柱比上柱多出的钢筋（　　）。

A. 到节点底向上伸入 l_{aE}

B. 到节点底向上伸入 1.2l_{aE}

C. 到节点底向上伸入 1.5l_{aE}

D. 伸至节点顶弯折 15d

10. 梁上柱 LZ 柱纵筋伸入梁底弯折，弯折长度为（　　）。

A. 6d　　　B. 12d　　　C. 15d　　　D. 150mm

11. 中柱变截面位置纵向钢筋构造，说法正确的是（　　）。

A. 必须断开   B. 必须通过

C. 断开时应全部弯折 l_{aE} D. 通过时斜段应低于楼层 50mm

12. 框架柱嵌固部位不在基础顶面时，在层高表嵌固部位标高下使用（   ）标明，并在层高表下注明上部结构嵌固部位标高。

A. 双细线   B. 双实线   C. 双虚线   D. 加粗线

13. 本工程无地下室，－0.030m 处为刚性地面标高；KZ1 抗震等级四级，截面尺寸 400mm×500mm，C30 混凝土。下图中标注尺寸为柱根加密区范围，请选择既符合规范要求且经济合理的一项。（   ）

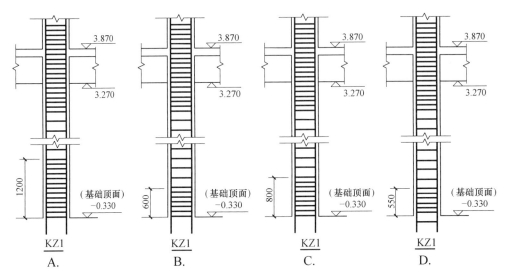

14. 下图中 KZ1 抗震等级四级，截面尺寸 500mm×550mm，C25 混凝土，纵筋采用绑扎连接，请选择连接构造既满足规范要求且经济合理的一项。（   ）

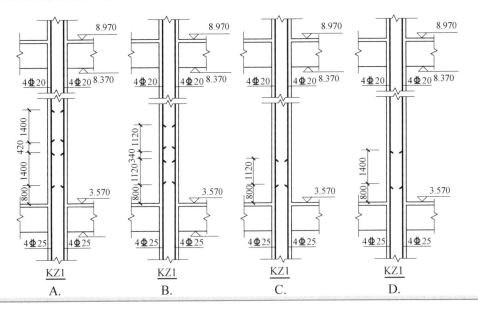

15. 下图中 KZ1 抗震等级四级，截面尺寸 550mm×650mm，C25 混凝土，纵筋采用焊接连接，请选择满足规范要求的一项。（　　）

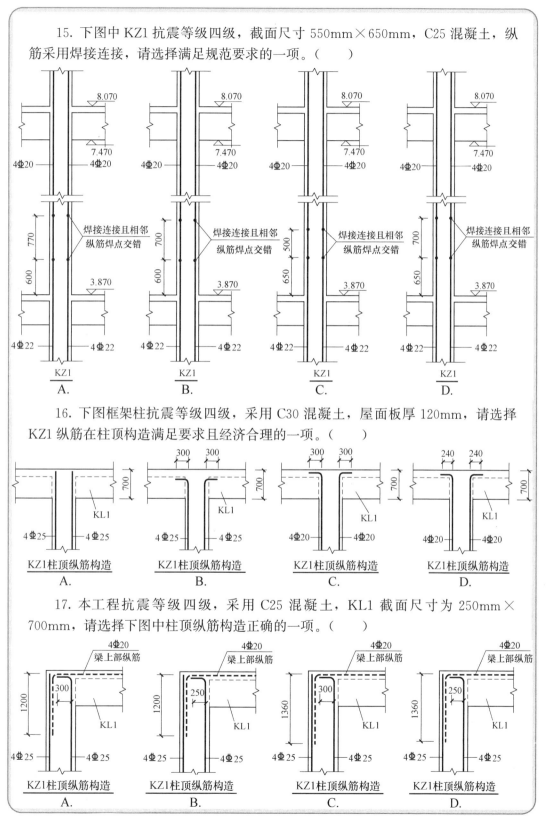

16. 下图框架柱抗震等级四级，采用 C30 混凝土，屋面板厚 120mm，请选择 KZ1 纵筋在柱顶构造满足要求且经济合理的一项。（　　）

17. 本工程抗震等级四级，采用 C25 混凝土，KL1 截面尺寸为 250mm×700mm，请选择下图中柱顶纵筋构造正确的一项。（　　）

18. 下图框架结构抗震等级三级，采用C30混凝土，图中柱纵筋在柱变截面节点处的锚固长度 L_1 符合平法构造要求且经济合理的一项是（　　）。

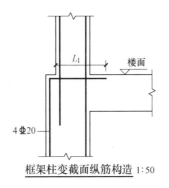

框架柱变截面纵筋构造 1:50

　A. 655mm　　　B. 700mm　　　C. 740mm　　　D. 780mm

19. 本工程抗震等级三级，采用C30混凝土，下图中梁上柱构造做法正确的一项是（　　）。

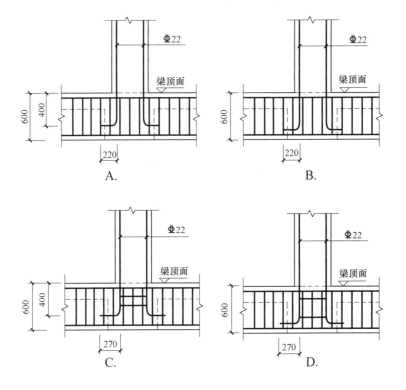

20. 本工程抗震等级三级，采用C30混凝土，下图中墙上柱钢筋符合平法构造要求且经济合理的一项是（　　）。

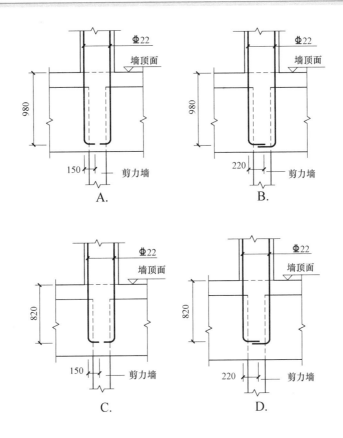

二、简答题

1. 柱平法施工图有哪几种注写方式？各有什么优缺点？

2. 如何读取上层结构的嵌固部位？

3. 确定框架柱非嵌固部位箍筋加密区范围的三控条件是什么？

4. 列表注写方式中，柱表的注写内容有哪些？

5. 柱平面布置图上采用截面注写方式时，在柱截面配筋图上集中标注的内容有哪些？

6. KZ 角柱与中柱柱顶纵向钢筋构造有何异同？

7. 当柱变截面时，满足什么条件，纵向钢筋可以略向内侧倾斜通过变截面，而不必弯折或截断？

8. 柱插筋在基础内的锚固构造有哪几种情况？

三、综合实操训练题

1. 请以土建施工技术员的身份识读教材中图 2-1 中 19.470～37.470m 标高 KZ1 的截面尺寸、空间位置及配筋信息，填写在表 2-1 中，绘制标高 19.800m、标高 21.800m 和标高 36.800m 处柱截面配筋图。

2. 请以土建施工技术员的身份分别读取教材中图 2-16 中 KZ2、KZ3 和 LZ1 的截面尺寸、空间位置及配筋信息。

柱识图要素查找工作页

表 2-1

填写人：　　　　学号：　　　　填写日期：　　　　成绩：

1 柱编号	2 楼层号	3 材料			4 截面尺寸		5 平面位置				6 竖向位置			7 纵筋配置					8 箍筋配置			
		混凝土	纵筋	箍筋	b (mm)	h (mm)	上下轴线	上下偏位	左右轴线	左右偏位	底标高 (m)	顶标高 (m)	柱高 (mm)	角部纵筋	b边中部	h边中部	连接方法	接头位置 (mm)	直径 (mm)	加密区箍筋间距 (mm)	非加密箍筋间距 (mm)	加密区高 (mm)
KZ1	2F	C30	HRB400	HRB400	400	450	⑥	80	②	0	2.970	5.970	3000	4Φ18	2Φ18	2Φ16	焊接	600+500	8	100	200	500

注：1. 本表填写可以一柱一表，从上到下各行分别填写同一位置结构从下到上各层的相关信息。
2. 接头位置"600+500"表示第一道接头截面从本层柱底标高向上600mm，第二道接头截面再向上500mm。

· 8 ·

3. 某框架-剪力墙结构，环境类别为一类，抗震等级为三级，采用 C30 混凝土，框架柱纵向钢筋采用机械连接，柱平法施工图如教材中图 2-16 所示。试绘制⑤×Ⓔ轴 KZ1 在 19.470～26.670m 处的立面钢筋布置详图。

4. 根据教师给定的柱平法施工图，制作指定柱钢筋骨架，详见表 2-2。

柱钢筋骨架制作任务单 表 2-2

填写人：　　　　　　学号：　　　　　　日期：　　　　　　成绩：

工作任务	使用两种不同粗细的铁丝分别代表柱纵筋、箍筋，对照给定的图纸，按照 5：1 的比例制作一根柱的钢筋骨架
制作依据	依据教师给定的图纸，选择其中一根柱制作
需要材料	两种型号的铁丝、扎丝、标签纸，材料数量自行计算
需要工具	绑钩、尖嘴钳等
人员配置	3～4 人一组
工作时间	课后准备材料、工具，识读图纸、计算尺寸等，在下次课前制作完成
成果要求	成果应严格按照比例制作，并用标签纸标识出各铁丝代表的钢筋型号
成果提交	各小组作品制作完成后，拍照上传，下次上课时进行实体成果展示，师生对该组成果进行评价
备注	

项目3　梁平法施工图识读

一、选择题

1. 梁平法施工图中，集中标注用于标注梁的（　　）数值，施工时（　　）标注数值优先。

A. 通用，原位
B. 通用，集中
C. 特殊，原位
D. 特殊，集中

2. 梁平法施工图中，集中标注内容必注项包括（　　）。

A. 截面尺寸
B. 梁顶面标高高差
C. 梁顶通长筋
D. 梁底通长筋

3. 当梁纵筋多于一排时，用（　　）将各排钢筋自上而下分开。

A. /　　　　　　B. ；　　　　　　C. *　　　　　　D. ＋

4. 当梁同排纵筋有两种直径时，用（　　）号相连，角筋写在（　　）。

A. / 前面
B. ；前面
C. ＋ 前面
D. ＋ 后面

5. KL1 的净跨长为 7000mm，梁截面尺寸为 300mm×700mm，箍筋的集中标注Φ10@100/200（2），一级抗震，则箍筋的非加密区长度为（　　）mm。

A. 1100　　　　B. 1400　　　　C. 4200　　　　D. 2800

6. 三级抗震框架梁加密区长度取（　　）。

A. $\max(1.5h_b, 500)$
B. $\max(2h_b, 500)$
C. 500mm
D. 不设加密区

7. 梁高＞800mm 时，附加吊筋弯起角度为（　　）。

A. 30°　　　　B. 45°　　　　C. 60°　　　　D. 90°

8. 纯悬挑梁下部带肋钢筋伸入支座长度为（　　）。

A. 15d　　　　B. 12d　　　　C. l_{aE}　　　　D. 支座宽

9. 楼层框架梁上部纵筋包括（　　）。

A. 上部通长筋　　B. 支座负筋　　C. 架立筋　　D. 受扭钢筋

10. 架立筋与支座负筋的搭接长度为（　　）。

A. 15d　　　　B. 12d　　　　C. 150mm　　　　D. 200mm

11. 下图中，框架梁跨中 1-1 断面图正确的一项是（　　）。

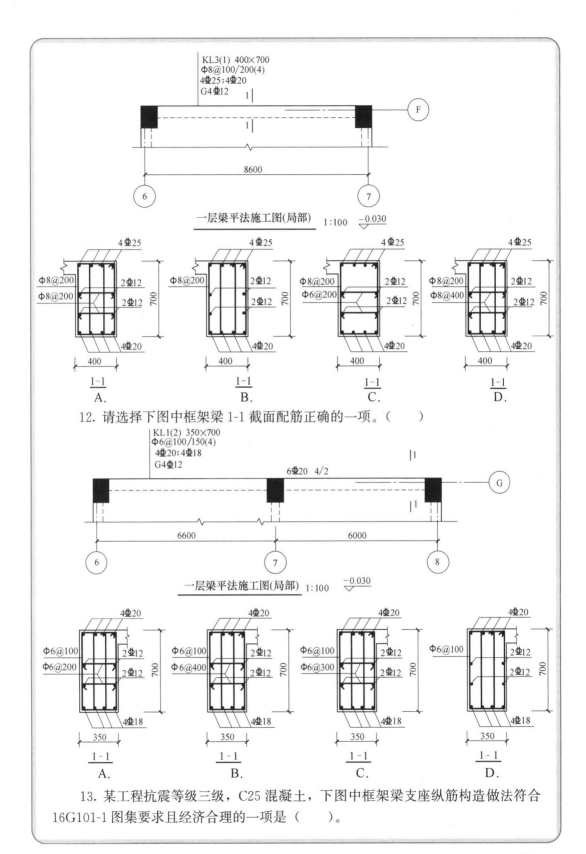

KL3(1) 400×700
Φ8@100/200(4)
4Φ25;4Φ20
G4Φ12

一层梁平法施工图(局部) 1:100 −0.030

4Φ25 4Φ25 4Φ25 4Φ25

Φ8@200 2Φ12 Φ8@200 2Φ12 Φ8@200 2Φ12 Φ8@200 2Φ12
Φ8@200 2Φ12   2Φ12 Φ6@200 2Φ12 Φ8@400 2Φ12

700 700 700 700

400 400 400 400

4Φ20 4Φ20 4Φ20 4Φ20

1-1 1-1 1-1 1-1
A. B. C. D.

12. 请选择下图中框架梁 1-1 截面配筋正确的一项。（　　）

KL1(2) 350×700
Φ6@100/150(4)
4Φ20;4Φ18
G4Φ12

6Φ20 4/2

一层梁平法施工图(局部) 1:100 −0.030

4Φ20 4Φ20 4Φ20 4Φ20

Φ6@100 2Φ12 Φ6@100 2Φ12 Φ6@100 2Φ12 Φ6@100 2Φ12
Φ6@200 2Φ12 Φ6@400 2Φ12 Φ6@300 2Φ12   2Φ12

700 700 700 700

350 350 350 350

4Φ18 4Φ18 4Φ18 4Φ18

1-1 1-1 1-1 1-1
A. B. C. D.

13. 某工程抗震等级三级，C25 混凝土，下图中框架梁支座纵筋构造做法符合 16G101-1 图集要求且经济合理的一项是（　　）。

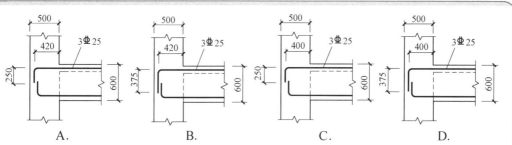

A.   B.   C.   D.

14. 某工程抗震等级四级，C25 混凝土，下图中框架梁支座纵筋构造做法符合 16G101-1 图集要求且经济合理的一项是（　　）。

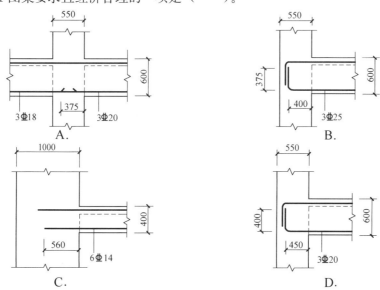

A.   B.

C.   D.

15. 某工程抗震等级为四级，C30 混凝土，梁底纵筋为 3Φ22，下图中支座纵筋构造符合 16G101-1 图集要求且经济合理的一项是（　　）。

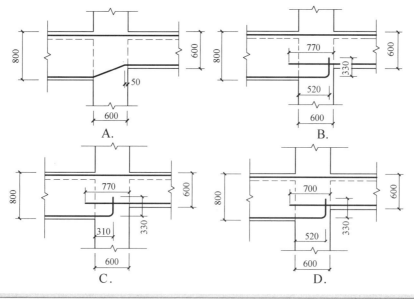

A.   B.

C.   D.

16. 某工程抗震等级三级，采用 C25 混凝土，下图中屋面框架梁纵筋构造符合 16G101-1 图集要求且经济合理的一项是（　　　　）。

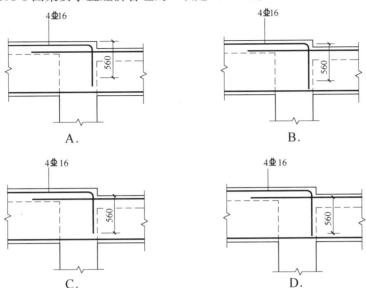

A.

B.

C.

D.

17. 下图中框架结构，环境类别为一类，抗震等级为三级，采用 C30 混凝土，KL3 侧向筋搭接长度正确且经济合理的一项是（　　　　）。

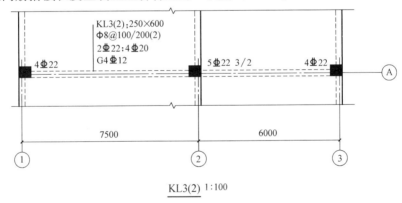

KL3(2) 1:100

A. 15d　　　　　B. 12d　　　　　C. 150mm　　　　　D. 300mm

二、简答题

1. 梁的平面注写包括集中标注和原位标注，其中集中标注有五项必注值是什么？

2. 梁原位标注的内容有哪些？

3. 梁集中标注"4⌀25；4⌀22"所表达的信息是什么？

4. 梁原位标注"6⌀25　4/2"所表达的信息是什么？

5. 梁原位标注"6⌀25　2（—2）/4"所表达的信息是什么？

6. 梁集中标注"8⌀10@150（4）/200（2）"所表达的信息是什么？

7. 梁侧面纵筋和"G4⌀12"和"N4⌀12"有什么异同？

8. 框架梁支座负筋伸入跨内的长度有何规定？

9. 梁上部和下部的通长筋如需连接，应该分别在什么位置连接？

10. 梁纵筋在支座内什么情况下直锚？什么情况下弯锚？弯锚时，弯折段竖直长度有何规定？

三、综合实操训练题

1. 图 3-1 所示框架结构，抗震等级三级，C30 混凝土，请以土建施工技术员的身份，分别识读图中 KL1、KL2、KL3 和 L1 的截面尺寸、配筋、梁顶标高等信息，填写在表 3-1 中。

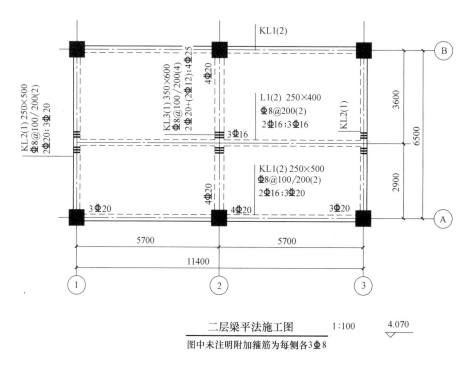

图 3-1　二层框梁平法施工图

2. 图 3-2 为某工程 KL2 的平法施工图，现浇板厚 100mm，试绘制 1-1～3-3 截面配筋图。

3. 某框架结构，环境类别为一类，抗震等级为三级，采用 C30 混凝土，梁平法施工图如图 3-3 所示。试绘制 3.270m 标高处楼层梁 KL1 的立面钢筋布置详图。

4. 绘制图 3-1 中 L1 的立面钢筋布置详图。

5. 图 3-4 所示的框架结构，抗震等级三级，C30 混凝土，现浇板厚 120mm，框架柱截面尺寸为 600mm×500mm，试绘制图中 6.270m 处 KL3 的立面钢筋布置详图。

表 3-1

梁识图要素查找工作页

填写人：　　　　　　学号：　　　　　　成绩：

填写日期：

1 梁编号	2 轴线号	3 材料			4 截面尺寸		5 位置					6 纵筋				7 箍筋						
		混凝土	纵筋	箍筋	b	h	本跨梁起止轴线	净跨线(mm)	上下偏位(mm)	左右偏位(mm)	梁顶标高(m)	梁顶通长筋	支座上部纵筋 左/右	架立筋	梁底通长筋	直径(mm)	肢数	加密区间距(mm)	非加密区间距(mm)	加密区长度(mm)	非加密区长度(mm)	箍筋数量
KL2	Ⓐ	C30	HRB 400	HRB 400	250	500	①~②	2600	0	0	5.560	2Φ20	2Φ18/ 2Φ20	无	4Φ20	8	2	100	200	500	1500	19

注：1. 对照一根梁从左到右，每一行填写一跨信息，在表中从上下依次填写各跨信息。
　　2. 对于同一编号不同跨的梁，下栏信息相同的列可以省略。

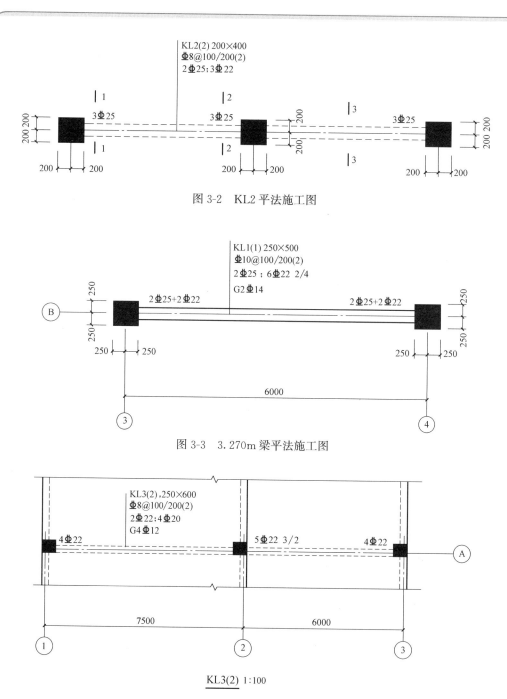

图 3-2　KL2 平法施工图

图 3-3　3.270m 梁平法施工图

KL3(2) 1:100

图 3-4　6.270m KL3 平法施工图

6. 某框架结构，环境类别为一类，抗震等级为一级，采用 C30 混凝土，梁平法施工图如图 3-5 所示，柱截面尺寸 600mm×600mm。试绘制 12.970m 标高处楼层梁 KL1 的立面钢筋布置详图。

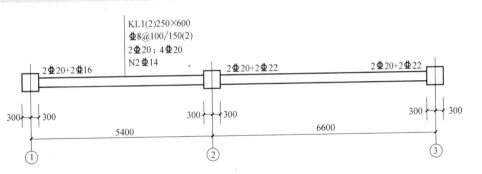

KL1(2)250×600
Φ8@100/150(2)
2Φ20；4Φ20
N2Φ14

2Φ20+2Φ16   2Φ20+2Φ22   2Φ20+2Φ22

300 300   300 300   300 300

5400   6600

① ② ③

图 3-5　12.970m 梁平法施工图

7. 根据图 3-5 梁平法施工图，制作梁钢筋骨架，详见表 3-2。

梁钢筋骨架制作任务单　　　　　　　　　　　　表 3-2

填写人：　　　　　学号：　　　　　日期：　　　　　成绩：

工作任务	使用两种不同粗细的铁丝分别代表梁纵筋、箍筋，对照给定的图纸，按照 5∶1 的比例制作一根梁的钢筋骨架
制作依据	依据给定的图纸，制作其中梁的钢筋骨架
需要材料	两种型号的铁丝、扎丝、标签纸，材料数量自行计算
需要工具	绑钩、尖嘴钳等
人员配置	3～4 人一组
工作时间	课后准备材料、工具，识读图纸、计算尺寸等，在下次课前制作完成
成果要求	成果应严格按照比例制作，并用标签纸标识出各铁丝代表的钢筋型号
成果提交	各小组作品制作完成后，拍照上传，下次上课时进行实体成果展示，师生对该组成果进行评价
备注	

项目4 板平法施工图识读

一、选择题

1. 同一编号板块的（　　）均应相同。

A. 形状　　　　　　B. 类型　　　　　　C. 板厚　　　　　　D. 贯通纵筋

2. 板块编号"XB"表示（　　）。

A. 现浇板　　　　　B. 悬挑板　　　　　C. 延伸悬挑板　　　D. 屋面现浇板

3. 板平面注写主要包括板块（　　）标注和板支座（　　）标注。

A. 集中，集中　　　B. 原位，原位　　　C. 原位，集中　　　D. 集中，原位

4. 板的原位标注主要是针对板的（　　）。

A. 下部贯通筋　　　B. 上部贯通筋　　　C. 上部非贯通筋　　D. 分布筋

5. 板块集中标注的选注项是（　　）。

A. 板块编号　　　　B. 板面标高高差　　C. 板厚　　　　　　D. 贯通纵筋

6. 板构造类型中，JQD 表示（　　）。

A. 后浇带　　　　　B. 加强带　　　　　C. 板开洞　　　　　D. 角部加强筋

7. 当板的端支座为梁时，下部纵筋伸入支座的长度为（　　）。

A. $5d$

B. 支座宽－保护层

C. max(支座宽/2, $5d$)

D. $5d$＋支座宽/2

8. 当板的端支座为剪力墙时，下部纵筋伸入支座的长度为（　　）。

A. $5d$

B. 墙厚－保护层

C. max(支座宽/2, $5d$)

D. 支座宽/2

9. 板底、板顶的第一根受力钢筋距梁边的起步距离为（　　）。

A. 50mm　　　　　B. 100mm　　　　　C. 1/2 板厚　　　D. 1/2 板筋间距

10. 屋面板 WB3 厚度为 120mm，板底纵筋 X&YΦ8@150，轴线与轴线之间的尺寸：X 向 7200mm，Y 向 6900mm，梁宽度为 250mm，定位轴线为梁中心线，X 向板底纵筋长度为（　　）mm。

A. 6950　　　　　B. 6900　　　　　C. 7200　　　　　D. 7450

11. 下图楼面板底筋锚固长度符合 16G101-1 图集要求且经济合理的一项是（　　）。

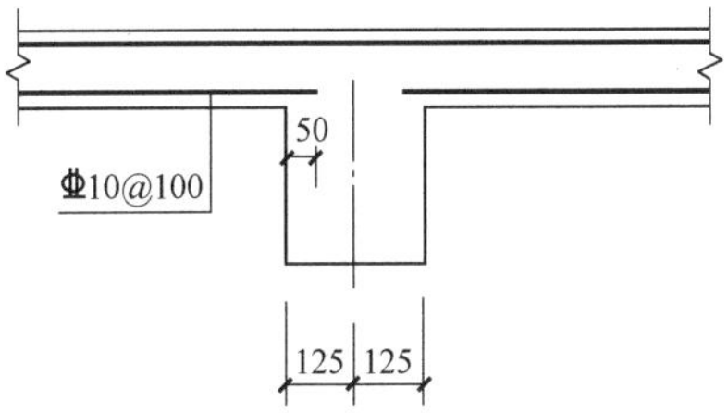

A.

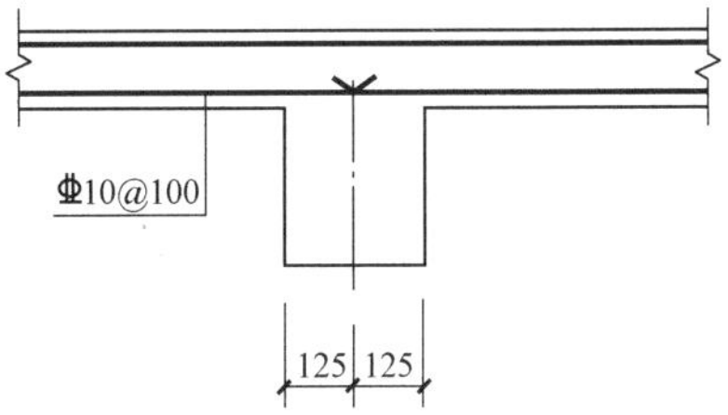

B.

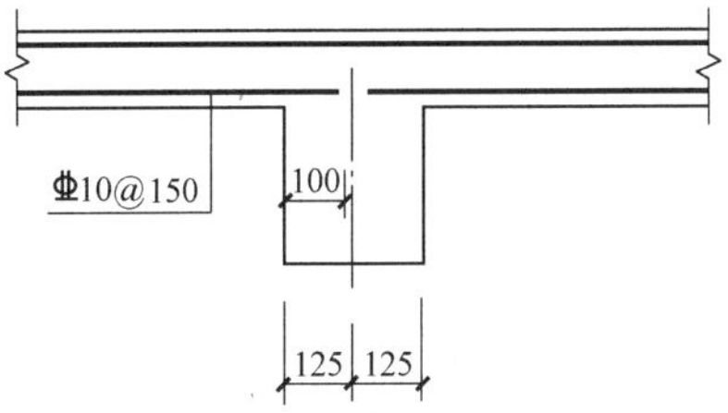

C.

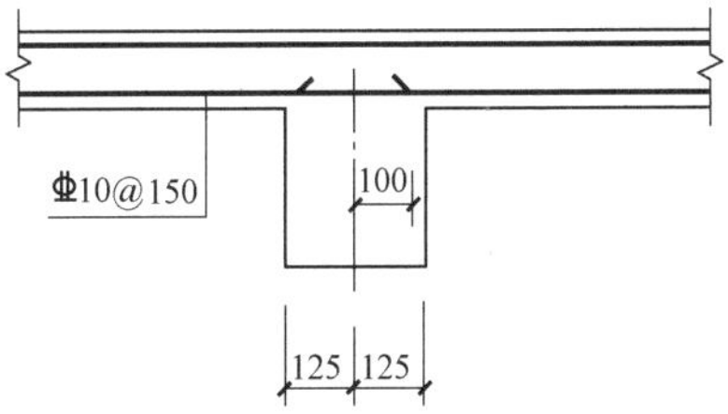

D.

12. 下图中悬挑板钢筋构造正确的一项是（　　）。

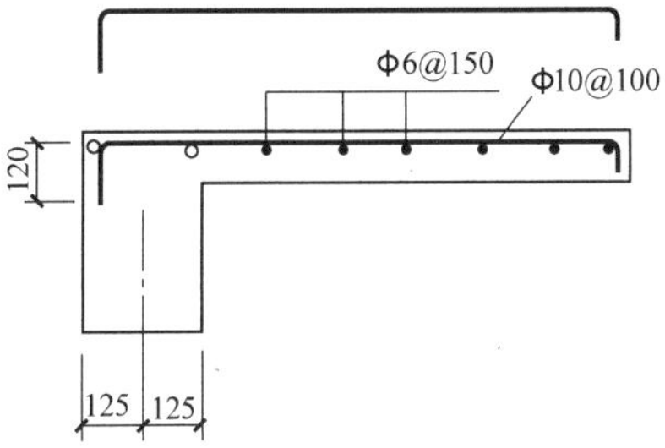

A.

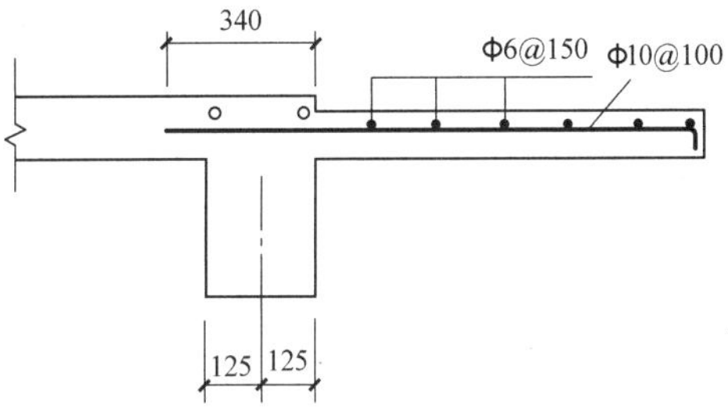

B.

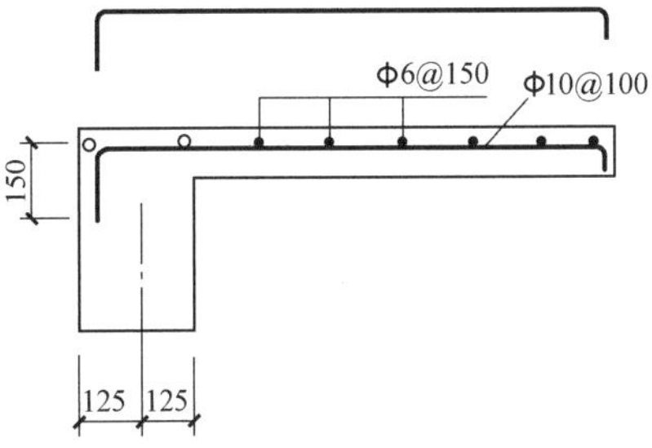

C.

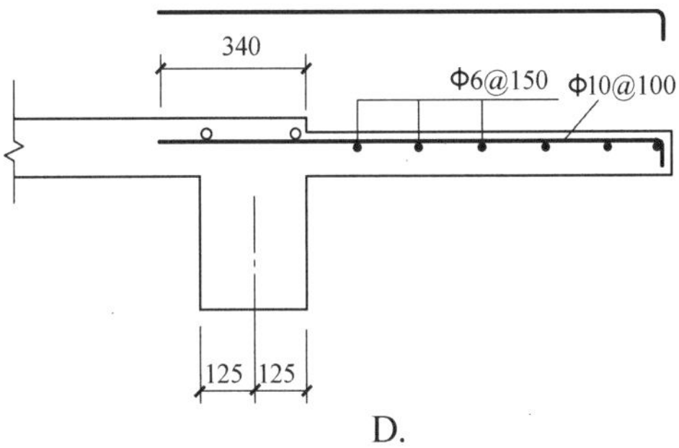

D.

13. 下图中折板配筋构造正确的一项是（　　）。

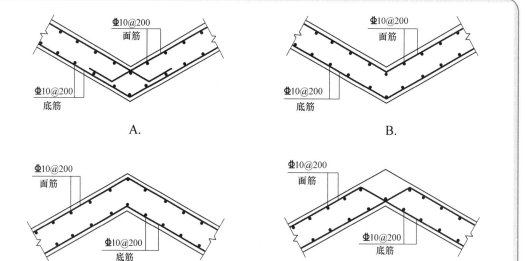

A.

B.

C.

D.

二、简答题

1. 有梁楼盖板块集中标注的内容有哪些？

2. 板支座上部非贯通筋，当向支座两侧对称伸出时，伸出长度如何标注？

3. 无梁楼盖标注"ZSB3（5A） $h=300$ $b=3000$"所表达的含义？

4. 暗梁集中标注内容有哪些？

5. 板底、板顶贯通筋可分别在什么位置连接？

6. 圆形洞口和矩形洞口的补强钢筋有何不同之处？

7. 有梁楼盖楼面板 LB 和屋面板 WB 钢筋构造有哪些要求？

8. 折板钢筋构造有何要求？

9. 纯悬挑板钢筋构造有何要求？

三、综合实操训练题

1. 分别计算教材中图 4-17 中①～⑤号筋长度。

2. 教材中图 4-16 所示钢筋混凝土有梁楼盖，混凝土强度等级 C30，请以土建施工技术员的身份识读图 4-16 中 LB1～LB5 的板厚、空间位置及配筋等信息，填写在表 4-1 中。

填写人：　　　　　学号：　　　　　成绩：

填写时间：

1 板编号	2 楼层号	3 材料		4 尺寸			5 位置					6 板底钢筋		7 板顶钢筋				8 分布筋
		混凝土	受力钢筋	板厚度(mm)	板净长(mm)	板净宽(mm)	上下边界轴号	左右边界轴号	上下边距轴(mm)	左右边距轴(mm)	板顶标高	X方向	Y方向	左支座负筋及长度(左右贯通筋)(mm)	右支座负筋及长度(mm)	上支座负筋及长度(上下贯通筋)(mm)	下支座负筋及长度(mm)	
LB2	2F	C30	HRB400	100	2700	2500	Ⓐ Ⓑ	① ③	120 120	120 120	5.560	Φ8 @150	Φ10 @150	Φ12@150 1500	Φ12@150 1500	Φ12@150 1500	Φ12@150 1500	Φ8@250

注：1. 本表适用于板上部不设通长筋的情况，对照一个楼层从左到右，从上到下，在本表从上到下各行各行依次填写板信息，表格每一行填写一块板信息。

2. 上下栏信息相同的列，下栏可以省略。

3. 根据教师给定的板平法施工图，制作指定板钢筋骨架，详见表4-2。

板钢筋骨架制作任务单 表4-2

填写人： 学号： 日期： 成绩：

工作任务	使用两种不同粗细的铁丝分别代表板受力筋、分布筋，对照给定的图纸，按照5∶1的比例制作一个板块的钢筋骨架
制作依据	依据老师给定的图纸，选择其中一个板块制作
需要材料	两种型号的铁丝、扎丝、标签纸，材料数量自行计算
需要工具	绑钩、尖嘴钳等
人员配置	3～4人一组
工作时间	课后准备材料、工具、识读图纸、计算尺寸等，在下次课前制作完成
成果要求	成果应严格按照比例制作，并用标签纸标识出各铁丝代表的钢筋型号
成果提交	各小组作品制作完成后，拍照上传，下次上课时进行实体成果展示，师生对该组成果进行评价
备注	

项目 5 剪力墙平法施工图识读

技能训练题

一、选择题

1. 下列代号不属于剪力墙梁代号的是（　　）。

A. BKL　　　　　　B. LL　　　　　　C. AL　　　　　　D. JZL

2. 关于地下室外墙下列说法错误的是（　　）。

A. 地下室外墙的代号是 DWQ　　　　B. IS 表示外墙内侧贯通筋

C. OS 表示外墙外侧贯通筋　　　　　D. h 表示地下室外墙的厚度

3. 转角墙外侧水平分布钢筋在转角处搭接，搭接长度为（　　）。

A. l_{aE}　　　　　B. $1.6l_{aE}$　　　　C. l_{lE}　　　　D. $1.6l_{lE}$

4. 下列钢筋属于剪力墙墙身钢筋的是（　　）。

A. 水平分布筋　　　　　　　　　　B. 竖向分布筋

C. 拉结筋　　　　　　　　　　　　D. 箍筋

5. 剪力墙端部为暗柱时，内侧水平分布筋伸至柱端后弯折长度为（　　）。

A. $6d$　　　　　　　　　　　　　B. $10d$

C. $12d$　　　　　　　　　　　　D. $15d$

6. 剪力墙端部无暗柱时，做法为（　　）。

A. 弯折 $10d$　　　　　　　　　　B. 弯折 $15d$

C. 互相搭接　　　　　　　　　　　D. 180°弯钩

7. 剪力墙洞口处的补强钢筋每边伸过洞口（　　）。

A. 洞口宽/2　　　　　　　　　　　B. l_{aE}

C. $15d$　　　　　　　　　　　　D. 500mm

8. 剪力墙竖向钢筋与暗柱边（　　）距离排放第一根剪力墙竖向钢筋。

A. 50mm　　　　　　　　　　　　B. 150mm

C. 竖向分布钢筋间距　　　　　　　D. 竖向分布钢筋间距/2

9. 剪力墙水平分布筋在基础部位设置方式为（　　）。

A. 在基础部位应布置不小于两道水平分布筋和拉筋

B. 水平分布筋在基础内间距应为 500mm

C. 水平分布筋在基础内间距应小于等于 250mm

D. 基础部位内不应布置水平分布筋

10. 下列说法正确的是（　　）。

A. 双洞口楼层连梁，跨之间不设置箍筋

B. 顶层连梁锚固支座部分箍筋设置同跨中，箍筋间距为 150mm

C. 双洞口顶层连梁，跨之间不设置箍筋

D. 洞口上连梁箍筋起步距离距洞口边 100mm

11. 剪力墙竖向钢筋在顶部可弯锚，弯锚时伸至墙顶弯折（　　）。

A. 总长大于 l_{aE} 　　　　　　　　B. 5d

C. 12d 　　　　　　　　　　　　D. 15d

12. 下列说法正确的是（　　）。

A. 剪力墙的竖向分布筋应连续贯穿暗梁

B. 暗梁纵筋与剪力墙水平分布筋都在箍筋内层

C. 暗梁上部纵筋可兼做连梁上部纵筋

D. 剪力墙水平分布筋在暗梁箍筋之外

13. 剪力墙连梁在洞口范围箍筋布置的起步筋距离为（　　）mm。

A. 50 　　　　　B. 100 　　　　　C. 150 　　　　　D. 200

14. 剪力墙顶层连梁在纵筋锚固范围箍筋布置的起步筋距离为（　　）mm。

A. 50 　　　　　B. 100 　　　　　C. 150 　　　　　D. 200

15. 下图中剪力墙的拉筋构造做法正确的一项是（　　）。

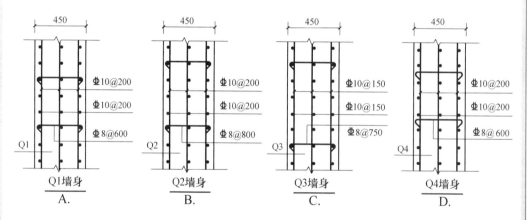

16. 下图中剪力墙变截面处竖向分布钢筋构造做法正确的一项（　　）。

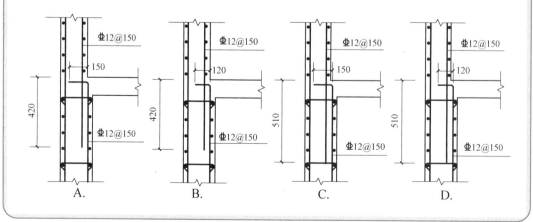

17. 请选择剪力墙底部加强区竖向筋绑扎连接构造正确的一项是（   ）。

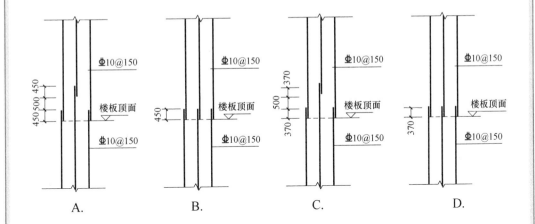

A.   B.   C.   D.

18. 下图中剪力墙竖向钢筋顶部构造正确的一项是（   ）。

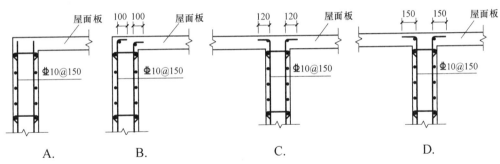

A.   B.   C.   D.

19. 下图中剪力墙墙身构造做法正确的一项是（   ）。

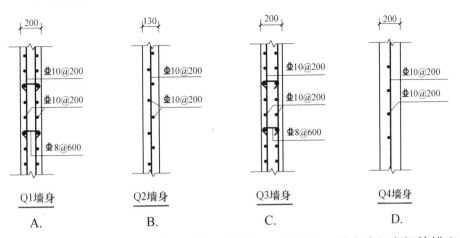

| Q1墙身 | Q2墙身 | Q3墙身 | Q4墙身 |
| A. | B. | C. | D. |

20. 某剪力墙结构，抗震等级三级，采用 C30 混凝土，剪力墙竖向钢筋锚入连梁中，请选择下图中做法正确且经济合理的一项（   ）。

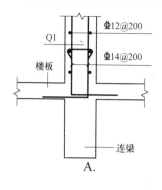

A.

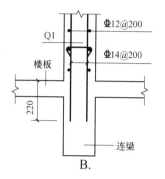

B.

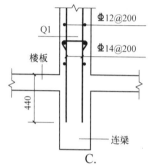

C.

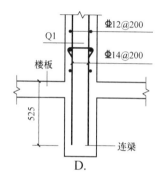

D.

二、简答题

1. 剪力墙结构包括哪些构件？

2. 剪力墙施工图平面表达方式有哪几种？

3. 剪力墙柱表、墙身表、墙梁表分别包含哪些内容？

4. 地下室外墙配筋与剪力墙配筋的区别是什么？

5. 墙厚方式改变时，墙柱和墙身竖向分布钢筋应如何处理？

6. 剪力墙插筋构造要求是什么？

7. 剪力墙梁有哪几种？

8. 剪力墙连梁构造有哪些？

9. 连梁范围内是否有墙身的水平筋、竖向筋和拉结筋？

10. 连梁纵筋在支座内如何锚固？

11. 剪力墙边缘构件有哪些？

12. 剪力墙柱内是否有墙身的水平筋、竖向筋和拉结筋？

13. 剪力墙约束边缘构件的水平横截面配筋构造有哪些？

14. 顶层连梁和中间层连梁箍筋构造的区别是什么？

15. 墙身分布筋遇到洞口时怎么做？

16. 剪力墙洞口的表示方法？

17. 某洞口中心位置引注："JD1　700×500　+3.000　3Φ18/3Φ14"所表达的信息是什么？

18. 剪力墙水平钢筋在端柱中的构造？

19. 剪力墙洞口补强构造措施有哪些？

20. 剪力墙水平分布筋交错连接构造有何规定？

三、综合实操训练题

1. 对教材中图5-4中YBZ1、YBZ2、Q1、LLk1和LL2五个构件的平法标注内容分别进行识图分析。

2. 对教材中图5-30中GBZ2和LL3两种构件的平法标注内容进行识图分析，对照墙梁标准构造详图，绘制5层LL3的立面配筋详图和截面配筋详图并进行钢筋构造分析。

3. 根据教师给定的剪力墙平法施工图，制作指定剪力墙身构件钢筋骨架，详见表5-1。

剪力墙钢筋骨架制作任务单   表5-1

填写人：   学号：   日期：   成绩：

工作任务	使用两种不同粗细的铁丝分别代表剪力墙分布筋、拉筋，对照给定的图纸，按照5：1的比例制作一片剪力墙的钢筋骨架
制作依据	依据教师给定的图纸，选择其中一片剪力墙制作
需要材料	两种型号的铁丝、扎丝、标签纸，材料数量自行计算
需要工具	绑钩、尖端钳等
人员配置	3～4人一组
工作时间	课后准备材料、工具、识读图纸、计算尺寸等，在下次课前制作完成
成果要求	成果应严格按照比例制作，并用标签纸标识出各铁丝代表的钢筋型号
成果提交	各小组作品制作完成后，拍照上传，下次上课时进行实体成果展示，师生对该组成果进行评价
备注	

项目6 板式楼梯平法施工图识读

技能训练题

一、选择题

1. 梯板全部由踏步段构成的楼梯是（　　）型楼梯。

A. AT B. BT C. CT D. ATa

2. 下列楼梯中，有抗震构造措施的是（　　）型楼梯。

A. AT B. BT C. CT D. ATa

3. 板式楼梯平面表达方式有：平面注写方式、剖面注写方式和列表注写方式。其中平面注写方式，平面注写内容包括（　　）和（　　）。

A. 集中标注 B. 原位标注 C. 外围标注 D. 截面注写

4. 某楼梯集中标注处"Fφ8@200"表示（　　）。

A. 梯板下部钢筋φ8@250 B. 梯板上部钢筋φ8@250

C. 梯板分布筋φ8@250 D. 平台梁钢筋φ@250

5. 某楼梯梯板集中标注处"1800/12"表示（　　）。

A. 踏步段宽度及踏步级数 B. 踏步段长度及踏步级数

C. 层间高度及踏步步宽度 D. 踏步段总高度及踏步级数

6. 下面说法正确的是（　　）。

A. "CT1 $h=110$"表示 1 号 CT 型梯板，板厚 110mm

B. "Fφ8@250"表示梯板上部钢筋φ8@250

C. "1800/12"表示路步段宽度 1800mm，12 级踏步

D. "PTB1 $h=100$"表示 1 号踏步板，板厚 100mm

7. 梯板上部纵筋向跨内的水平延伸长度为净跨的（　　）。

A. 1/2 B. 1/3 C. 1/4 D. 1/5

8. 梯板下部纵筋伸入支座（　　）。

A. 不小于 10d 且至少伸支座中线 B. 不小于 10d

C. 不小于 5d 且至少伸过支座中线 D. 不小于 5d

9. 下列楼梯中，带滑动支座的是（　　）型楼梯。

A. AT B. ATa C. ATb D. ATc

10. 下列楼梯中，梯板两侧设置边缘构件（暗梁）的是（　　）型楼梯。

A. AT B. ATa C. ATb D. ATc

11. 梯板支座上部纵筋、下部纵筋之间以（　　）分隔。

A. ; B. , C. + D. /

12. 下列板式楼梯配筋详图中，配筋构造正确的是（   ）。

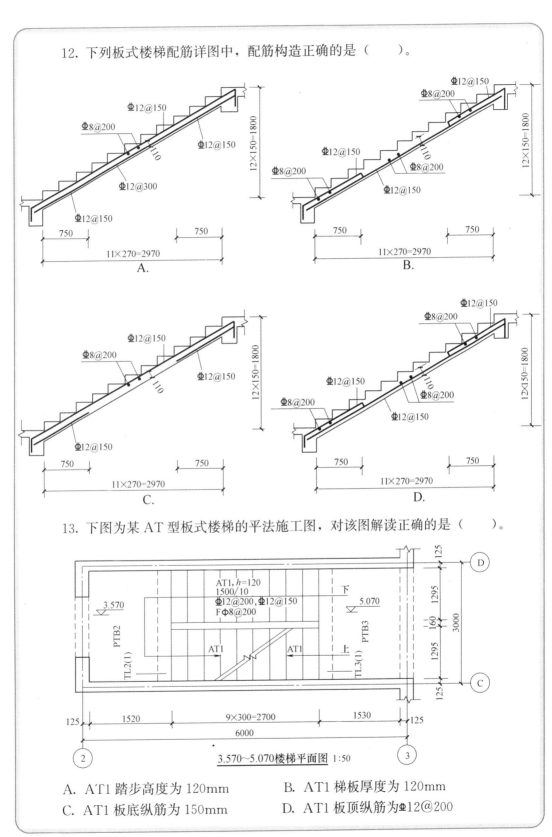

13. 下图为某 AT 型板式楼梯的平法施工图，对该图解读正确的是（   ）。

3.570～5.070楼梯平面图 1:50

A. AT1 踏步高度为 120mm

B. AT1 梯板厚度为 120mm

C. AT1 板底纵筋为 150mm

D. AT1 板顶纵筋为 Φ12@200

二、简答题

1. 平法将板式楼梯分为哪几类？简述其主要特征。

2. 现浇混凝土板式楼梯平法施工图有哪几种表达方式？

3. 板式楼梯的平面注写方式包括哪两种标注？

4. 楼梯的剖面注写方式包括哪些内容？

5. 楼梯的列表注写方式包括哪些内容？

6. AT 型楼梯的平面注写包含哪些内容？

7. ATc 型楼梯的标准配筋构造有哪些特点？

8. 楼梯第一跑与基础的连接构造有哪些特点？

9. 楼梯考虑抗震与不考虑抗震相比，梯板上部纵筋在两端支座处的锚固有何不同？

三、技能实操训练题

1. 读取图 6-1 楼梯平面图中包含的信息。

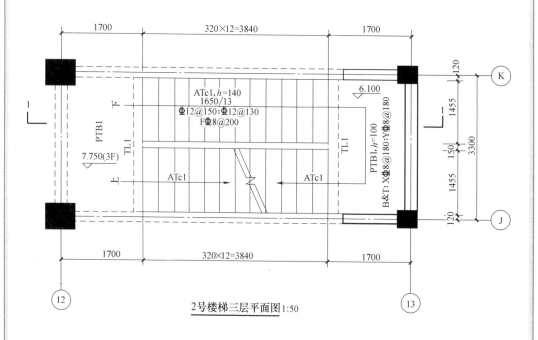

图 6-1　ATc1 楼梯平面图

2. 某住宅楼混凝土强度等级为 C30，采用 HRB400 钢筋，图 6-2 为标准层板式楼梯平法施工图，其中 TL1 截面尺寸为 250mm×500mm。

请以施工单位土建专业技术员的身份，在读懂楼梯几何尺寸和配筋信息的基础上，绘制梯板剖面钢筋布置详图。

3. 根据教师给定的楼梯平法施工图，制作指定梯段的钢筋骨架，详见表 6-1。

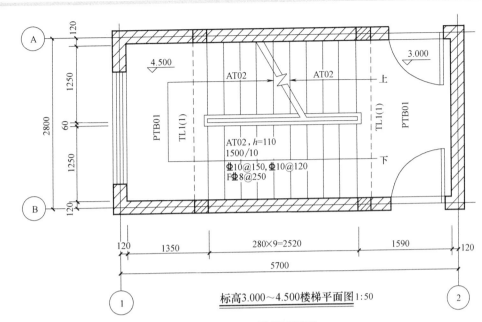

图 6-2　AT02 楼梯平面图

楼梯钢筋骨架制作任务单

表 6-1

填写人：　　　　　　学号：　　　　　　　　　时间：　　　　　　　成绩：

工作任务	使用两种不同粗细的铁丝分别代表梯段板受力筋、分布筋，对照给定的图纸，按照 5：1 的比例制作一个梯段的钢筋骨架
制作依据	依据教师给定的图纸，选择其中一个梯段制作
需要材料	两种型号的铁丝、扎丝、标签纸，材料数量自行计算
需要工具	绑钩、尖嘴钳等
人员配置	3～4 人一组
工作时间	课后准备材料、工具、识读图纸、计算尺寸等，在下次课前制作完成
成果要求	成果应严格按照比例制作，并用标签纸标识出各铁丝代表的钢筋型号
成果提交	各小组作品制作完成后，拍照上传，下次上课时进行实体成果展示，师生对该组成果进行评价
备注	

项目7　独立基础平法施工图识读

技 能 训 练 题

一、选择题

1. 设置基础梁的独立基础，基础底板钢筋距基础梁边的起步距离为（　　）。

A. 50mm　　　　　B. 100mm　　　　　C. 200mm　　　　　D. 钢筋间距/2

2. 普通独立基础底板的截面形状通常是（　　）。

A. $DJ_P \times \times$ 和 $DJ_J \times$　　　　　　　B. $J_P \times \times$ 和 $L_J \times \times$

C. $J_J \times \times$ 和 $J_P \times \times$　　　　　　　D. $L_J \times \times$ 和 $L_P \times \times$

3. 条形基础底板配筋构造中，在两向受力钢筋交接处的网状部位，分布钢筋与同向受力钢筋的搭接长度为（　　）。

A. 150mm　　　　　B. $b/4$　　　　　C. l_l　　　　　D. l_{lE}

4. 独立基础如下图所示，请选择底板钢筋布置正确的一项是（　　）。

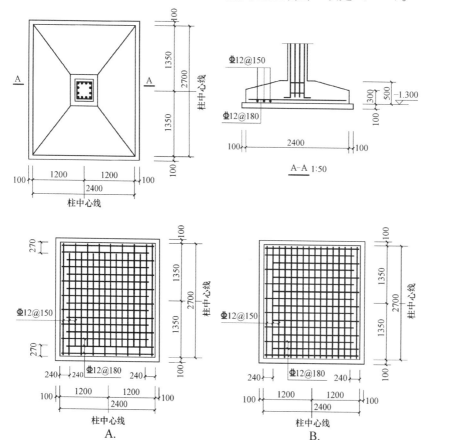

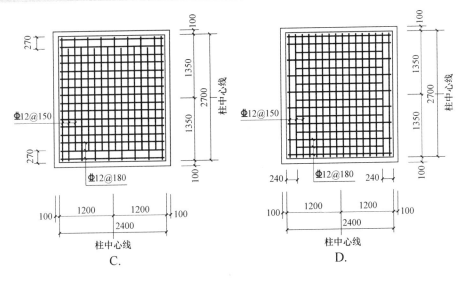

C.   D.

二、简答题

1. 独立基础平法施工图有哪几种表达方式？

2. 独立基础的集中标注和原位标注的内容有哪些？

3. 普通独立基础底板钢筋的上、下位置关系应如何确定？

4. 双柱独立基础底板顶部钢筋的上、下位置关系应如何确定？

5. 独立基础底板钢筋缩短 10% 的条件是什么？其构造要点是什么？

三、实操技能训练题

1. 根据独立基础底板配筋构造，计算教材中图 7-2 所示独立基础底板 Y 钢筋长度及根数。

2. 某工程 DJ_P01 的平法施工图如图 7-1 所示。该工程环境类别一类，采用 C30 混凝土，保护层厚度 40mm。

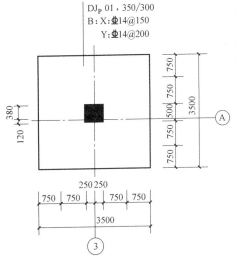

图 7-1　DJ_P01 平法施工图

要求：（1）识读独立基础 DJ_P01 的截面尺寸及配筋信息；

（2）根据独立基础底板配筋构造，计算基础底板钢筋长度及根数。

3. 根据教师给定的楼梯平法施工图，制作指定独立基础的钢筋骨架，详见表 7-1。

独立基础钢筋骨架制作任务单

表 7-1

填写人：　　　　　　学号：　　　　　　日期：　　　　　　成绩：

工作任务	使用两种不同粗细的铁丝分别代表独立基础底板两个方向的钢筋，对照给定的图纸，按照 5：1 的比例制作一个独立基础的钢筋骨架
制作依据	依据教师给定的图纸，选择其中一个独立基础制作
需要材料	两种型号的铁丝、扎丝、标签纸，材料数量自行计算
需要工具	绑钩、尖嘴钳等
人员配置	3～4 人一组
工作时间	课后准备材料、工具、识读图纸、计算尺寸等，在下次课前制作完成
成果要求	成果应严格按照比例制作，并用标签纸标识出各铁丝代表的钢筋型号
成果提交	各小组作品制作完成后，拍照上传，下次上课时进行实体成果展示，师生对该组成果进行评价
备注	

项目 8 条形基础平法施工图识读

一、选择题

1. 条形基础底板纵向分布筋距基础梁边的起步距离为（　　）。

A. 50mm　　　　　B. 100mm　　　　　C. 200mm　　　　　D. 钢筋间距/2

2. 下面关于条形基础底板与基础梁的描述不正确的是（　　）。

A. 条形基础底板的横向（短向）钢筋为主要受力钢筋

B. 条形基础底板的纵向（长向）钢筋布置在下，横向（短向）钢筋布置在上

C. 条形基础底板的代号为 TJB_P 和 TJB_J

D. 条形基础梁代号为 JL

3. 基础梁 JL 的集中标注表示为 11Φ16@100/200（4），其中的"11"表示（　　）。

A. 箍筋加密区的箍筋道数是 11 道

B. 梁是第 11 号梁

C. 梁两端各设置 11 道间距为 100mm 的箍筋

D. 两种间距 100/200 的箍筋各 11 道

4. 根据下图标注内容，下列说法正确的是（　　）。

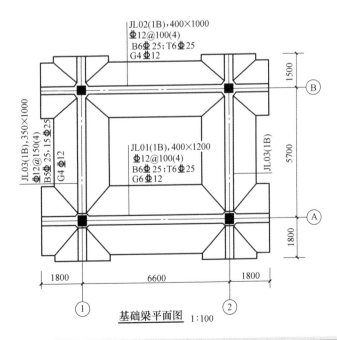

基础梁平面图 1:100

A. JL01 和 JL03 相交的柱下区域，基础梁箍筋无须设置

B. JL01 和 JL03 相交的柱下区域，JL01 和 JL03 基础梁箍筋均应贯通设置

C. JL01 和 JL03 相交的柱下区域，仅 JL01 基础梁箍筋贯通设置

D. JL01 和 JL03 相交的柱下区域，仅 JL03 基础梁箍筋贯通设置

二、简答题

1. 条形基础梁的集中标注和原位标注的内容有哪些？

2. 条形基础底板的集中标注和原位标注的内容有哪些？

3. 条形基础梁端部变截面外伸的钢筋构造要点是什么？

4. 对于双梁条形基础底板，底板顶部横向受力筋的锚固长度从什么位置算起？

三、技能实操训练题

1. 某工程 JL01 的平法施工图如图 8-1 所示。请以施工单位土建技术员的身份识读基础梁 JL01 的截面尺寸及配筋信息。

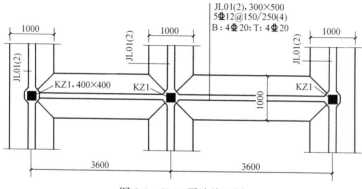

图 8-1　JL01 平法施工图

2. 某工程 JL04 的平法施工图如图 8-2 所示。要求：

（1）请以施工单位土建技术员的身份识读基础梁 JL04 的截面尺寸及配筋信息。

（2）计算 JL04 箍筋根数。

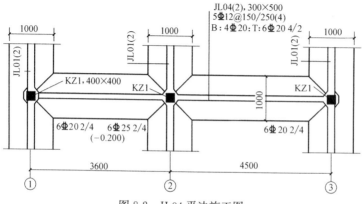

图 8-2　JL04 平法施工图

3. 某工程条形基础底板平法施工图（局部）如图 8-3 所示。要求：

（1）请以施工单位土建技术员的身份识读图中各条形基础底板的截面尺寸及配筋信息。

（2）根据条形基础底板配筋构造，绘制基础底板 TJB$_p$02 的底部配筋图。

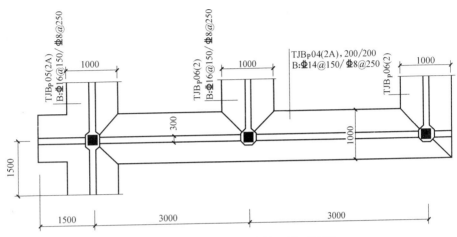

图 8-3　条形基础底板平法施工图（局部）

4. 根据教师给定的条形基础平法施工图，制作指定基础梁或基础底板的钢筋骨架，详见表 8-1。

条形基础钢筋骨架制作任务单　　　　　　　　　　　　表 8-1

填写人：　　　　　学号：　　　　　日期：　　　　　成绩：

工作任务	使用几种不同粗细的铁丝分别代表独立基础底板的受力筋、分布筋,基础梁的纵筋、箍筋;对照给定的图纸,按照 5:1 的比例制作一跨基础梁或一个基础底板的钢筋骨架
制作依据	依据教师给定的图纸,选择其中一跨基础梁或一个基础底板制作
需要材料	几种型号的铁丝、扎丝、标签纸,材料数量自行计算
需要工具	绑钩、尖嘴钳等
人员配置	3~4 人一组
工作时间	课后准备材料、工具,识读图纸,计算尺寸等,在下次课前制作完成
成果要求	成果应严格按照比例制作,并用标签纸标识出各铁丝代表的钢筋型号
成果提交	各小组作品制作完成后,拍照上传,下次上课时进行实体成果展示,师生对该组成果进行评价
备注	

项目 9   梁板式筏形基础平法施工图识读

一、选择题

1. 梁板式筏形基础主要由（　　）三部分构件组成。

A. 基础平板、独立基础、基础梁　　　　B. 基础次梁、基础主梁、柱

C. 基础主梁、基础次梁、基础平板　　　D. 基础平板、基础主梁、柱·

2. 在梁板式筏形基础梁集中标注中，G 表示（　　）。

A. 梁底部纵筋　　　　　　　　　　　B. 梁抗扭纵筋

C. 梁箍筋　　　　　　　　　　　　　D. 梁侧构造纵筋

3. 在梁板式筏形基础梁端部外伸构造中，梁顶部第一排纵筋伸至梁端后弯折，弯折长度为（　　）。

A. $5d$　　　　　　　　　　　　　　B. $10d$

C. $12d$　　　　　　　　　　　　　D. $15d$

4. 梁板式筏形基础平板 LPB1 每跨的轴线跨长为 5000mm，该方向布置的顶部贯通筋$\Phi 14@150$，两端的基础梁截面尺寸为 $500\text{mm} \times 900\text{mm}$，该基础平板顶部贯通纵筋在（　　）位置连接。

A. 基础梁两侧 1125mm　　　　　　　B. 基础梁中部 1125mm

C. 基础梁中部 1500mm　　　　　　　D. 基础梁两侧 1500mm

5. 按照图中标注，请选择基础梁 1-1 截面配筋图正确的一项是（　　）。

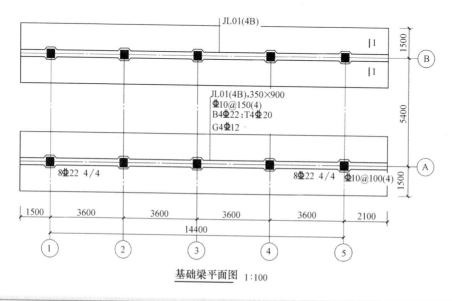

基础梁平面图 1:100

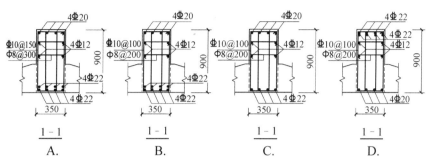

A.   B.   C.   D.

二、简答题

1. 梁板式筏形基础由哪些构件构成？其受力特点是什么？

2. 梁板式筏形基础主梁与基础次梁的集中标注和原位标注的内容有哪些？集中标注 G4Φ14＋3Φ14 表示什么？

3. 梁板式筏形基础平板的集中标注和原位标注的内容有哪些？集中标注中 X：BΦ20@150；TΦ20@180（4A）表示什么？

4. 基础主梁上部钢筋的连接区位置在哪里？底部贯通纵筋连接区位置在哪里？

5. 梁板式筏形基础平板的跨数如何划分？

6. 梁板式筏形基础平板原位标注底部附加非贯通筋时何为"隔一布一、隔一布二"？

7. 基础主梁 JL 与基础次梁 JCL 梁顶（或梁底）有高差时钢筋构造有何不同？

8. 基础主梁 JL 与基础次梁 JCL 纵向钢筋连接区与框架梁（KL）的纵筋连接区位置有何不同？

9. 筏形基础中基础主梁的端部构造要点是什么？

10. 筏形基础中基础次梁的端部构造要点是什么？与基础主梁有何不同之处？

三、技能实操训练题

1. 某工程采用 C30 混凝土，环境类别为一类，抗震等级二级，基础主梁 JL01 的平法施工图如图 9-1 所示。要求：

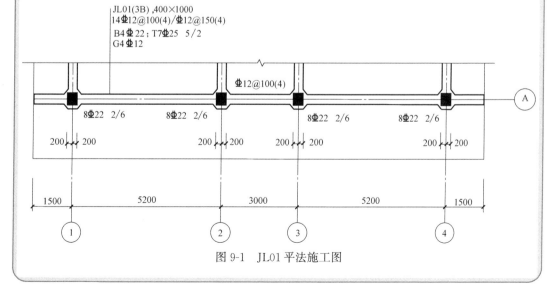

图 9-1 JL01 平法施工图

（1）以施工单位土建施工员身份读取该基础主梁的信息。

（2）绘制 JL01 的立面配筋图。

2. 根据教师给定的梁板式筏形基础平法施工图，制作指定基础梁或基础平板的钢筋骨架，详见表9-1。

筏形基础钢筋骨架制作任务单

表 9-1

填写人：　　　　　　　　时间：　　　　成绩：

工作任务	使用几种不同粗细的铁丝分别代表筏形基础平板的板底受力筋、板顶受力筋、基础梁的纵筋、箍筋；对照给定的图纸，按照5：1的比例制作一跨基础梁或一块基础平板的钢筋骨架
制作依据	依据教师给定的图纸，选择其中一跨基础梁或一块基础底板制作
需要材料	几种型号的铁丝、扎丝、标签纸，材料数量自行计算
需要工具	绑钩、尖嘴钳等
人员配置	3~4 人一组
工作时间	课后准备材料、工具，识读图纸、计算尺寸等，在下次课前制作完成
成果要求	成果应严格按照比例制作，并用标签纸标识出各铁丝代表的钢筋型号
成果提交	各小组作品制作完成后，拍照上传，下次上课时进行实体成果展示，师生对该组成果进行评价
备注	

项目 10　桩基础平法施工图识读

一、选择题

1. 桩基承台集中引注的必注内容有（　　）。

A. 承台编号　　　　　B. 截面尺寸　　　　　C. 承台底面标高　　　　　D. 配筋

2. 下面关于灌注桩纵筋的表示方法叙述正确的是（　　）。

A. 通长筋等截面配筋，注写全部纵筋，如"16Φ22"

B. 部分长度配筋，注写桩纵筋，如"16Φ20/15000"

C. 通长变截面配筋，注写桩纵筋包括通长纵筋，如"12Φ25＋12Φ22/10000"，表示柱通长筋为12Φ25，桩非通长筋为12Φ22，入桩长度为10000mm；桩顶10000m范围内钢筋为12Φ25＋12Φ22，通长筋与非通长筋间隔均匀布置于桩周

D. 通长变截面配筋，注写桩纵筋包括通长纵筋，如"12Φ25，12Φ22/10000"，表示柱通长筋为12Φ25，桩非通长筋为12Φ22，入桩长度为10000mm；桩顶10000m范围内钢筋为12Φ25＋12Φ22，通长筋与非通长筋间隔均匀布置于桩周

3. 灌注桩混凝土强度等级C30，请选择桩身主筋符合16G101-3图集要求且经济合理的一项。（　　）

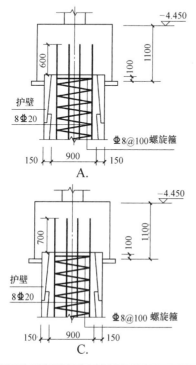

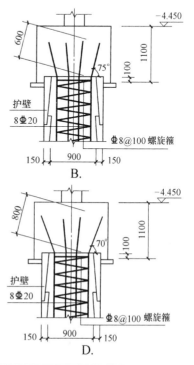

4. 当桩径或桩截面边长≥800mm时，桩顶嵌入承台（　　）mm。

A. 50 　　　　 B. 100 　　　　 C. 150 　　　　 D. 200

5. 独立承台受力筋，伸至承台边缘弯折（　　）。

A. 50mm 　　　 B. 100mm 　　　 C. 5d 　　　 D. 10d

6. 下图中基础采用Φ400预应力混凝土管桩，根据图中标注及构造要求，桩基承台下各桩桩顶相对标高为（　　）m。

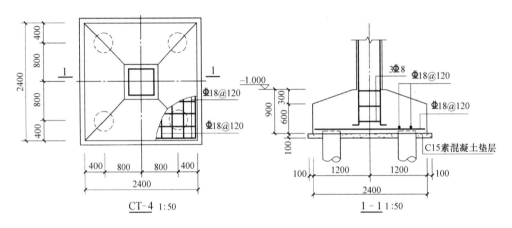

A. −1.800 　　　 B. −1.850 　　　 C. −1.900 　　　 D. −2.000

二、简答题

1. 独立承台的平面注写方式包括哪些内容？

2. 注写独立承台配筋的具体规定有哪些？

3. 桩基承台的构造要求有哪些？

4. 灌注桩箍筋构造要求有哪些？

5. 等边三桩独立承台原位标注有什么规定？